电磁
超材料

程　强　崔铁军　著

东南大学出版社
SOUTHEAST UNIVERSITY PRESS
·南京·

内 容 提 要

电磁超材料是一种人造的具备超常物理特性的复合材料,它能够灵活调控电磁波的物理特性,改变无线信道环境的电磁特性,实现电磁空间的智能调控,为天线、通信、雷达、隐身等多个技术领域的发展提供了全新的思路。本书对过去数年东南大学在电磁超材料领域中的系列工作进行了总结,详细介绍了电磁超材料及相关器件、系统的设计原理和实现技术,并对其未来的应用进行了初步的探讨和展望。全书层次清晰、内容丰富,包含大量的设计案例,可作为相关领域的硕士、博士研究生或从业人员的参考书。

图书在版编目(CIP)数据

电磁超材料/程强,崔铁军著. —南京:东南大学出版社,2022.10(2024.1重印)

ISBN 978-7-5766-0187-9

Ⅰ.①电…　Ⅱ.①程…②崔…　Ⅲ.①磁性材料

Ⅳ.①TM271

中国版本图书馆 CIP 数据核字(2022)第 139302 号

电磁超材料

著　　者	程　强　崔铁军
责任编辑　张　烨　**责任校对**　杨　光　**封面设计**　王　玥　**责任印制**　周荣虎	
出版发行	东南大学出版社
社　　址	南京市四牌楼 2 号　**邮编**　210096　　**电话**　025-83793330
网　　址	http://www.seupress.com
电子邮件	press@seupress.com
经　　销	全国各地新华书店
印　　刷	广东虎彩云印刷有限公司
开　　本	787 mm×1092 mm　1/16
印　　张	17.75
字　　数	377 千字
版　　次	2022 年 10 月第 1 版
印　　次	2024 年 1 月第 3 次印刷
书　　号	ISBN 978-7-5766-0187-9
定　　价	168.00 元

前　言

电磁超材料是一种人造的具备超常物理特性的复合材料,通常由周期性或准周期性的结构单元构成。通过调节单元的形状、尺寸及其空间分布规律,人们可以精确控制这类材料的电磁响应,进而调控空间电磁波的辐射、散射和传播行为。该表面具有低剖面、易集成、轻量化等优势,在天线、通信、雷达、隐身等多个领域引发了研究热潮,具有广泛的应用前景。

电磁超材料对电磁波的调控可以分成两个层面:物理特性调控和信息调控。在物理特性调控层面,超材料可以对电磁波的幅度、相位、极化、频谱等特性进行独立或联合调控。鉴于单元结构的亚波长或深亚波长尺度特征,超材料具备灵活、强大且精细的电磁调控能力,可在有限的阵面内形成特定的幅度相位分布,为波束赋形、无线信道定制、电磁目标特性调节等应用打开了全新的设计思路。但其缺点在于超材料器件一旦制备,其功能即被固化,很难实时操控电磁波,实现众多不同的功能,因此数字编码超材料、现场可编程超材料等一系列新型超材料被陆续提出。这类超材料具有动态改变电磁特性的能力,可依据实现功能的不同对材料单元的编码序列进行快速切换,达到电磁特性可重构的目的。

另一方面,超材料的数字编码表征建立起物理世界和数字世界的桥梁,使得人们可以进一步对电磁波所携带的信息进行调控。这类超材料统称为信息超材料,它能直接处理数字编码信息,并可进一步对信息进行感知、理解,甚至记忆、学习,为基于超材料的电磁波调控提供了一个全新的物理平台,从而实现对信息更加灵活、实时和智能的控制。信息超材料在超材料的物理空间上建立起数字空间,可将电磁学和信息科学有机地结合起来,开拓新的学科方向,产生一系列具有新体制、新机理的信息系统,具有重要的应用价值,为下一代电子信息系统的发展提供了新的解决思路。

本书对过去数年东南大学在电磁超材料领域中的系列工作进行了总结,详细介绍了电磁超材料及相关器件、系统的设计原理和实现技术,全书层次清晰、内容丰富,包含大量的设计案例,可作为相关领域的硕士、博士研究生或从业人员的参考书。

全书共分八章,主要内容包括:第一章"引言",介绍了电磁超材料的基本概念、发展历史及现状,并对未来的发展趋势进行了展望;第二章"空间编码超材料的设计机理和远场综合技术",介绍了空间数字编码超材料的工作原理、设计与仿真、制备与测试,并重点阐述其远场综合技术;第三章"基于空间编码超材料的近场综合技术",提出了基于并矢格林函数的全息超材料设计方法,并介绍了使用纯相位型超材料独立、高效地合成空间中近场幅度和相位的方法;第四章"时间编码超材料与时空编码超材料",介绍了时间编码超表面的基础理论与设计方法,分析了周期性时变超表面对电磁波的调控机理,并展示了一系列新的物理现象和应用;第五章"超材料在无线通信中的应用",分析了基于数字编码与可编程超材料的波束调控与信息调制基本原理,并给出了多个超材料通信系统设计案例;第六章"超材料前沿进展:非互易超材料",对基于电磁超材料的非互易电磁现象进行了理论分析,并讨论了此类超材料的设计技术和可编程调控方法;第七章"超材料前沿进展:量子超材料",介绍了全量子超材料和类量子超材料的基本概念、研究进展及其典型应用;第八章"各向异性与全极化可编程超材料",介绍了对极化特性敏感的各向异性独立可编程超材料,以及对不同极化波有相同响应的全极化可编程超材料。

本书的编写由东南大学毫米波国家重点实验室的多位教师和博士后共同完成(第一章,傅晓建;第二章,刘硕;第三章,武军伟;第四章,张磊;第五章,程强、戴俊彦;第六章,罗章杰、马骞;第七章,游检卫;第八章,蒋卫祥、张信歌),全书由程强、崔铁军进行内容设计、统稿,研究生吴利杰、樊戈协助完成了图书的校稿工作,在此谨向前述各位表示深深的敬意,同时向东南大学出版社参与本书出版的诸君表示衷心的感谢。

由于写作时间有限,本书无法将电磁超材料领域所有相关的研究进展都予以介绍,希望未来有机会能进一步扩充和丰富本书的内容。鉴于作者水平有限,书中难免存在不足之处,敬请各位读者与专家提出宝贵意见。

contents

目 录

1

第一章　引　言

电磁超材料也被称为新型人工电磁媒质、超构材料,是指通过对亚波长尺度的结构单元进行周期性或非周期性排布,实现对电磁波灵活调控的人工结构材料。它具有超出自然材料局限的奇异电磁特性,为操纵电磁波提供了极大的自由度。本章分别从等效媒质超材料、表面等离激元超材料和信息超材料三个方面概述了近年来超材料的研究进展。在第一部分,我们总结了等效媒质超材料的基本原理和典型应用,如隐形斗篷、透镜、天线和其他无源器件。此外,还介绍了可调、可重构和有源超材料。在第二部分,我们回顾了光频率下单光子激励等离激元的研究进展,给出了人工表面等离激元(SSPP)的高效激发方法,并介绍了典型的无源和有源人工表面等离激元器件,如波导、分束器、滤波器、定向耦合器、放大器和二次谐波发生器等。SSPP 片上器件和电路在减少串扰方面具有显著优势,有望解决微波器件和集成电路技术中存在的信号完整性问题。随后,我们阐述了具有新型谐振模式的局域表面等离激元(LSPs)及其在高灵敏度传感器中的潜在应用价值。在第三部分,我们首先简要介绍了电磁超表面及其在涡旋光束产生、全息成像和超透镜方面的应用,然后对近年来提出的信息超材料(包括数字编码超材料和现场可编程超材料)进行了综述,详细阐述了信息超材料的物理原理和在实时操纵电磁波中的新功能,比如异常反射或折射、雷达散射截面(RCS)缩减和波束扫描,进一步探讨了可编程超材料在可编程雷达、成像、无线通信和全息系统中潜在的应用前景。最后,我们对超材料的发展方向进行了展望。

1.1 电磁超材料概述

源自自然材料的电磁和光学元件,例如金属或介质天线、铁氧体滤波器、光学透镜、偏振分束器等,在频谱操纵方面有出色的表现。然而,由于受到材料固有属性(如通常的正折射率)和物理规律(如衍射极限)的限制,传统的电磁材料和器件在提供更灵活、更精确的电磁波调控如隐身、亚波长分辨率成像、异常反射或折射[1-3]等方面遇到了很大的困难。与此同时,电磁超材料的基础理论、功能器件与工程应用的研究引起了物理、信息和材料领域研究人员的广泛兴趣。

超材料是指由亚波长单元组成的人工结构材料,其电磁特性超出了自然存在的材料的限制[4]。1968 年,Veselago 首次从理论上揭示了左手媒质(介电常数和磁导率同时为负值)中的超常电磁响应[5]。对于在左手媒质中传播的波,其波矢量 k、电场矢量 E、磁场矢量 H 满足左手定则。但一直到近三十年后,才由 John Pendry 等人提出了一种基于等效媒质理论的构建这种介质的方法[6-8]。2000 年,David Smith 团队采用金属线阵列和金属开口环谐振器(SRR)对微波左手媒质进行了实验验证[9]。此后,研究者们基于等效媒质模型,在从微波到光学频率的宽频带范围内提出了一系列具有可设计的电磁参数(参数分布)的超材料,如负折射率或近零折射率[10-13]、超高介电常数[14]和高频磁响应[15-17]。由此也开发出了诸如隐身斗篷[18-20]、天线[21-22]和超分辨率透镜[23-24]等基于等效媒质超材料的典型应用。此外,各种基于等效媒质超材料的电磁器件,如吸波器、滤波器和极化转换器也得到了广泛研究[25-27]。基于等效媒质模型的超材料为操纵电磁波提供了很大的自由度[28-29],然而,由于结构和电磁参数的固定,这类超材料很难实现对电磁波的实时操控。

与此同时,表面等离激元超材料在调控表面电磁波方面的强大功能引起了人们的广泛关注。在光学波段,表面等离子体(SPs)存在于金属-介质界面中,表现出显著的场局域和场增强效应,在超分辨率成像、高灵敏度传感和小型化光子器件中得到了广泛的研究[30-33]。然而,由于贵金属在低频呈现优良导体特性,所以这些优越的性能无法拓展到微波或太赫兹频率。直到 2004 年,John Pendry 等人提出了基于结构化金属表面的人工表面等离激元概念[34],这开启了对表面等离激元超材料的深入探索。表面等离激元超材料模拟了光学频率下的表面等离激元(SPPs),并获得了与光学 SPPs 相似的场局域和场增强效应,从而实现了低频 SPPs 的亚波长尺度调控[35-41]。2013 年,东南大学崔铁军教授团队提出了一种超薄、柔性、宽带微波 SSPP 波导,从而发展出了基于 SSPP 传输线的微波领域新分支[42, 43],并利用各种无源和有源器件实现了 SSPP 波的分束、滤波、放大、二次谐波产生等功能[44-48]。此外,在数字集成电路中,串扰等因素会导致信号失真甚至器件失效,产生所谓的信号完整性问题。研究表明,SSPP 片上器件和电路能够显著抑制串扰,克服传统微波器件和集成电路中的信号完整性问题,因而在高速计算和通信系统中具有潜在的应用前景[49-51]。

此外,超表面作为超材料的二维形式,近年来受到越来越多的关注。2011年,Capasso团队提出了一种基于相位不连续的新方法来操控电磁波束,利用研制的亚波长厚度的光学天线阵列实现了异常反射和折射[52]。此后,研究人员们还利用超表面实现了异常折射、偏振转换、涡旋光束产生和全息成像等功能[53-56]。不久之后,Engheta研究团队和崔铁军研究团队在2014年分别独立提出了数字超材料的概念[57-58]。与传统的超材料相比,崔铁军等人开发的数字超材料和编码超材料采用二进制编码代替等效媒质参数对超材料进行描述,并且提出了现场可编程超材料的概念[58]。通过设计可切换的数字编码状态,现场可编程超材料实现了对电磁波的实时操纵。由此,数字编码超材料和可编程超材料被广泛应用于微波和太赫兹波束的灵活控制,实现如异常反射和折射、RCS缩减、光束扫描和成像的效果[59-61]。综合上述信息科学领域的研究成果,崔铁军研究团队形成了一个新的超材料体系——信息超材料。信息超材料将超材料的物理域和信息域连接起来,通过信号处理的方法实现了在物理空间中对电磁波束的任意操纵[59, 62]。从等效媒质超材料到信息超材料,超材料已经不仅仅是一种材料,更是一种实时信息处理系统。

在接下来的章节中,我们将分别从等效媒质超材料、表面等离激元超材料和信息超材料三个方面综述近年来超材料的研究进展。

1.2　等效媒质超材料

1.2.1　等效媒质模型

如前所述,直到Pendry教授及其合作者提出等效媒质理论并在低频段获得了电谐振和磁谐振,左手媒质才引起人们的广泛关注[6, 7]。在此基础上,Smith教授等人采用周期性排列的金属线结构和金属开口谐振环构筑了一种复合媒质,在微波频率范围内同时实现了负介电常数和负磁导率,首次通过实验证明了超材料,如图1.1(a)所示[9]。需要注意的是,由两种或多种成分组成的复合材料(超材料也是复合材料的一种),在不同成分的分界面处,其电磁特性往往是不连续的。但是,如果波长远大于超材料单元结构的尺寸,那么可以将超材料近似看作一个整体(等效媒质),其材料参数可以通过成分的属性和相对分数来描述[6, 63]。因此,近似为等效媒质的超材料可以通过连续(均匀或非均匀)等效媒质参数来描述,其等效介电常数和等效磁导率可以分别表示如下[6, 9]:

$$\varepsilon_{\mathrm{eff}}(\omega) = 1 - \frac{\omega_{\mathrm{p}}^2}{\omega(\omega + \mathrm{i}\varepsilon_0 a^2 \omega_{\mathrm{p}}^2 / \pi r^2 \sigma)} \tag{1.1}$$

$$\mu_{\mathrm{eff}}(\omega) = 1 - \frac{F\omega^2}{\omega^2 - \omega_0^2 + \mathrm{i}\omega\Gamma} \tag{1.2}$$

其中,$\varepsilon_{\mathrm{eff}}(\omega)$是角频率$\omega$下的等效介电常数,$\omega_{\mathrm{p}}$和$\sigma$分别为金属的等离子体频率和电导率,$\varepsilon_0$为真空中的介电常数,$a$和$r$分别表示金属线的周期和半径;$\mu_{\mathrm{eff}}(\omega)$是等效磁导率,$F$为

开口环与单元结构的面积比,而 ω_0 和 Γ 由开口环的几何参数决定。此外,从散射参数(S 参数)反演等效媒质参数的方法已经被提出,因此可以通过仿真或实验测量所得的 S 参数方便地获得超材料的等效媒质参数[64-65]。

然而,传统的 Lorentz 模型不能定量地描述超材料的等效媒质参数,因此崔铁军教授等人基于麦克斯韦(Maxwell)方程和有限差分法提出了一种一般的等效媒质模型[66]。此外,这一模型还揭示了单元结构与等效媒质参数间的半解析关系,利用这一关系能够方便地设计复杂的超材料结构并预测其电磁特性。由周期性结构组成的超材料系统的等效媒质参数可以写成:

$$\varepsilon_{\mathrm{eff}} = \bar{\varepsilon}\,\frac{(\theta/2)}{\sin(\theta/2)}\big[\cos(\theta/2)\big]^{-S_{\mathrm{b}}} \tag{1.3}$$

$$\mu_{\mathrm{eff}} = \bar{\mu}\,\frac{(\theta/2)}{\sin(\theta/2)}\big[\cos(\theta/2)\big]^{S_{\mathrm{b}}} \tag{1.4}$$

其中,$\varepsilon_{\mathrm{eff}}$ 和 μ_{eff} 分别代表等效介电常数和等效磁导率,$\bar{\varepsilon}$ 和 $\bar{\mu}$ 分别是平均介电常数和平均磁导率,θ 是电磁波在一个周期单元内传播时所产生的相位差,对于电谐振单元,$S_{\mathrm{b}} = 1$;对于磁谐振单元,$S_{\mathrm{b}} = -1$。

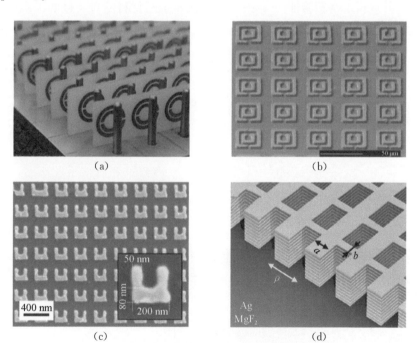

(a)　　　　　　　　(b)

(c)　　　　　　　　(d)

图 1.1　工作频率从微波到光频不等的超材料

(a) 一种微波超材料(来自参考文献[11]的图 4(b))。(b) 太赫兹磁性超材料扫描电子显微镜(SEM)图像(来自参考文献[11]的图 4(d))。(c) 磁谐振频率为 200 THz 的近红外磁性超材料(来自参考文献[67]的图 1(a))。(d) 1775 nm 处 $n=-1.23$ 的渔网结构超材料;几何参数为 $p=860$ nm,$a=565$ nm,$b=265$ nm。

得益于先进的微纳制造技术,超材料在太赫兹和光学频率下也被广泛研究。图 1.1(b)所示的是一种采用开口谐振环结构设计的太赫兹超材料[15],其磁谐振频率在 1 THz 附近。图1.1(c)展示了一种红外超材料,它在 200 THz 处表现出磁谐振[67],远高于天然材料的磁谐振频率。图 1.1(d)是一种渔网结构超材料,其电谐振和磁谐振被同时激发,并在最佳工作波长1 775 nm下产生负折射[68]。此外,接近于零折射率和超高折射率或者零介电常数和超高介电常数的超材料也被广泛报道[69],因此,我们可以根据需要的电磁参数设计等效媒质超材料。

1.2.2　典型超材料器件

近二十年来,超材料的研究通常以等效媒质理论为基础。等效媒质参数及其分布可以根据几何光学、物理光学和变换光学原理进行设计,这使得许多奇异的物理现象得以发现并且为调控电磁波带来了更多的自由度。基于空间坐标变换的变换光学理论,可以计算特定超材料功能器件(如隐身斗篷)所需电磁参数的空间分布[70]。作为超材料最吸引眼球的应用之一,电磁隐身斗篷由 Pendry 教授等人在 2006 年首次提出[70],紧接着 Smith 教授研究组在微波频段对其进行了实验验证[18]。图 1.2(a)展示了超材料隐身斗篷的二维截面,我们可以发现,光线被超材料隐身斗篷重新定向,从而实现了物体的隐身。

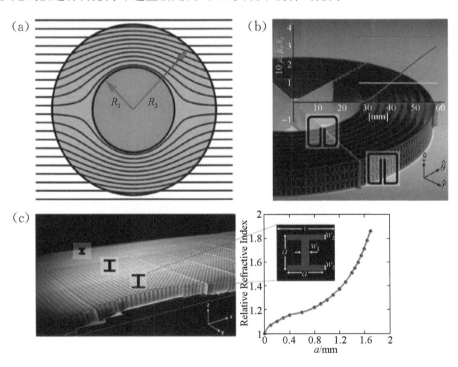

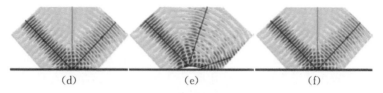

图 1.2 超材料隐身衣

(a) 超材料隐身斗篷的二维横截面示意图(来自参考文献[70]的图2(a))。(b) 由开口谐振环组成的微波超材料隐身斗篷示意图。图中展示了磁导率 μ_r(红线)、μ_θ(黄线)和介电常数 ε_z(蓝线)随半径变化的分布,其中 r、θ 和 z 分别是径向、角度和垂直方向(来自参考文献[18]的图1)。可以看出,μ_r 随着 r 的增加而逐渐增加,而 μ_θ 和 ε_z 保持不变。(c) 二维地面隐身衣的示意图和其在 14 GHz 下的相对折射率的分布(来自参考文献[19]的图2)。(d)—(f)在 14 GHz 的最佳频率下测量的电场图(使用近场微波扫描系统),分别为地面、无隐身衣物体和被隐身衣隐藏的物体(来自参考文献[19]的图3(a)—(c))。

根据变换光学的方法,一种如图 1.2(b)所示的实用隐身斗篷被开发了出来。该斗篷由具有不同单元结构参数的开口谐振环构成,从而获得了等效磁导率的径向梯度分布。这一工作证明了基于超材料的方法设计制作隐身斗篷是可行的,并被 *Science* 杂志选为了 2006 年"十大科学突破"之一。然而,相对较窄的工作带宽和较高的损耗限制了超材料隐身斗篷的应用。2009 年,利用非谐振超材料开发的二维地面隐身衣首次实现了宽带和低损耗的特性[19]。图 1.2(c)展示了地面隐身衣及其在 14 GHz 下的相对折射率分布。对比地面(图 1.2(d))、没有覆盖隐身衣的物体(图 1.2(e))和被隐身衣隐藏的物体(图 1.2(f))的场分

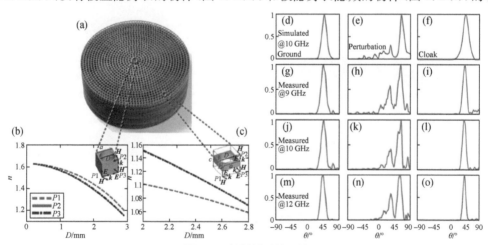

图 1.3 超材料透镜天线

(a)—(c) 由非谐振电介质钻孔单元组成的三维地面隐身衣及其两种不同尺寸单元结构的折射率分布,钻孔单元孔径分别为(b)3×3×3 mm³ 和(c)3×3×1 mm³;P1、P2 和 P3 是入射电磁波的三个正交极化,而 k、E 和 H 分别表示波矢量、电场和磁场(来自参考文献[20]的图2),在水平极化电场入射下,远场电场模式的仿真和测量结果。(d)—(f) 在三种情况下的仿真结果(在 CST 微波工作室中):地面、扰动(无隐身衣覆盖)和被隐身衣覆盖的物体。(g)—(i) 在 9 GHz 时的测量结果(使用超材料透镜天线进行平面波辐射,喇叭天线作为接收器)。(j)—(l) 在 10 GHz 时的测量结果。(m)—(o) 在 12 GHz 时的测量结果(来自参考文献[20]的图6)。

布,我们可以发现,由物体引起的扰动可以被有效地隐藏起来,也就是说,物体被隐藏了。紧接着,在 2010 年,崔铁军教授研究组[20]和 Ergin 等人[71]分别独立地研制出第一个"三维地面隐身衣"。图 1.3 展示了该隐身衣的结构图、单元结构的折射率分布和远场图案。如图 1.3(a)所示,该隐身衣由非谐振电介质钻孔单元组成,这使得该隐身衣具有低损耗和宽带特性[20]。通过改变孔径,可以得到呈梯度指数的折射率分布(见图 1.3(b)和(c))。如图 1.3(d)—(o)中的远场仿真和测量结果所示,使用该隐身衣的场模式在很宽的频率范围内非常接近参考地面,这表明物体被很好地隐藏在了该隐身衣内。

与此同时,光学频段下的隐身衣也引起了广泛的关注[71-76]。与低频段的超材料隐身衣相比,为了获得所需的电磁参数分布,光频段的超材料隐身衣制造起来要困难得多,而且成本也非常高。圆柱形的非磁性隐身衣和带有层状等离子体外壳的多频点隐身衣从理论上被提了出来[72](见图 1.4(a))。研究表明,使用多层隐身衣可以降低电介质或导电粒子的可见度。第一个通过实验证明的光学隐身衣是使用钻孔的电介质(绝缘体上的硅)制造的二维地

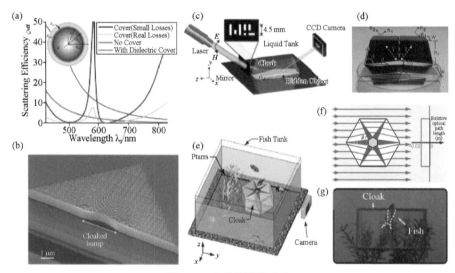

图 1.4 光学频段隐身衣

(a) 理论计算获得的介质粒子(半径 $a=100$ nm,介电常数 $\varepsilon=3\varepsilon_0$)在 500 nm 和 625 nm 两个壳层隐身下的散射效率;四条曲线分别对应于:有小损耗等离子体材料覆盖的粒子(黑色),有真实损耗覆盖的粒子(绿色),无覆盖的粒子(红色),以及有电介质覆盖的粒子(蓝色)(来自参考文献[73]的图 1)。(b) 由钻孔的电介质(绝缘体上的硅)组成的光学地面隐身衣的 SEM 图像(来自参考文献[74]的图 1(b))。(c) 可见光波段隐形衣的实验装置。入射光波长为 561 nm、488 nm和 650 nm,采用 CCD 相机进行成像;入射光会透过图案并被物体(被隐身衣覆盖或未被覆盖)反射,然后到达 CCD 进行成像。(d) 基于变换的各向异性隐身衣,它由两片具有特定光轴取向的方解石晶体组成(黄色虚线箭头)。对于绿光,由于其磁场垂直于光轴,$n_1=1.48$,$n_2=1.66$,其他参数为:$\alpha=66°$,$\beta=6°$,$\gamma=37.5°$,$w=10$ mm,$h_1=14.5$ mm,$h_2=2$ mm,$s=38$ mm(来自参考文献[75]的图 2-3)。(e) 光学隐身衣的实验装置。(f) 光学隐身衣由六块玻璃(深蓝色区域,$n=1.78$)、背景材料(水,浅蓝色区域,$n=1.33$)和空气(白色区域)组成。(g) 部分进入隐身区域的鱼的实验观察(来自参考文献[76]的图 2-3)。

面隐身衣。然而，该隐身衣只能对数微米大小的物体实现隐身[74]（见图 1.4(b)）。三维隐身衣也遇到了类似的问题。随后，人们提出了一些新的方法，如将变换光学理论融入传统的光学透镜或简化变换光学理论[75-76]。图 1.4(c)是验证光学隐身衣的实验装置示意图[75]。可以看出，入射光将穿过图案，被物体（被隐身衣遮盖或未遮盖）反射，然后到达 CCD 成像。图 1.4(d)给出了一种由两片具有特定光轴取向的方解石晶体组成的隐身衣。这种隐身衣易于制造，但其局限性在于它是一种仅适用于单一入射偏振方向的二维隐身衣。Chen 等人在 2013 年开发了一种偏振不敏感光学隐身衣，在简化 Pendry 相位条件的基础上使用了各向同性的玻璃材料[76]。相位保持条件给设计针对大型目标的宽带偏振不敏感隐身装置带来了困难。然而，人们通过对相位和偏振不敏感的非相干自然光（人眼或相机，见图 1.4(e)）进行观察，使得隐形装置可用于大型物体[76]。图 1.4(e)是该隐身衣的实验装置示意图，使用人眼和相机观察该隐身衣。图 1.4(f)为光学隐身衣示意图，由六片玻璃（深蓝色区域，$n=$ 1.78）、背景材料（水，浅蓝色区域，$n=1.33$）和空气（白色区域）组成。如图 1.4(g)所示，对于部分进入隐身区域的鱼，其隐身部分是不可见的。因此，该实验装置实现了对可见光波段相对较大物体的隐身，然而几何设计依然限制了对快速移动物体的隐身应用。

随后，Alù 等人对从传统隐身方法到主动隐身斗篷的研究进行了全面的综述[77]。我们可以发现，尽管超材料隐身衣具有出色的隐身性能，但普遍存在工作带宽有限、制造工艺复杂或重量大等问题，阻碍了其应用。2015 年，一种可用于可见光波段的由超表面制作的超薄隐形皮肤被开发了出来[78]。最近，超表面隐身斗篷由于具有厚度小、重量轻、可用于任意形状物体的隐身以及制造相对容易等优点而引起了广泛关注[79-80]。因此，超表面隐身衣为隐形衣的设计实现提供了一种新的方法。

超材料领域的另一个研究热点是超分辨率成像。长期以来，传统光学镜头的成像分辨率受到衍射效应的限制，无法达到亚波长分辨率。然而，基于负折射率平板的完美透镜可以增强被物体散射的近场倏逝波并恢复它们用于成像，使得克服衍射极限成为可能[3]。然而，受限于超材料透镜的损耗，完美成像是无法实现的。2005 年，张翔教授研究组在紫外光波段研制了一种由银膜制成的亚波长分辨率超透镜[23]。图 1.5(a)显示了超透镜的结构，图 1.5(b)分别显示了由 FIB、AFM 和超透镜获得的图像。如图所示，该超透镜成像分辨率可以提高到工作波长（365 nm）的 1/6。这种超透镜可以归结为近场超透镜。由于表面等离激元谐振，近场倏逝波将在穿过银膜时得到有效增强[81]（见图 1.5(c)）。一种工作在中红外波长（约 11 μm）的 SiC 超透镜（SiO₂-SiC-SiO₂ 三明治结构）也被开发了出来，其分辨率为 $\lambda/20$[82]。值得注意的是，亚波长分辨率图像仅在近场超透镜的近场中获得。随后，研究者通过在银质超透镜中增加纳米波纹，提出了一种远场超透镜设计方案[83]。在该透镜中，倏逝波将在银质超透镜中增强，然后通过透镜表面的波纹转换为传播波，但是研究者并没有给出实验验证。除此之外，基于具有双曲色散的超材料的超透镜也得到了广泛的研究[84]。双曲色散通常在各向异性介质（包括各向异性超材料）中观察到，其介电张量包含负值分量（通常

为 ε_{xx}，$\varepsilon_{yy}>0$，$\varepsilon_{zz}<0$；或者 ε_{xx}，$\varepsilon_{yy}<0$，$\varepsilon_{zz}>0$）。如图 1.5(c) 所示，在超透镜中，由于双曲色散的存在，倏逝波将被压缩并转换为真正的传播波。图 1.5(d) 展示了用于远场超分辨率成像的超透镜[24]。研究表明，该透镜是通过在石英基片上交替使用 Ag 和 Al_2O_3 薄膜构建的，具有圆柱形的腔体结构，其在 365 nm 的工作波长下分辨率可以达到 130 nm。随后，工作波长在 410 nm 的球形超透镜也被设计出来，其结构由交替的 Ag 层和 Ti_3O_5 层构成[85]。人们也在中红外频率开发了基于石墨烯的可调超透镜[86]。然而，超透镜的应用仍然存在一些挑战，例如，物体需要被放置在近场中以及等离子体谐振引起的损耗也会限制成像的分辨率和质量。

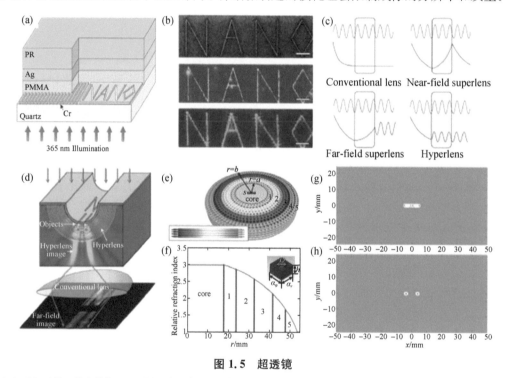

图 1.5 超透镜

(a) 银质超透镜工作在紫外(UV)波长(来自参考文献[23]的图 1)，由光刻胶(PR)、银、聚甲基丙烯酸甲酯(PMMA)、成像物和石英组成。(b) 从上到下，图像分别由聚焦离子束(FIB)、原子力显微镜(AFM)和超透镜获得，标尺为 2 μm(来自参考文献[23]的图 4)。(c) 4 种透镜中的传播波(蓝线)和倏逝波(红线)示意图(来自参考文献[81]的图 1(b))。(d) 用于远场超分辨率成像的光学超透镜(来自参考文献[24]的图 1(a))。(e) 改进的固体浸没透镜的示意图；结构参数为：$a=18$ mm，$b=54$ mm，工作频率为 10 GHz。(f) 透镜的折射率分布，其中使用了三种类型的介电材料：TP2($\varepsilon_r=9.6$，$\tan\delta=0.03$)、FR4($\varepsilon_r=4.4$，$\tan\delta=0.025$)和 F4B($\varepsilon_r=2.65$，$\tan\delta=0.003$)(来自参考文献[87]的图 1)。分别放置于(g) 自由空间和(h)透镜中的距离为 7.5 mm 的两个源的复原位置(来自参考文献[87]的图 5)。

事实上，上述超分辨率成像方法通常依赖于负折射介质或表面等离激元模式，这导致工作带宽窄和损耗高。因此，崔铁军教授等提出了一种新型的全介质、宽带和低损耗的微波超分辨率成像透镜[87]。研究者在简化的变换光学方法和固体浸没透镜的基础上设计了该透镜,并进一步获得了超分辨率放大镜的解析媒质参数。如图 1.5(e)所示,透镜样品是由带有钻孔的电介质板组成。图 1.5(f)显示了样品不同区域所需的折射率分布,这是根据简化的变换光学方法计算得到的。该透镜能够放大两个物体之间的亚波长空间,并在远场产生一个放大图像。图 1.5(g)和(h)显示了根据 10 GHz 的远场辐射方向图复原得到的距离为 7.5 mm 的两个源的位置(考虑了白噪声)。实验结果表明,自由空间中的两个光源无法区分,而透镜样品中的两个光源可以清晰地区分,因此改进的固体浸没透镜可以获得超过衍射极限的高成像分辨率。

此外,其他一些典型的超材料器件,如电磁黑洞、透镜天线、吸波器、滤波器和偏振转换器等也得到了深入研究[22, 27, 88-92]。图 1.6(a)展示了一种在微波频段工作的全向电磁吸收器,陷波和吸收特性使其表现得像一个"电磁黑洞"[88]。图 1.6(b)展示了三维平面化的 Luneburg 透镜,当其作为透镜天线使用时,能够表现出宽带、高增益和低损耗的优点[22]。图 1.6(c)展示了一种宽带太赫兹超材料吸波器,它有三个不同几何参数的功能层。多层结构有助于形成一个相对宽的吸收带宽,在中心频率为 1.06 THz 的 0.5 THz 的频率范围内,总吸收率(使用太赫兹时域光谱法在正入射下测量)超过 95%[90]。图 1.6(d)展示了一种基于

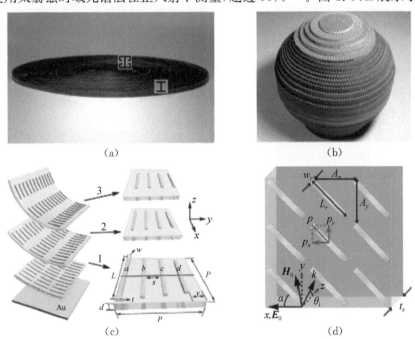

(a)　　　　　　　　(b)

(c)　　　　　　　　(d)

图 1.6　超材料电磁器件

(a) 在微波频段下工作的电磁黑洞示意图(来自参考文献[88]的图 1(b))。(b) 三维平面化的 Luneburg 透镜的照片(来自参考文献[22]的图 1(d))。(c) 基于层叠结构的宽带太赫兹吸波器的示意图;结构尺寸为:$p=100\ \mu m$,$s=20\ \mu m$,$w=5\ \mu m$,$t=180\ nm$(来自文献[90]的图 1)。(d) 太赫兹反射型线极化转换器的示意图,其中,金切割线的宽度为 $w_r=10\ \mu m$,周期 $A_x=A_y=68\ \mu m$,线长 $L_r=82\ \mu m$,介质隔离层的介电常数为 $\varepsilon=3.0$,$\tan\delta=0.05$,厚度 $t_s=33\ \mu m$(来自参考文献[27]的图 1(a))。

阵列金属线的太赫兹反射型线极化转换器[27]，其可以将一个线极化入射波转化为交叉极化波，而且转换效率很高。另外，基于多层扭曲光学超材料的宽带圆偏振器也被研制了出来[93]。

超透镜虽然能实现亚波长分辨率，但是其表面等离激元谐振机制引发了显著的吸收，这影响了其成像质量。大量超材料透镜的复杂结构也给制造工艺带来了极大的挑战。因此，基于超表面的透镜近来备受关注。通过梯度相位设计，超表面透镜可以自由操纵波的波前和相位，有望在光学聚焦和成像中得到应用。此外，超表面还广泛用于极化转换、天线和涡旋波束生成等方面[53]。

1.2.3 可调、可重构和有源超材料

超材料由人工设计的单元结构按照周期性或非周期性排列组成，其奇异的电磁特性正是源于这样的单元结构设计，而不依赖于构成材料的特性[94]。基于此，一旦结构确定，超材料的工作频带通常是固定的。此外，基于谐振元件的超材料的带宽是有限的。因此，工作频率可调和宽带的可调超材料引起了广泛的关注[95-97]。可调超材料通常是通过改变温度、电场或磁场以调控组成材料或者周围媒质的电磁性质来实现的。典型的潜在材料包括超导体、相变材料、金属钛酸盐、石墨烯、液晶、磁性材料等[95, 96, 98-103]。可调超材料的基本原理是：材料的复介电常数或复磁导率可以通过加热、光泵浦、电场或磁场来调节，然后超材料单元结构的等效媒质参数将随之改变，从而实现可调频率响应。图 1.7（a）显示了基于 $YBa_2Cu_3O_{7-\delta}$（$\delta=0.05$，YBCO）超导薄膜的太赫兹开口谐振环超材料[95]。从图中可以看出，该结构的谐振频率和透射率是随温度变化的，这是由于 YBCO 薄膜的电导率随温度变化，并进一步导致开口谐振环结构的 LC 谐振也可调谐。图 1.7（b）展示了一个由沉积在 VO_2/Al_2O_3 衬底上的开口谐振环组成的太赫兹可调超材料[98]。在 VO_2 薄膜中，太赫兹强场诱导的绝缘体-金属相变可以实现太赫兹透射率的调节。图 1.7（c）展示了一种由石墨烯微带阵列组成的远红外超材料[100]。通过调整偏置电压，石墨烯中的载流子掺杂将被调整，因此等离子体谐振频率可以在很宽的频率范围内改变。基于电介质材料（例如金属钛酸盐）的超材料也将具有温度可调的特性。研究表明，在电磁场激励下的电介质粒子可以表现出电谐振或磁谐振，并且可以获得等效负介电常数和负磁导率，如同在由金属谐振单元组成的超材料中一样[104-105]。此外，由于决定谐振频率的电介质材料的介电常数是可以随温度变化的，因此基于该电介质的超材料具有可调的谐振频率。金属钛酸盐如 $BaTiO_3$ 和 $SrTiO_3$ 的介电常数随温度变化，因此使用钛酸盐制备的超材料可以通过温度变化来调节工作频率[106]。此外，介电性能还取决于施加到钛酸盐[107]上的电场，这表明频率响应是电可调的。周济教授及其合作者提出了一种三维各向同性的微波超材料，它由排列在 Teflon 基板中的电介质立方体组成（见图 1.7（d））。图 1.7（e）展示了根据不同温度下测量的 S 参数计算出的等效磁导率。可以看出，磁导率曲线和磁谐振频率都与温度有关[106]。此外，基于液晶的

可调超材料及功能器件也被广泛研究,具有各种功能,如可调吸波器和移相器[102-103]。

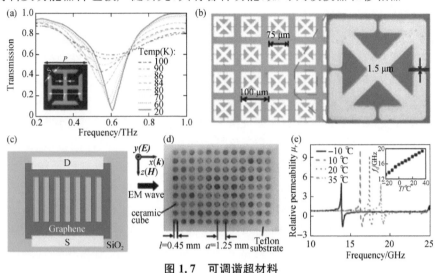

图 1.7　可调谐超材料

（a）180 nm 厚 YBCO 薄膜上制备的超材料在不同温度下的太赫兹透射光谱,其中 $l=36\ \mu m$, $w=4\ \mu m$, $g=4\ \mu m$, $p=46\ \mu m$（来自参考文献[95]的图 1（a））。（b）由沉积在 VO_2/Al_2O_3 衬底上的开口谐振环组成的太赫兹可调超材料;VO_2 薄膜的厚度为 75 nm（来自参考文献[98]的图 1（b））。（c）由石墨烯微带阵列组成的远红外超材料的示意图;带宽度和间隙均为 $4\ \mu m$（来自参考文献[100]的图 1（a））。（d）三维各向同性超材料的照片,由嵌入 Teflon 基板中的电介质粒子组成（来自参考文献[106]的图 1（a））。（e）根据不同温度下的 S 参数中提取的等效磁导率,图中展示了磁谐振频率和温度之间的关系（来自参考文献[106]的图 5）。

　　尽管超材料的工作频率可调,但其可调性通常是有限的。因此,可重构超材料也被提了出来,用以实现更高的调谐范围。实现可重构超材料的途径包括通过微电子机械系统（MEMS）技术和形变（例如,加热诱导弯曲和机械拉伸）改变超材料的结构[108-109]。图 1.8（a）显示了太赫兹可重构超材料的 SEM 图像,它由两部分组成:一个固定在基板上的开口环,一个集成到微机械驱动器活动框架上的可移动开口环[110]。两个环之间的距离（间隙）可以通过使用微机械驱动器调整可移动的开口环来改变,这可以实现可切换的磁谐振。通过使用不对称的开口谐振环实现了具有可调太赫兹谐振频率和透射的可重构微机械超材料[111]。图 1.8（b）展示了一种基于 MEMS 机制的可重构电响应 SRR 超材料[108]。可以发现,SRR 的悬臂高度可以通过驱动电压进行调整,因此该开口谐振环的谐振频率在太赫兹区域内宽带可调（高达 0.3 THz）。基于形变的可重构超材料也引起了人们的关注。图 1.8（c）展示了一种光频率下热可重构超材料[109],其双层结构由热膨胀系数具有显著差异的材料组成,例如金（$14.4×10^{-6}$/K）和 Si_3N_4（$2.8×10^{-6}$/K）。其可以实现相对透射率高达 50% 的可逆变化。据报道,一种在近红外波长下工作的机电可重构等离子体超材料也被研发了出来[112]。在柔性氮化硅薄膜上制作了由平行带组成的等离子体超材料,条带之间的间隙在机电作用下可以在开启和关闭状态之间切换，从而实现了 8% 的光信号调制或反射开关。

有源超材料是指在超材料系统中包含有源元件或增益介质，其涉及了更多有趣的物理现象。二极管、半导体和石墨烯都被广泛用于有源超材料[113-115]。陈侯通教授及其合作者通过在半导体衬底上构建超材料阵列开发了一种有源太赫兹超材料器件（见图 1.8(d)）[113]。结果表明，金属超材料阵列和衬底有效地构成了肖特基二极管，通过改变其栅极偏置电压可以调谐电磁谐振和灵活操纵太赫兹波的传输。此外，研究者们也实现了太赫兹调制器和太赫兹开关。为了克服光学超材料的高损耗问题，肖淑敏教授等人通过在超材料结构中加入增益介质，设计了一种低损耗、有源的光学负折射率超材料[116]。具体而言，在掺入染料分子作为增益介质后，由于谐振吸收和金属损耗引起的损耗可以通过染料分子的受激发射有效地补偿，从而显著提高透射率。图 1.8(e) 给出了一种由金属线和一对开口谐振环组成的有源太赫兹超材料[114]。开口谐振环的间隙与光敏硅岛集成，这样就可以利用光泵浦有效控制太赫兹电磁诱导透明。基于类似的机制，研究者们还实现了太赫兹元器件中 Fano 谐振的主动式开关[117]。在微波频段，二极管与金属分子集成，可以实现反射器和吸波器之间的功能切换，以及对波的极化进行主动操纵[118-119]。

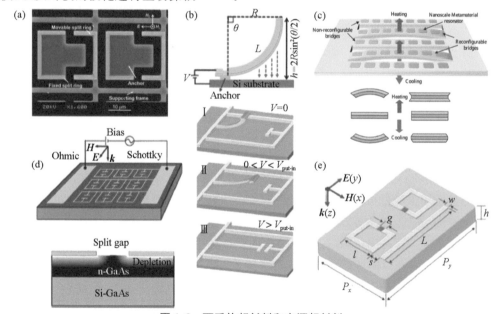

图 1.8 可重构超材料和有源超材料

(a) 微机械可重构磁性超材料的 SEM 图像，它由一个固定在基板上的开口环和一个集成到支撑框架上的可移动开口环组成；入射太赫兹波为 TE 波（来自参考文献[110]的图 2(b)）。(b) 基于 MEMS 机制的可重构电响应 SRR 超材料的示意图；SRR 的悬臂高度可以通过改变驱动电压来调整（来自参考文献[108]的图 4）。(c) 光学频段下热可重构超材料的示意图；双层可重构结构由热膨胀系数有显著差异的金（橙色）和 Si₃N₄（蓝色）组成（来自参考文献[109]的图 1）。(d) 在半导体 GaAs 衬底上制造的有源太赫兹超材料，其谐振和透射可以通过肖特基结进行调制（来自参考文献[113]的图 1）。(e) 一种有源太赫兹超材料，由金属线和一对开口谐振环（黄色，铝）与硅岛（红色）集成而成；基板是蓝宝石（蓝色）；几何参数分别为：$L=85~\mu m$，$w=5~\mu m$，$l=29~\mu m$，$g=5~\mu m$，$s=7~\mu m$，$P_x=80~\mu m$，$P_y=120~\mu m$ 和 $h=495~\mu m$（来自参考文献[114]的图 1(a)）。

　　因此,与具有固定结构和电磁特性的传统超材料相比,可调、可重构和有源超材料允许在几何结构或材料特性上进行调控,在一定程度上弥补了超材料的局限性。值得注意的是,可重构和有源机制也适用于超表面。因此,具有新特性的可重构和有源超表面也被广泛报道[97]。

　　在本节中,我们回顾了等效媒质超材料和各种超材料功能器件(包括隐形斗篷、超透镜)的进展。我们还总结了实现可调超材料的方法。结果表明,尽管基于等效媒质理论的传统超材料在操纵电磁波方面表现出前所未有的能力,但它们面临着工作带宽有限、功能固定和体结构相对复杂等挑战。因此,超材料研究人员试图在超表面中寻求替代方案。另外,我们也应该关注两个有趣的方向。第一个是超材料已广泛扩展到其他领域,包括声学、力学、热学、电学等。声学隐身衣、声学透镜、机械和热学超材料已被广泛报道[120-123]。第二个是在超材料中揭示了许多新的物理现象。非线性等离子体超材料和拓扑超材料已得到证明[124-126]。因此,基于自然材料的凝聚态体系正在被研究人员采用超材料重构。

1.3　表面等离激元超材料

1.3.1　表面等离激元简介

　　表面等离激元是存在于介电常数相反的两种材料界面处的电子的集体振荡。在光波段,金和银等金属的介电常数实部通常为负值,因此可以在金属和电介质(如空气)的界面处激发表面等离激元。表面等离激元可以分为两种类型:一种是表面等离极化激元(surface plasmon polariton,SPP)模式,沿金属-电介质界面的传播模式;另一种为局域表面等离激元(localized surface plasmon,LSP)模式,即存在于金属纳米颗粒表面的局域模式[30-31]。

　　图1.9(a)为SPP模式电场分布示意图[31],电场的法向分量在垂直于金属-电介质界面方向呈指数级衰减,表面电荷的符号交替变化,这激发了沿界面传播的表面电磁波(SPP波)。由于动量的不匹配,自由激光束的激发效率不是很高,因此人们提出了一些方案来提高效率,典型的方法有探针尖端和光栅[30]。由于场束缚和波长压缩的特点,与传统的光子

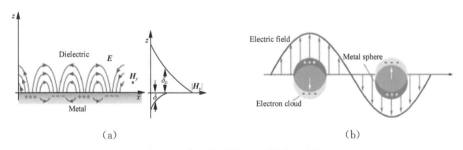

(a) (b)

图1.9　表面等离激元场模式示意图

(a) 传播中的SPP模式的电场分布示意图,其中电场局域在金属-电介质分界面,E_z分量在分界面附近呈指数级衰减(来自参考文献[31]的图1);(b) 金属纳米球表面的LSP谐振的示意图(来自参考文献[32]的图1(b))。

集成电路(photonic integrated circuits，PIC)相比，基于 SPP 的 PIC 更有利于器件的小型化[33]。图 1.9(b)为 LSP 模式的示意图[32]，在外加光的激发下，贵金属的纳米粒子将被极化并产生振荡，诱发强烈的表面电场。由于显著的场增强效应，LSP 效应已广泛应用于表面增强拉曼散射和生化传感。

1.3.2　用于量子技术的基于单等离激元的 PIC

光子集成电路(PIC)相比于电子集成电路具有更快的速度、更小的尺寸、可扩展性、更低的功耗和更强的处理稳定性，因而引起了广泛的关注。PIC 在经典信息处理和量子技术(如量子逻辑门)方面也被广泛应用[127-128]。尽管与电子集成电路相比，PIC 的尺寸减小了，但仍然受到光学衍射极限的限制。然而，SPP 可以将光限制在亚波长范围内[30, 31, 129]。因此，基于 SPP 组件的 PIC 将进一步小型化。

另一方面，量子相干和量子纠缠是量子理论中的两个关键特性，也是量子信息和未来量子技术的核心[130-132]。量子相干，也称为量子叠加，是实现量子计算等量子信息处理的基础。量子纠缠已在信息处理和通信以及量子计量学中展现了其强大的能力。与传统通信技术相比，量子通信被认为更安全、更高效[131]，而量子计量学由于利用了纠缠态，被证明在测量物理参数方面具有更高的灵敏度和分辨率[132]。

PIC 在经典和量子信息处理方面都展现了强大的能力，而 SPP 进一步使得 PIC 更紧凑，使其突破了衍射极限。以往的实验研究证明，量子纠缠在(从光子)转换为等离激元并重新转变为光子后可以被保持下来[133]。因此，基于 SPP 的 PIC 因其亚波长场局域和高器件紧凑性将在量子信息处理方面获得重要的应用。

接下来，我们将从高效激发方法和新颖物理特性方面来回顾单等离激元研究的最新进展。在 2002 年，Altewischer 等人研究了等离激元辅助的纠缠光子在光学金厚膜中的传输，这些金膜具有周期性排列的亚波长孔结构[134]。有趣的是，它证明了表面等离激元确实具有量子性质，并且在光子-等离激元转换过程中其纠缠性质得以保持。此后，单等离激元吸引了越来越多的研究者的兴趣。为了实现单等离激元的高效激发，研究者们提出了一种基于量子发射器和金属纳米线之间直接耦合的方案[135]。如图 1.10(a)所示，一根银纳米线被放置在非常靠近 CdSe 量子点的地方。如果量子点被光激发，量子点辐射的单光子将被耦合到纳米线上，产生单个等离激元。然后，单等离激元波沿着纳米线的表面传播，并在纳米线的末端发射出去。图 1.10(b)展示了一个类似的结构：金刚石纳米晶体放置在银纳米线的近场范围内[136]。由于金刚石纳米晶体中的单个氮空位色心被激发，辐射光将被有效地耦合到银等离激元波导上。除此之外，单个等离激元的物理特性也得到了人们广泛的研究。研究表明，在光子-SPP-光子转换过程中可以保持能量-时间纠缠、偏振纠缠、路径纠缠和轨道角动量纠缠[133, 137]。量子发射器-纳米线耦合系统的反束缚实验和自干涉实验揭示了单等离激元的波粒二象性。另外，片上的 Hong-Ou Mandel 干涉实验也证明了玻色子的性质，这表明线性光量子计算的基本量子逻辑门可以用单等离激元来实现[132, 138]。

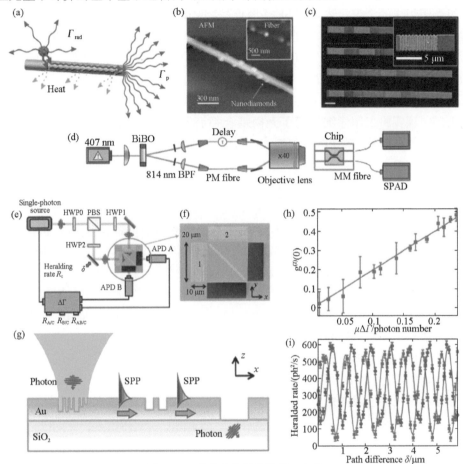

图 1.10　单等离激元的波粒二象性

（a）CdSe 量子点和银纳米线之间的辐射耦合示意图；量子点的辐射转换为沿纳米线传导的表面等离激元波，并在纳米线的末端重新发射到自由空间（来自参考文献[135]的图 1(a)）。（b）金刚石纳米晶体附着在银纳米线上的 AFM 图像。图片展示了纳米线的荧光图像，其中亮点是纳米晶体中单个氮空位色心的辐射（来自参考文献[136]的图 1(a)）。（c）长度从 5～20 μm 不等的波导的 SEM 图像。插图给出了耦合/去耦合光栅的细节；标尺为 5 μm（来自参考文献[139]的图 1(a)）。（d）两个等离激元的量子干涉实验示意图；应用 407 nm 二极管激光器和硼酸铋（BiBO）晶体以产生 814 nm 的单光子对；BFP：带通滤波器；PM 光纤：偏振保持光纤；MM 光纤：多模光纤；SPAD：单光子雪崩光电二极管；光子芯片由介质波导（耦合单光子对）和等离激元波导（将单光子转换为单等离激元）组成（来自参考文献[140]的图 1）。（e）激发和检测单等离激元的实验装置（来自参考文献[141]的图2(a)）。（f）等离激元器件的放大图（来自参考文献[141]的图 1(b)）。（g）等离激元器件中光子‐SPP(激发)和 SPP‐光子(去耦合)转换过程的示意图（来自参考文献[141]的图 1(c)）。（h）在不同光子数下测量的零延迟强度自相关函数 $g^{(2)}(0)$，其中窗口时间为 $\Delta T = 10$ ns，积分时间为 20 min；红线表示基于公式(1.5)的理论结果。（i）在 $g^{(2)}(0) = 0.25$ 和不同光程差的情况下，测量的预示光子输出率 R_{AC}(红色圆圈)和 R_{BC}(蓝色方块)，干涉条纹证实了单等离激元的波动性（来自参考文献[141]的图 2(b)—(c)）。

　　上述结果在纳米尺度的表面等离激元与量子光学之间架起了桥梁，也使量子技术在操纵单等离激元方面得到了应用。然而，量子发射器‐纳米线耦合方案在 PIC 的应用中存在一些困难。相比之下,光栅耦合器等片上器件与 PIC 技术具有更好的兼容性。图 1.10(c)展示了由两组光栅组成的金带状波导的 SEM 图像,这两组光栅被设计来耦合/解耦单光子[139]。此方案中,研究者们采用激光单光子源代替量子发射器。图 1.10(d)显示了两个等离激元的量子干涉实验的示意图[140],Si_3N_4 介质波导被用来耦合来自单光子源的光子,而 PMMA/金等离激元波导将它们转换为表面等离激元。然后,通过测量不同时间延迟下的同时计数来揭示单个等离激元的量子干涉特性。

最近的一项实验工作详细介绍了光栅耦合平面器件中单等离激元的波粒二象性[141]。图 1.10(e)展示了单等离激元激发和检测的实验装置,图 1.10(f)给出了等离激元器件的放大图。如图 1.10(e)所示,激光二极管用作单光子源,单光子束将被偏振分束器(polarization beam splitter,PBS)分成两部分,然后被反射镜分别反射到等离激元器件上的两个正交取向的光栅耦合器(图 1.10(f)中的 1 和 2)。此外,如图 1.10(g)所示,耦合的单光子将被转化为单等离激元。值得注意的是,HWP2(半波片)之后的反射镜的位置是可调的,因此将引入光程差(相位差)来研究量子干涉(Mach-Zehnder(MZ)干涉仪几何结构)。在转换为 SPP 后,两支等离激元波将沿金属-电介质分界面传播,然后在类似光栅的等离激元分束器上重新复合(见图 1.10(f))。然后,SPP 到达一个宽的带状狭缝,由于动量不匹配,将解耦为自由光子,该光子将被连接到多模光纤的雪崩光电二极管(APD A 和 APD B)捕获。

为了验证粒子性质,将 HWP0 的中心轴与 PBS 的中心轴对齐,从而将光子透射并聚焦在等离激元器件的单个耦合器上。通过测量在不同泵浦功率下一段时间内到达 APD 的去耦合光子数,可以得到 SPP 在零延迟时间的强度自相关函数 $g^{(2)}(0)$。对于非常低的功率,该函数存在一个线性区域,即

$$g^{(2)}(0) \propto \mu \Delta t \tag{1.5}$$

其中,Δt 是同时测量的时间段,μ 是单光子源的固有发射率。从理论上讲,$g^{(2)}(0)$ 可以比经典极限值小得多,因为源一个一个地发射 SPP,每个 SPP 要么被等离激元分束器透射,要么反射,绝不会同时发射(它是单个等离激元)。图 1.10(h)所示的实验结果与理论预测一致,这揭示了单个 SPP 的粒子性。

接下来,旋转 HWP0 将 45°偏振光子发射到 PBS,两个单光子束可以分别激发单个 SPP 的两个分支。通过调整两支单个 SPP 的光程差 δ,可以控制它们的到达时间,因而预示输出信号关于路径差的函数可以被测量。从图 1.10(i)可以看出,单个 SPP 的波动性可以通过明显的干涉条纹来证明。偏振分束器的两个输出端口的同时性(两个等离激元(或光子)同时到达两个探测器)可以通过干涉结果获得。当两个无法区分的等离激元在偏振分束器处完全重叠时,它们会产生最强的干涉效应,并且不存在同时的情形。因此,量子干涉可见性可以定义如下:

$$V = \frac{R_{max} - R_{min}}{R_{max} + R_{min}} \tag{1.6}$$

其中，R_{max} 和 R_{min} 分别是最大和最小同时性。对于经典相干激光器，$V=50\%$。而对于完美的量子干涉，$R_{max}=1$ 和 $R_{min}=0$，因此 $V=1$。然而，低耦合（光子到 SPP）和解耦（SPP 到光子）效率和传播损耗将导致可见度下降，因此实验中的 V 值将小于 1。

因此，从上述分析可以得出结论：在光子-SPP-光子转换后可以保持波粒二象性。

如前文所述，基于表面等离激元的 PIC 在量子通信和量子计量学中有巨大的应用潜力。此外，借助光子和等离激元之间的高效转换，有望实现单光子晶体管以及纳米尺度的原子捕获和操纵。然而，目前的实验装置通常基于电子束光刻(electron beam lithography，EBL)等纳米制造方法，因此系统复杂且不紧凑。如果能够基于标准 CMOS 技术开发集成架构，实现单个 SPP 的片上激发、传播和探测，我们相信这将有效促进基于 SPP 的 PIC 在量子信息技术中的应用。

1.3.3 人工表面等离激元

如前所述，光学表面等离激元具有场增强和波长压缩的重要特性，在光子集成电路中具

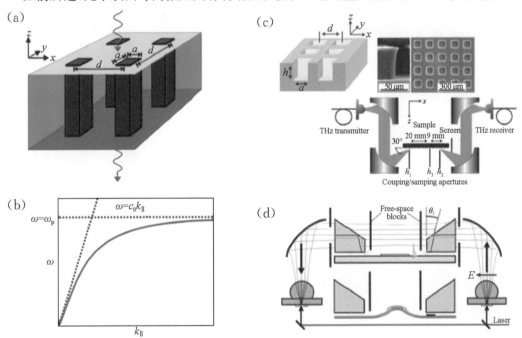

图 1.11 人工表面等离激元

(a) 基于金属孔阵列的表面等离激元示意图，设计在理想导体表面($a<d\ll\lambda_0$)（来自参考文献[34]的图 1）。(b) 人工表面等离激元结构的色散曲线(红色实线)，点线是光线（来自参考文献[34]的图 2）。(c) 基于结构化金属表面的太赫兹 SSPP 波导：使用光刻工艺将 60 μm 厚的 SU8-50(一种光刻胶)刻蚀成孔阵列，然后在 SU8 表面沉积 0.5 μm 厚的铜膜；具体尺寸：$d=150$ μm，$a=(91\pm5)$ μm，$h=(66\pm4)$ μm（来自参考文献[142]的图 1(a)和图 2）。(d) 金属表面太赫兹棱镜耦合 SPP 模式示意图：平面黄铜波导和驼峰状铜波导（来自参考文献[37]的图 1(a)—(b)）。

有潜在的应用价值。然而,SPP 波在光频波段的长距离传播会受到金属材料损耗的限制,传输效率低下。因此,在金属吸收显著下降的低频区域研究 SPP 引起了很多科学家的兴趣。需要注意的是,铜和金等金属在微波和太赫兹频率下表现为良导体,而不是负介电材料。因此,微波或太赫兹辐射不能直接在金属表面激发 SPP。等离子超材料具有可自由设计电磁参数的优势,是实现人工表面等离激元(SSPP)的一种新方法。也就是说,可以通过使用人工设计的周期性结构来激发类似于 SPP 的现象[34]。

2004 年,John Pendry 教授提出了一种利用等离子体超材料来模拟光频波段下的 SPP 现象[34]。通过设计金属孔阵列结构的超材料(见图 1.11(a)),等效介电常数的实部

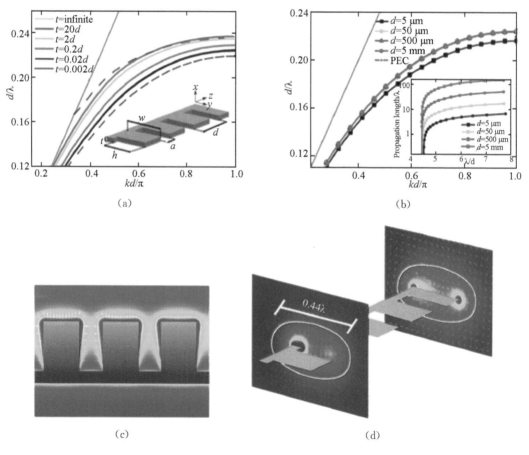

图 1.12　人工表面等离激元结构的色散特性和近场分布

(a) 无限厚到接近零厚度的金属褶皱凹槽结构的色散曲线变化示意图(利用 COMSOL Multiphysics 仿真),插图为结构示意图;d 是褶皱凹槽金属带的周期长度,w 是带的宽度($w = d$),h 和 a 分别是凹槽的深度和宽度($h = 0.8\ d$,$a = 0.4\ d$)。(b) 不同周期的金属褶皱凹槽结构的色散曲线。(c) 和(d) 凹槽周围的电场分布模式,呈现显著的场局域效应(来自参考文献[42]的图 1)。

可以为负,因此,可以在超材料和介质之间的界面激发 SSPP。如图 1.11(b)所示,SSPP 的色散关系描述了人工结构中波矢量与波频率之间的数学关系,具有与光学 SPP 相似的特性。具体来说,在极低频部分,波矢与频率呈线性关系,色散曲线非常接近光线(光在真空中传播的色散曲线);然后,随着频率的增加,曲线逐渐远离光线,表现出慢波的特性。随后,研究者们研究了孔阵列、棱镜、探针和光栅等各种结构,以有效激发 SSPP[35-37, 39, 142, 143],图 1.11(c)和(d)展示了太赫兹频率下用于耦合激励 SSPP 的孔阵列和棱镜。

　　然而,上述等离子体超材料通常是基于块状材料的固体二维(2D)结构,因此设计沿曲面传播的 SSPP 波导和高度集成的器件仍是非常困难的。因此,崔铁军等人提出了一种设计在柔性介质基板上的 2D 超薄 SSPP 超材料[42]。图 1.12 展示了所提出的 2D 超薄 SSPP 波导的结构、色散关系和近场分布。如图 1.12(a)所示,SSPP 波导是单层周期性褶皱凹槽金属条。随着条带厚度从无限大减小到接近零,色散曲线没有表现出显著差异,这表明超薄结构确实可以支持 SSPP 波的传播。此外,从图 1.12(b)中可以看出,SSPP 波导随着频率的增

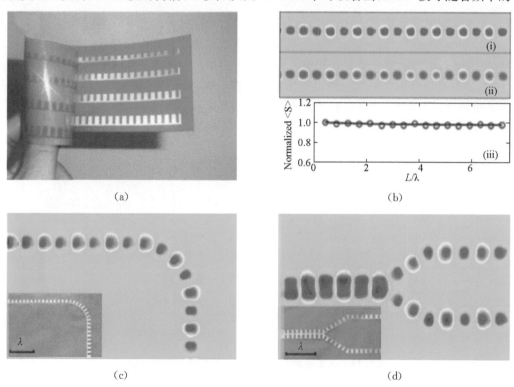

(a)　　　　　　　　　　　　　　　(b)

(c)　　　　　　　　　　　　　　　(d)

图 1.13　柔性超薄 SSPP 波导结构和传输特性

(a) 在介质薄膜表面制备的由褶皱凹槽金属条带组成的柔性超薄 SSPP 波导样品(聚酰亚胺、黏合剂和铜组成的三层结构,总厚度为 435 μm)。(b) 在波导表面上方 15 mm 处观察到的 10 GHz 下的仿真(i)和测量(ii)近场色散,以及归一化传输参数(iii)。(c) 90°弯曲。(d) 波导 Y 型分束器的近场分布测量结果(来自参考文献[42]的图 3)。数值仿真采用 CST Microwave studio;两个单极天线用于绘制二维近场分布。

加表现出截止特性,并且截止频率主要由褶皱凹槽结构的周期长度决定。虽然 2D SSPP 结构非常薄,但图 1.12(c)和(d)中的近场分布显示,电场被局域在凹槽周围的深亚波长区域,并且场增强特征非常显著。图 1.13 给出了 SSPP 波导的照片和场分布。从图 1.13(a)中可以看出,SSPP 波导是在柔性超薄介电薄膜表面制备的,可以与任意曲面共形。图 1.13(b)中直波导的近场测量表明,SSPP 波在波导中传输损耗非常小。此外,由于出色的场局域效应,90°弯曲波导和 Y 型分束器可以实现近乎完美的过渡,辐射损耗较小(见图 1.13(c)和(d))。

为了促进人工表面等离激元超材料在微波电路和器件中的应用,需要解决两个问题:一个是从空间波模式到 SSPP 模式的模式转换,另一个是高效的 SPP 波的激发。为了解决这些问题,研究人员开发了一种模式转换结构[43]。如图 1.14(a)所示,共面波导(CPW)用于给 SSPP 波导馈电(图 1.14(d)中部分放大)。图 1.14(b)所示的 CPW 设计为 50 Ω 的阻抗,此外,图 1.14(c)中 SSPP 波导的两个过渡段采用深度逐渐变化的梯度凹槽和扩口地构建,以实现 CPW 和 SSPP 波导之间的阻抗和动量匹配。因此,可以实现从导波到 SSPP 波的平滑转换,并可以实现高效率、低损耗和易共形的 SSPP 传输线(参见图 1.14(e)和(f)中仿真和测量的传输参数 S_{21})。值得注意的是,与传统的微波传输线(如微带)相比,SSPP 传输线由于场局域效应,可以降低介质吸收和辐射导致的传输损耗。此外,由于 SSPP 传输线的串扰较小,可以提高信号的完整性。通过采用模式转换结构,SSPP 传输线可以很容易地与传统的微波电路和器件集成,这将有利于微波系统的小型化。

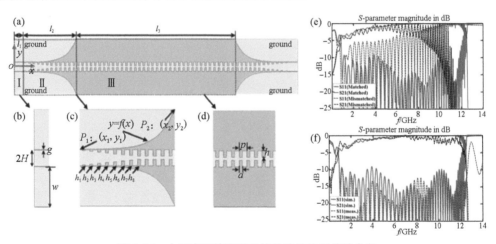

图 1.14　人工表面等离激元传输线结构和传输参数

(a) 微波段具有高效模式转换的 CPW 馈电的 SSPP 波导示意图。(b) CPW 结构。(c) CPW 和 SSPP 波导之间的过渡段。(d) SSPP 波导结构的部分放大。优化后的几何参数如下：$l_1=10$ mm,$l_2=60$ mm,$l_3=180$ mm,$H=10$ mm,$w=25$ mm,$g=0.4$ mm,$p=5$ mm,$a=2$ mm,$h=4$ mm,$h_1=1.5$ mm,$h_8=h$,增量为 0.5 mm(来自参考文献[43]的图 2)。(e) 仿真(使用 CST Microwave Studio)和(f)测量(使用矢量网络分析仪,VNA)混合的波导 S 参数(来自参考文献[43]的图 5)。

1.3.4 无源和有源 SSPP 器件

基于超薄的 SSPP 传输线和高效的模式转换结构,研究者们已经开发出一系列无源 SSPP 器件,如分束器、滤波器、谐振器、多层传输器件和天线[44, 46, 144-146]。图 1.15(a)和(b) 显示了带阻 SSPP 波导滤波器的结构和 S 参数[46]。研究人员通过在 SSPP 结构上构建一系列几何参数逐渐变化的互补 SRR 并基于共振引起的传输抑制,来获得带阻 SSPP 滤波器。 图 1.15(c)展示了由 SSPP 波导和褶皱凹槽环组成的 SSPP 谐振器[145]。当 SSPP 波沿波导传播时,SRR 将耦合一部分输入能量,然后耦合回 SSPP 波导。由于干涉效应,特定频率的

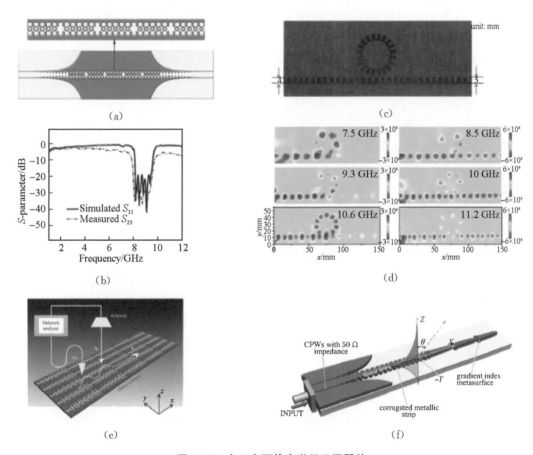

图 1.15　人工表面等离激元无源器件

(a) 由褶皱凹槽金属条和一系列互补 SRR 构成的带阻 SSPP 波导滤波器的示意图。(b) 滤波器的相应 S21 参数(来自参考文献[46]的图 5)。(c) 由褶皱凹槽金属条和褶皱凹槽环组成的 SSPP 谐振器的照片。(d) 在不同频率下测量的 SSPP 谐振器的 E_z 分量的近场分布(来自参考文献[145]的图 3(b)和图 5)。(e) 用于传播波和表面波转换的梯度指数超表面示意图(来自参考文献[147]的图 3(a))。(f) SSPP 辐射结构的示意图,具有从 SSPP 模式到空间辐射模式的有效模式转换(来自参考文献[148]的图 1)。

波会被传输或截断,分别对应于 SSPP 谐振腔的 Open(8.5、10、11.2 GHz)或 Closed(7.5、9.3、10.6 GHz)状态(图 1.15(d))。将空间波耦合到 SSPP 波或将 SSPP 波发射到自由空间的 SSPP 天线是设计 SSPP 器件的基础技术。如图 1.15(e)所示,基于 H 型单元的梯度折射率超表面在微波频率下从传播波到表面波的转换效率接近 100%[147]。在图 1.15(f)中,通过采用由几何尺寸逐渐变化的互补 H 型单元组成的相位梯度超表面,实现了在微波频率下从 SSPP 模式到空间辐射模式的有效转换。此外,辐射束是高度定向的,具有可设计的方向角[148]。

此外,值得注意的是,具有双曲色散的超表面具有操纵 SSPP 的出色能力,例如非发散衍射、负折射和色散相关自旋-动量锁定[149]。Chen 及其团队提出了一种在微波频率下具有双曲色散的人工表面等离激元,并应用互补的 H 型单元来构建 SSPP 波导[149]。如图 1.16(a)所示,双曲超表面的单元由三层组成:铜材质的互补 H 型结构、介质基板和铜背板层。两个金属层之间的电偶极子用于激发 SSPP,从场分布观察到非发散衍射现象和自准直效应。图 1.16(b)揭示了双曲超表面和背景超表面界面处的负折射现象。背景超表面的结构如图 1.16(c)所示。图 1.16(d)所示的双曲超曲面和背景超曲面在 10.6 GHz 的等频线表明该结构可以实现全角度负折射,因为所有入射波矢量都位于等频线内。双曲超曲面也可用于操纵 SSPP 波的横向自旋,由于表面模式的自旋-动量锁定效应,在金属-介质界面左右两侧传播的 SSPP 波将携带方向相反的横向自旋,这种现象称为光的自旋霍尔效应。此外,双曲超表面的色散会导致 SSPP 波的强定向传播。因此,可以通过引入耦合器(见图 1.16(e))来自由控制双曲超表面上 SSPP 波的传播方向,以获得相消或相长干涉。从图 1.16(f)中的场分布可以看出,对于圆极化波和线极化波,可以分别获得单向和双向传播。因此,双曲表面等离激元超表面在聚焦和成像、超透镜、定向耦合器等方面具有潜在应用价值。

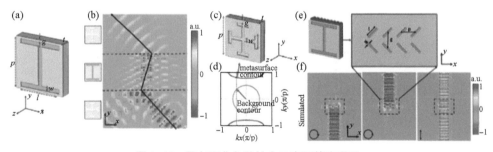

图 1.16 具有双曲色散的人工表面等离激元

(a) 双曲超表面的单元由三层组成:铜材质的互补 H 型结构、介质基板和铜背板层;几何参数为:$p=6$ mm,$l=5$ mm,$w=0.5$ mm,$g=0.25$ mm,$t=1$ mm,铜层厚度为 0.035 mm。(b) 双曲超表面和背景超表面的界面处的负折射现象。(c) 背景超表面的基底,其中 $p=5$ mm,$l=2$ mm,$w=0.5$ mm,$g=0.5$ mm,$t=1$ mm。(d) 10.6 GHz 下双曲超曲面和背景超曲面的等频线(黑色:双曲超曲面,蓝色:背景超曲面),红色箭头表示 SSPP 波的传播方向。(e) 由底部金属膜上的亚波长孔径组成的定向耦合器示意图,其中 $w=0.5$ mm,$l=3$ mm,$p=4$ mm,$g=4.1$ mm。(f) 仿真得到的 E_z 分量在 xy 平面的电场分布(使用 CST Microwave Studio),其中频率为 9.75 GHz 的右旋圆极化、左旋圆极化或线极化波由底层入射,探测面位于双曲超曲面上方 5 mm 处(来自参考文献[149]的图 1、图 5 和图 7))。

此外,有源 SSPP 器件是构建基于表面等离激元超材料微波集成电路和系统的关键组件。两种典型的有源 SSPP 器件,即二次谐波发生器和放大器已经被开发出来[47-48]。图 1.17 显示了二次谐波产生(SHG)的示意图和发生器[48]。从图 1.17(a)可以看出,它是一种双层波导结构,在介质基板的两侧均制备了褶皱凹槽金属条,并且根据图 1.17(b)所示的详细图像,两个条带反对称放置。场效应晶体管被加入 SSPP 波导,利用非线性效应产生二次谐波(参见图 1.17(c)中的放大图像)。图 1.17(d)给出了 SHG 样品的照片和测量频谱。从图 1.17(e)中可以看出,8 GHz 处的基频信号被成功抑制,可以在 16 GHz 处观察到显著的二次谐波信号。图 1.17(f)给出了 SSPP 放大器样本的照片[47]。为了实现高效放大,在双层 SSPP 波导中加入半导体放大器芯片,其结构与图 1.17(a)所示的结构相似。图 1.17(g)中的实测 S_{21} 表明在 6~20 GHz 之间,SSPP 放大器的增益可以达到 20 dB。因此,共形、宽带和高增益特性以及场局域效应使微波 SSPP 放大器与传统有源器件相比非常具有竞争力。

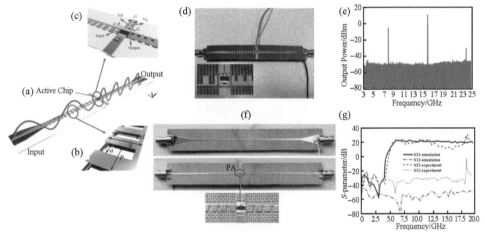

图 1.17 人工表面等离激元有源器件

(a) 集成有源芯片的 SSPP 波导中的二次谐波产生示意图;对于输入波导,参数为:条宽 $h=2.5$ mm,周期 $p=2.0$ mm,槽宽 $a=1.0$ mm,槽深 $d=2.2$ mm;而对于输出波导,相应参数为:$h=2.5$ mm,$p=1.5$ mm,$a=0.6$ mm,$d=1.5$ mm。(b) 双层 SSPP 波导的放大图像。(c) 有源模块的放大图像。(d) 二次谐波发生器照片,其中金属为铜,介电材料为 F4B($\varepsilon_r=2.65$,$\tan\delta=0.001$)。(e) 输入基频信号为 8 GHz 的 SSPP 二次谐波发生器的输出频谱(来自参考文献[48]的图 1、图 3 和图 4b)。(f) SSPP 放大器的照片(来自参考文献[47]的图 8),其中金属为铜,介电材料为 F4B。(g) SSPP 放大器的输出 S 参数(来自参考文献[47]的图 7(a))。

由于无源和有源 SSPP 器件的发展,基于表面等离激元超材料的微波通信系统有望在不久的将来出现。由于 SSPP 器件可以抑制传输损耗和串扰,由 SSPP 器件构建的通信系统将具有以下潜在优势:功耗更低、紧凑性更高、支持更高的工作频率等。

1.3.5 片上亚太赫兹 SSPP 器件

在前文中,我们主要回顾了使用印刷电路板(Printed Circuit Board,PCB)技术在超薄柔性基板上制造的微波 SSPP 器件。在本节中,我们将简述片上太赫兹 SSPP 超材料和器件。太赫兹波段(通常定义在 $0.1\sim10$ THz),由于波长大大缩短,器件的特征尺寸也随之减小。因此,在微波频率范围内使用的 SSPP 波的馈电端口和激发方法不再适用。通常情况,太赫兹自由空间平面波和亚太赫兹导波被用作 SSPP 激发的太赫兹源。对于太赫兹自由空间波,研究者们为了克服平面波和 SSPP 波之间的动量失配,实现有效激发,设计了金属探针、金属光栅、介质棱镜等特殊结构[37-39, 142]。一般情况下,由于等离子体超材料的平面结构,其激发效率将受到限制。对于低于 1 THz 的亚太赫兹导波,可以使用矩形波导输出端口的地-信号-地(GSG)探头来给 CPW 转换的 SSPP 波导馈电,该方案可以显著提高激发效率。

最近,使用 GSG 进行馈电的片上亚太赫兹 SSPP 传输线被开发了出来[49-50]。图 1.18(a)显示了使用 65 nm CMOS 技术在硅衬底上制造的亚太赫兹 SSPP 传输线的裸片照片[50],其中传输线由带有模式转换器和金属接地的褶皱凹槽金属带构成。从图 1.18(b)和(c)可以看出,反射系数 S_{11} 在研究频率区域低于 -8 dB,而插入损耗($-S_{21}$)在 1 mm 左右的传播长度不高于 2.5 dB。此外,研究人员还研究和比较了亚太赫兹 SSPP 传输线与传统微带传输线的耦合和串扰。图 1.18(d)是 SSPP 传输线耦合器的管芯显微照片,该耦合器由两条位置时常靠近的褶皱凹槽金属条带构成[49]。图 1.18(e)给出了相应的 S 参数。从该曲线可以得出结论:SSPP 传输线之间的耦合远小于传统传输线,在 220—325 GHz 范围内串扰降低约 15 dB。

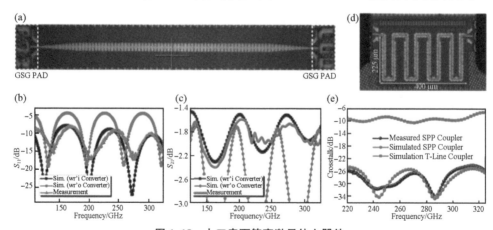

图 1.18 人工表面等离激元片上器件

(a)片上 SSPP 传输线的裸片照片(来自参考文献[50]的图 14(b))。(b)和(c) SSPP 传输线的 S 参数(来自参考文献[50]的图 15)。(d)片上 SSPP 传输线耦合器的管芯照片(来自参考文献[49]的图 6(b))。(e) SSPP 传输线耦合器的耦合系数(来自参考文献[49]的图 9(b));S 参数是在连接 VNA 和 220~325 GHz 源的探针台上测量的。

因此,SSPP 的场局域特性有利于保持高度集成的片上器件的信号完整性。Yu 等人还提出了一种使用堆叠 SRR 结构的片上亚太赫兹振荡器的 SSPP 超材料方案。在此基础上,设计了 SSPP 发射机和接收机[51]。因此,如果可以进一步提高片上 SSPP 器件的性能,如振荡器和传输线的能效,SSPP 片上通信系统也可以在亚太赫兹频率下进行。

1.3.6 局域表面等离激元

在光学频率下,局域表面等离激元(LSP)通常是指由于表面电荷和光之间的相互作用而在金属纳米粒子表面产生的等离子体共振效应。LSP 诱导的局部场增强已广泛应用于表面增强拉曼散射、生化传感和超分辨率成像[32, 150-152]。

然而,直到表面等离激元超材料的实验取得了突破,微波和太赫兹频率的 LSP 才可实现。Garcia-Vidal 等人提出了一种使用二维结构化金属圆柱体在低频下实现 SLSP 的方法[153],并且用数值模拟的方法预测了电六极子、电八极子和电十极子模式的有效激发。崔铁军及其团队完成了第一个微波频率下 LSP 超材料的实验工作[154]。图 1.19(a)显示了 LSP 超材料的示意图和样品照片。从图中可以看出,该超材料是接近零厚度的金属板上加工的深亚波长尺寸的二维褶皱凹槽。在微波的激发下,可以观察到电偶极子到电十四极子的谐振模式。图 1.19(b)显示了 LSP 超材料的实测近场响应谱(散射截面系数)。该结构总共可以观察到 7 个 LSP 谐振模式,其近场分布如图 1.19(c)所示。值得注意的是,研究人员在这项工作中成功激发了电十四极子的最高阶模式。此外,LSP 模式(尤其是高阶模式)的谐振频率对介电环境非常敏感,因此可用于生物或化学传感器。例如,当 LSP 结构周围材料的折射率从 1 变为 1.61 时,对于 7.8 GHz 的八极子模式,其可以达到 71% 的相对频移。此后,研究人员们还提出了磁性 LSP 超材料[155]。如图 1.19(d)所示,该超材料由 4 个金属螺旋臂组成。根据图 1.19(d)和(e)中测量的散射截面系数和近场分布,该结构中可以激发电偶极子和磁偶极子模式。显著的场局域与磁共振相结合使研究深亚波长尺度的磁相互作用成为可能。此外,Qin 等人在微波频率区域提出了一种支持环形 LSP 的紧凑平面超材料圆盘[156]。如图 1.19(f)所示,该超材料圆盘由 SRR 和介质基板构成。图 1.19(g)显示了该超材料圆盘的反射光谱,插图给出了测量设置。从模拟和测量结果可以观察到在 4.2 GHz 附近反射下降,这可以归因于环形偶极共振。此外,谐振频率对背景介质的折射率非常敏感,因此,该器件在折射率传感方面具有潜在的应用。

此外,通过两个 LSP 之间或 LSP 和 SPP 之间的耦合效应,研究者们还观察到了一些新的物理现象。Zhang 等人在由两个 LSP 谐振器组成的等离子体器件中发现了具有不对称 Fano 状线的透射谷[157]。图 1.19(h)显示了垂直耦合谐振器的透射光谱,插图显示了等离子体器件的几何形状。据观察,在该器件中,LSP 结构的六极子和八极子模式都被激发,并且由于两个 LSP 谐振器的强耦合和由此产生的近场能量传输,在两个谐振峰值之间的 5.6 GHz 附近可以发现传输下降。此外,透射谷的频率对放置谐振器板的介电特性和两个谐振器的距离非常敏感。因此，LSP超材料二聚体器件可以应用到传感和开关领域。此外，研究人员们还研究了两个水平取向的LSP粒子的表面等离子体杂化，并提出了能级图来描述模式杂化，包括所谓的成键共振和反键共振[158]。

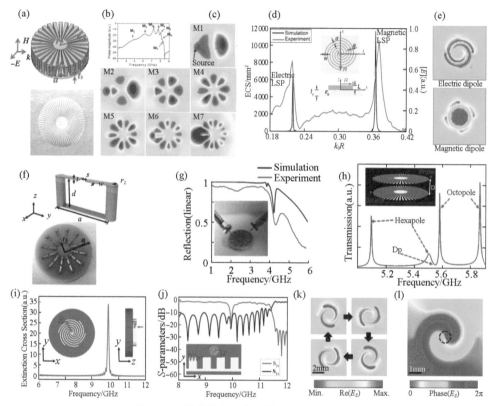

图 1.19　局域化人工表面等离激元超材料

(a) 在介质基板上制造的LSP超材料的示意图（上图）和样品照片（下图）（来自参考文献[154]的图1）；优化后的结构尺寸为：外半径 $R=10.0$ mm，内半径 $r=0.25R$，$a=0.4d$，凹槽数 $N=60$，金属圆盘和介质基板厚度分别为 $t=0.018$ mm 和 $t_s=0.4$ mm。(b) 测量的LSP超材料的散射截面系数。(c) 使用单极天线测量的LSP谐振模式的近场分布，其中谐振模式 M1—M7 分别代表电偶极子、四极子、六极子、八极子、十极子、十二极子和十四极子模式（来自参考文献[154]的图3)）。(d) 具有电偶极子和磁偶极子共振的LSP超材料的示意图和散射截面系数；结构参数为：$R=9.5$ mm，$r=0.6$ mm，$d=1.508$ mm，$a=1.008$ mm，理想导体（PEC）圆盘（通常为标准印刷电路板制造工艺中的铜）的厚度为 $L=0.035$ mm，基板为FR4，介电常数 $\varepsilon_s=3.5$，厚度 $t_s=0.8$ mm。(e) LSP超材料上方15 mm的 xy 平面中 E_z 分量的近场分布模拟结果（来自参考文献[155]的图3)。(f) 超材料圆盘的俯视图及其单元结构的示意图；单元由SRR（铜）和介质基板（FR4，$\varepsilon_r=3.7$）构成，几何参数为：$a=9$ mm，$d=4$ mm，$s=w=1.2$ mm，$r_2=0.8$ mm，$t=0.035$ mm；超材料圆盘由12个SRR组成，基板半径为 $R=20$ mm 和 $r_1=6$ mm。(g) 仿真（使用CST Microwave Studio）和测量的超材料圆盘反射光谱，插图给出了测量设置；两个偶子天线分别用于激发LSP谐振并测量电场（来自参考文献[156]的图1和图4(a)）。(h) 两个垂直耦合LSP谐振器的透射光谱，它们用6.1 mm厚的特氟龙板隔开（来自参考文献[157]的图1(b)）。(i) 放置在介电层顶部的金属螺旋LSP粒子的消光截面；参数为：$R=1.81$ mm，$t=0.018$ mm，$d=0.5$ mm，介质基板的介电常数为2.55。(j) 耦合到LSP粒子的混合波导的传输（S_{21}）和反射（S_{11}）系数；耦合距离 g 为 2.5 mm。(k)和(l) 位于LSP粒子上方0.5 mm处的 xy 平面内，E_z 分量的近场幅度分布和螺旋相位分布，其中探测频率为9.9 GHz；每四分之一周期处的电场分布（来自参考文献[159]的图1a和图3)。

通过使用 SSPP 波导和 LSP 粒子之间的耦合，研究人员们还可以有效地产生微波等离子体涡旋[159]。图 1.19(i)给出了 LSP 粒子的消光截面，其中在 9.9 GHz 处可以观察到强电偶极共振。E_z 分量的幅度和相位分布显示出沿方位角方向的离散相位特征($\pi/2$ 和 $3\pi/2$)。由于超材料粒子非常靠近 SSPP 波导的凹槽(参见图 1.19(j))，超材料粒子的局域等离子体模式将被 SSPP 波激发，这可以从图 1.19(j)的 S_{21} 参数曲线上的透射率下降看出。此外，结合每四分之一周期的振幅分布和螺旋相位分布(见图 1.19(k)和(l))，我们可以得出结论：在该结构中等离子体涡旋模式被有效激发。

在本节中，我们介绍了单表面等离激元和表面等离激元超材料的最新进展。结果表明，单表面等离激元同时继承了表面等离激元的场局域效应和单光子的量子性质，这意味着基于单等离激元的光子集成电路在量子器件中具有潜在的应用价值，并且可以实现更高的器件紧凑性和更好的信息安全性。此外，介质波导和表面等离激元波导的组合可能是减少光频波段传输损耗的可行方法。在详细总结了基于微波传输线的 SSPP 无源和有源器件之后，我们可以得出一个结论：SSPP 器件可以灵活地操纵低频表面电磁波，实现包括分束、滤波、定向耦合和放大的效果。由于 SSPP 模式和导模之间的高效模式转换，SSPP 器件与传统传输线兼容，在电路和系统中具有重要应用。此外，LSP 器件也已被证明具有奇异的特性和在传感中的应用潜力。通过引入片上设计方式，表面等离激元超材料的应用可以得到有效拓展。

1.4 信息超材料

1.4.1 超表面概述

具有三维(3D)结构的超材料通常基于空间中的相位累积来操纵电磁波，因此需要相对较大的厚度，这导致其制备难度加大，且材料的吸收也导致了损耗的增加。特别是在太赫兹频段和光学频段，由于制造工艺限制，人们很难获得 3D 超材料。为了克服这个限制，Capasso 等人提出了电磁超表面的概念[52]。超表面是二维形式的超材料，通常由具有深亚波长厚度的亚波长人工单元阵列组成。需要注意的是，超表面是基于相邻单元之间的相位不连续性来调制电磁波，而不是像 3D 超材料那样基于空间的相位累积，因此超表面具有重量小和易共形的优点。图 1.20(a)为考虑相位不连续性的两种介质界面上的光反射和折射的示意图。广义的反射和折射定律可以分别表示为[52]

$$\sin(\theta_r) - \sin(\theta_i) = \frac{\lambda_0}{2\pi n_i}\frac{\mathrm{d}\Phi}{\mathrm{d}x} \tag{1.7}$$

$$\sin(\theta_t)n_t - \sin(\theta_i)n_i = \frac{\lambda_0}{2\pi}\frac{\mathrm{d}\Phi}{\mathrm{d}x} \tag{1.8}$$

在这里，θ_i、θ_r 和 θ_t 分别代表入射角、反射角和折射角；n_i 和 n_t 是两种介质的折射率；λ_0 是真

空中的波长;dΦ/dx 是超表面的相位梯度。

基于超表面,研究人员们可以实现电磁波束的异常反射和折射。图 1.20(b)显示了 Capasso 等人设计的超表面光学天线的 SEM 图像。可以看出,天线阵列的周期长度由 8 个不同张角和取向的 V 型单元组成。此外,8 个单元表现出梯度相位响应,并在一个周期内实现接近 2π 的相位覆盖。图 1.20(c)和(d)显示了不同周期长度下的折射角,这表明对于 x 和 y 方向的入射偏振,该阵列都会发生负折射。此外,得益于超表面调制电磁波的幅度、相位、极化和波前的强大能力,许多基于超表面的新型器件,如涡旋波束生成[54,160-161]、全息成像[55,162-164]、平面透镜[165-167]和极化转换器[54,168]等已经被开发出来。

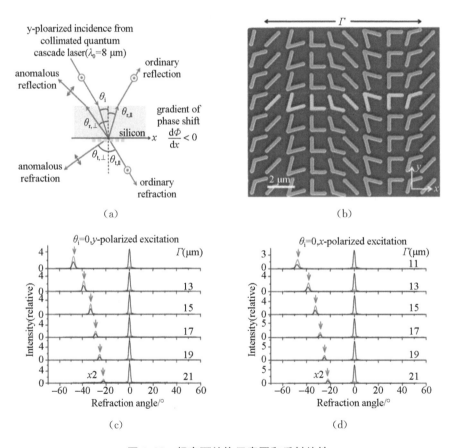

图 1.20　超表面结构示意图和反射特性

(a) 超表面上的普通和异常反射与折射示意图;(b) 光学超表面样品的 SEM 图像;(c)和(d) 在不同结构周期测量的折射角(来自参考文献[52]的图 3)。

众所周知,平面波的波前(等相位面)是一个平面,对于正、负折射率的媒质,坡印廷矢量分别与波矢量平行或反平行。最近,涡旋波束受到了极大的关注。对于涡旋光,它的波前实际上是一个螺旋结构,波束的坡印廷矢量在传播过程中沿着围绕光束轴的螺旋轨迹运动,从而产生轨道角动量(OAM)。OAM 的阶数由波前在一个传播波长中的螺旋数定义,用字母 l 表示(对于平面波,$l= 0$)。由于轨道角动量(OAM)的存在,涡旋波束可以比平面波携带更丰富的信息,因此被认为是光通信中的一种有前景的备选方案[169-171]。

在这里,我们举例说明了一些采用超材料实现涡旋波束产生的方案。Yang 等人提出了一种用于产生涡旋光的介电超材料反射阵列[54]。具体来说,硅切割线被设计为介电谐振器,通过改变切割线的几何形状和取向可以获得覆盖 2π 的相位分布,间隔为 $\pi/4$(图 1.21(a))。然后,通过设计反射阵列图案,研究人员可以高效地产生波长范围为 1 500~1 600 nm 的宽带涡旋波束。图 1.21(b)显示了不同入射光波长下涡旋波束的测量强度分布。图 1.21(c)给出了具有共线传播的涡旋波束和高斯波束的相应干涉图案。结果表明+1 级衍射效率达到 83%。除此之外,一种用于在透射模式下产生涡旋的全介质超表面(图 1.21(d))也被报道[161]。在这一工作中,2π 的相位控制是通过设置多晶硅纳米块的几何形状来实现的,如图 1.21(e)所示,透射涡旋波束转换器在 1.55 μm 处实现了 45% 的转换效率,其场图如图 1.21(f)所示。

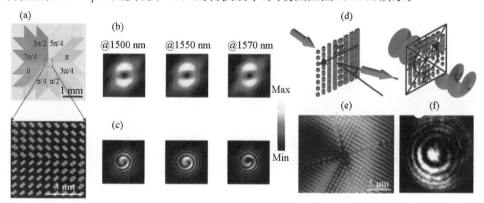

图 1.21 用于涡旋波产生的超表面

(a) 用于产生光学涡旋波束的介电反射阵列的相位分布(下图)和 SEM 图像(上图);(b) 不同波长涡旋光束的场强分布测量结果;(c) 涡旋光束和共线高斯光束的干涉强度分布(来自参考文献[54]的图 4);(d) 用于产生涡旋波束的透射型介质超表面示意图(来自参考文献[161]的摘要图);(e) 硅基超表面的 SEM 图像(来自参考文献[161]的图 6(b));(f) 生成的涡旋光束的均分布测量图案(来自参考文献[161]的图 6(f))。

除了涡旋波束生成外,基于超表面的全息成像也引起了广泛关注。图 1.22(a)—(e)展示了可见光波长下的反射型全息图[55]。如图 1.22(a)所示,此工作采用由金纳米棒、MgF$_2$ 介电隔离层和金膜组成的三层结构作为超表面单元,通过改变金纳米棒的取向,可以获得接近 2π 的相移(图 1.22(b))。图 1.22(c)显示了反射全息成像的示意图,从图中可以看出,从线偏振光束转换而来的圆偏振光束被用于激励超表面。图 1.22(d)和(e)分别显示了在 632.8 nm 工作波长下的 SEM 图像和测量的全息图像。超表面全息成像在 825 nm 处达到了 80% 的高衍射效率,并且可以实现亚波长像素。需要注意的是,它仍然是静态的全息成像。

在可见光波段,基于光学超表面透镜的成像技术也引起了很多关注[172-176]。Tsai 等人使用 GaN 纳米柱阵列开发了一种宽带消色差超透镜[173]。图 1.22(f)显示了数值孔径为 $NA=0.106$ 的超透镜的光学显微图像。图 1.22(g)和(h)显示了超透镜不同区域中纳米柱阵列的 SEM 图像。图 1.22(i)显示了使用超透镜进行全色成像获得的欧亚雕鸮的图像。需要注意的是,该工作开发的超透镜的焦距在 400~660 nm 的宽入射波长范围内保持不变,并且消色差成像覆盖了中心波长的 49% 带宽。此外,在整个可见光范围内,$NA=0.106$ 的成像透镜的平均效率约为 40%。Capasso 及其合作者提出了一种用于在可见光范围内聚焦和成像的宽带消色差超透镜[174]。图 1.22(j)给出了由不同尺寸的 TiO_2 纳米鳍组成的超透镜的 SEM 图像。图 1.22(k)和(l)展示了超透镜($NA=0.02$)在不同照明波长下的焦斑轮廓和成像。该超透镜能够在 470 到 670 nm 范围内进行消色差聚焦和成像。基于光学超表面的宽带消色差超透镜在显微镜和光刻等纳米光子学中具有潜在的应用前景。

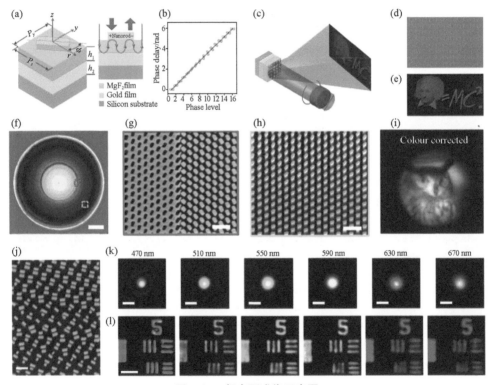

图 1.22 超表面成像示意图

(a) 超表面单元结构示意图;几何参数为:$P_x=300$ nm,$P_y=300$ nm,纳米棒长度 $L=200$ nm,宽度 $W=80$ nm,高度 $H=30$ nm,MgF_2 和金膜的厚度分别为 $h_1=90$ nm 和 $h_2=130$ nm。(b) 不同取向纳米棒的相位分布。(c) 反射超表面全息图的示意图。(d) 超表面的 SEM 图像。(e) 在 632.8 nm 的工作波长下测量的全息图像(来自参考文献[55]的图 1(a)—(c)、图 2(a)、图 3(a)和(f)。(f) $NA=0.106$ 的消色差超透镜的光学显微图像;标尺:10 μm。(g) 纳米柱和 Babinet 结构边界处的 SEM 图像(光学图像中的深蓝色虚线正方形);标尺:500 nm。(h) 纳米柱的 SEM 图像(光学图像中的浅蓝色虚线方块),标尺:500 nm。(i) 使用超透镜进行全彩色成像获得的欧亚雕鸮的图像(来自参考文献[173]的图 2 和图 4(i)。(j) 由不同尺寸的 TiO_2 纳米鳍组成的超透镜的 SEM 图像;标尺:500 nm。(k) 实验测量的入射波长从 470 nm 到 670 nm 的焦斑轮廓;标尺:20 μm。(l) 由消色差超透镜形成的图像(来自参考文献[174]的图 2(b)和图 4)。

1.4.2 数字超表面与编码超表面

基于等效媒质理论的传统超材料在调控电磁波传播方面表现出很强的能力。然而,由于描述方法的不同,等效媒质理论与信息技术不能很好地兼容。其具体表现为等效媒质超材料采用等效参数来描述,而信息技术中通常使用二进制数字 0 和 1,这将限制超材料在集成电路、通信等领域的应用。因此,如果超材料可以数字化描述,将在很大程度上推动超材料与信息技术的融合。此外,与模拟系统相比,在系统结构复杂,时数字系统在噪声干扰和器件参数容忍度方面表现出显著优势。因此,以数字方式描述的新型超材料最近引起了很多关注。2014 年 Engheta 团队和崔铁军教授团队分别独立提出了数字超材料的概念[57-58]。Engheta 等人使用二进制超材料比特位来构建数字超材料[57]。具体而言,将具有不同介电参数(例如分别为正和负介电常数)的两种超材料单元定义为超材料位,这些超材料位的特定空间分布形成了一个超材料字节,从而实现了所需的有效电磁参数。从图 1.23(a)中可以看出,通过对场的空间分布函数进行离散化处理,可以反推每个亚波长尺度模块(视为超材料字节)的等效介电参数。接下来,根据等效媒质理论,通过适当排列定义的二进制超材料比特位来重建超材料字节,以满足等效参数要求。例如,图 1.23(b)显示了一个平面数字超材料字节和具有相同介电常数的等效圆柱结构,图 1.23(c)显示了具有相同介电常数的由数

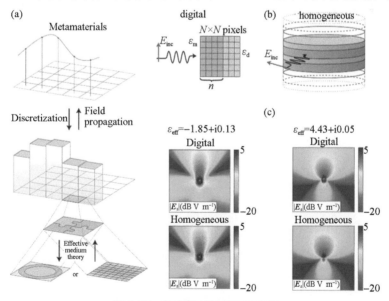

图 1.23 数字超材料原理示意图

(a) 基于等效媒质理论的超材料离散化过程和数字超材料两个超材料位的设计;(b) 具有相同等效介电常数的数字超材料字节和等效圆柱结构;(c) 具有相同等效介电常数的数字超材料字节和同质圆柱体的散射场分布比较(左:负介电常数;右:正介电常数)(来自参考文献[57]的图 1b 和图 2)。

字字节和同质圆柱构成的超材料散射场的比较。两种电场极化下模拟的散射场的相似性证明了数字超材料方法的有效性。在此之后,数字凸透镜、平面梯度折射率数字透镜、数字超透镜等多种装置相继被设计出来[174-176]。然而,需要注意的是,这项工作的核心概念是用二进制数字描述等效媒质,因此开发的超材料仍属于等效媒质超材料。而且,每个单元都需要根据等效媒质理论单独设计,这使得方案复杂且仅限于数值模拟演示。

同时,崔铁军等人从信息科学的角度提出了数字超材料和编码超材料的概念[58]。与上述工作相似之处是,超材料(或超表面)单元用二进制编码进行数字化描述。然而,本质上的区别在于,数字超材料单元的编码是根据其相位响应(或幅度响应)而不是介电常数来分配的,因此可以通过改变构成单元的空间排布(编码序列)直接操纵编码超材料对电磁波的透射或反射特性,这一概念已被数值模拟和实验成功验证。具体来说,对于 1-bit 编码,两种单元的数字态为 0 和 1,分别表示 0°和 180°相位值(实际上是相位差为 180°);对于 2-bit 编码,四种单元的数字态为 00、01、10 和 11,其相位响应分别为 0°、90°、180°和 270°(相位梯度为 90°)。类似地,也可以得到更高比特位的编码。图 1.24 显示了 1-bit 编码超表面的示意图和散射波束。如图 1.24(a)所示,编码超表面由数字态分别为 0 和 1 的两种单元组成。可以通过调整图 1.24(b)中所示金属贴片的几何参数来设计超表面单元的相位响应,以实现大约 180°的相位差。进而,由编码图案确定的超表面的远场散射波束可以通过散射方向性函数来预测,如下式所示:

$$\mathrm{Dir}(\theta,\varphi) = 4\pi \mid f(\theta,\varphi)\mid^2 \Bigg/ \int_0^{2\pi}\int_0^{\pi/2} \mid f(\theta,\varphi)\mid^2 \sin\theta \mathrm{d}\theta \mathrm{d}\varphi \qquad (1.9)$$

其中,θ 和 φ 分别是任意方向的仰角和方位角,远场散射函数由下式给出:

$$f(\theta,\varphi) = f_e(\theta,\varphi)\sum_{m=1}^N N\sum_{n=1} \exp\{-\mathrm{i}\{\varphi(m,n)+kD\sin\theta[(m-1/2)\cos\varphi+(n-1/2)\sin\varphi]\}\} \tag{1.10}$$

其中,$f_e(\theta,\varphi)$ 是阵元的散射函数,m 和 n 是整数。

图 1.24(c)—(e)展示了利用解析法得到的具有不同编码序列的三个 1-bit 超表面的远场散射波束。从图中可以看出,对于 000000···/000000···、010101···/010101··· 和 010101···/101010···编码序列,分别可以获得 1、2、4 个主散射波束。为了进一步比较,图 1.24(f)—(h)列出了相应的全波仿真结果,注意到解析法和全波仿真所得到的散射波束显示出良好的一致性。因此,可以基于公式(1.9)和(1.10)方便地预先设计具有优异电磁波束操纵功能的复杂编码序列。

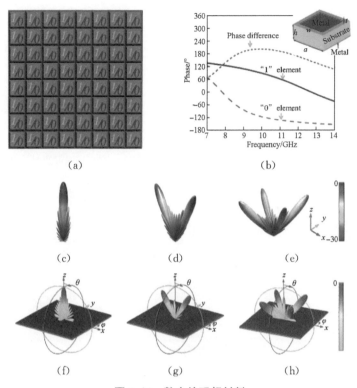

图 1.24　数字编码超材料

（a）1-bit 数字编码超材料示意图。（b）两种超材料单元的相位响应。（c）—（e）解析法得到的编码序列分别为 000000
…/000000…、010101…/010101…和 010101…/101010…的超表面的散射波束。（f）—（h）相应的全波模拟结果（来自
参考文献[58]的图 1（a）—（b）和图 2（d）—（i））。

1.4.3　基于编码超材料的功能器件

　　与传统的超材料相比，数字编码超材料和超表面为操控电磁波提供了更大的自由度，尤
其是多比特编码超材料实现了对电磁波束的更精确控制。基于编码超材料和超表面，研究
人员已经开发了各种功能器件，来实现异常折射或反射和 RCS 缩减[58]。图 1.25（a）显示了
用于 RCS 缩减的优化超表面的示意图，它由具有 90°相位梯度和幅度接近的 4 种单元组成。
图 1.25（b）中的 3D 散射图案表明，设计的超表面在微波频率下具有出色的 RCS 缩减效果，
而图 1.25（c）中的远场反射曲线进一步说明了该超表面的宽带特性。结果表明，入射电磁波
束被均匀地散射到一个很宽的空间角度范围，定向反射信号变得非常微弱。此外，该超表面
对相位梯度和幅度响应的良好容忍度使得其在较宽的频带内均具有较低的 RCS。

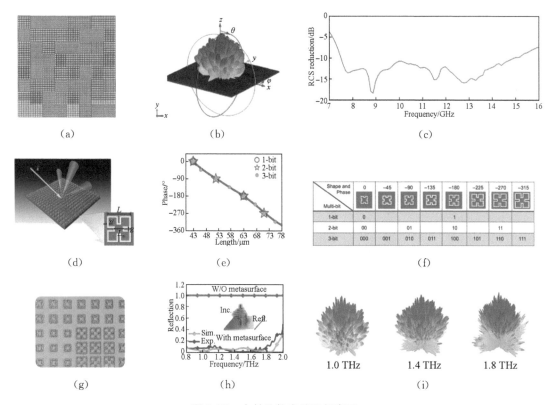

图 1.25　太赫兹数字编码超表面

(a) 用于在微波频率下减少 RCS 的 2-bit 编码超表面示意图；(b) 在 8 GHz 下模拟超表面的 3D 散射图案；(c) 超表面的单站 RCS 衰减频谱的模拟结果（来自参考文献[58]的图 5(c)—(e)）；(d) 由 Minkowski 结构构建的太赫兹反射超表面示意图；(e) 相位响应与单元长度之间的关系；(f) 1-bit、2-bit 和 3-bit 的编码方案；(g) 具有 RCS 缩减效果的 2-bit 太赫兹编码超表面样品的光学显微图像；(h) 2-bit 编码超表面的反射频谱；(i) 在三个不同频率下的模拟 3D 散射图（来自参考文献[60]的图 1，图 4(b)—(c)、图 8(b)—(c)和图 7(a)—(c)）。

　　最近,数字超材料和编码超材料的研究也拓展到太赫兹频率范围,第一个太赫兹多比特编码超材料是由崔铁军团队于 2015 年开发的[60]。图 1.25(d)展示了设计在聚酰亚胺薄膜上的太赫兹反射超表面的示意图。可以看出,超表面是由亚波长尺度的 Minkowski 结构构成的。此外,从图 1.25(e)中可以看出,单元的相位响应与结构的长度呈近似线性关系,覆盖了近 2π 的相移,而反射率几乎保持不变。因此,通过合理设计单元结构的尺寸,就可以获得1-bit、2-bit 和 3-bit 的编码超表面(如图 1.25(f))。采用 2-bit 编码单元,设计了一款散射编码超表面。如图 1.25(d)所示,超表面是在硅衬底上制造的金属-聚酰亚胺-金属三层结构。图 1.25(g)给出了由 4 种单元组成的 2-bit 超表面样品的光学显微图像。反射光谱的模拟结果与实测曲线吻合良好,在垂直入射太赫兹平面波的激励下,两者均表现出显著的宽带反射下降(见图 1.25(h))。此外,不同太赫兹频率下的 3D 远场散射图案如图 1.25(i)所示。可以看出,该超表面在 1 THz、1.4 THz 和 1.8 THz 三个频率的漫散射特性都很明显。基于类似的原理,Jin 等人设计了工作在 0.6 THz 的 1-bit 数字编码超表面。该超表面可以自由操控反射和散射波束,可以将单入射波束转化为双波束和多波束。上述工作表明,可以采用编码超表面来实现宽频率范围内的太赫兹 RCS 缩减和隐身。

在此之后,多功能太赫兹编码超表面得到了研究[177-180]。Liu 等人设计了一种基于各向异性单元的编码超表面[178]。图 1.26(a) 显示了该超表面的单元结构示意图。太赫兹垂直入射下的相应相位响应如图 1.26(b)所示。从图中可以观察到,由于结构的低旋转对称性,x 极化和 y 极化下的相位曲线存在明显差异。图 1.26(c)列出了用于构建 2-bit 各向异性编码超表面的 16 个单元结构。然后,对具有各向异性特性的异常反射进行了研究。图 1.26(d)显示了一个 2-bit 各向异性编码超表面的结构,对于 x 极化和 y 极化,它具有相同的编码序列 00 - 01 - 10 - 11 - 00 - 01 - 10 - 11⋯。超表面的编码图案可以简单地用一个编码矩阵 $M_1^{2\text{-bit}}$ 表示:

$$M_1^{2\text{-bit}} = \begin{bmatrix} 00/00 & 00/01 & 00/10 & 00/11 \\ 01/00 & 01/01 & 01/10 & 01/11 \\ 10/00 & 10/01 & 10/10 & 10/11 \\ 11/00 & 11/01 & 11/10 & 11/11 \end{bmatrix} \tag{1.11}$$

值得注意的是,为了减少相邻单元之间的耦合效应,研究人员在进行编码时使用了一个大小为 2 * 2 的超级单元格,这可以在图 1.26(d)中观察到。图 1.26(e)和(f)分别显示了 x 极化和 y 极化状态下的 3D 散射场图。结果表明,对于垂直入射的太赫兹波束,x 极化波束将以 48° 的反射角异常反射到 yOz 平面,而 y 极化波束将以相同的反射角反射到 xOz 平面。图1.26(g)给出了电磁波垂直入射下,表征异常反射的实验装置示意图,其中在 THz-TDS 系统中配备了可旋转探测臂。图 1.26(h)给出了上述编码超表面对于两种极化波的反射角测量结果(绝对值),可以看出,实验结果与数值模拟非常吻合,只是光束宽度略有增加,这部分归因于样品加工精度的限制。在这项工作中,研究人员们还展示了一些具有其他编码图案的各向异性编码。

图 1.26(i)展示了具有极化控制、负折射和从行波到表面波的模式转换功能的张量编码超表面(见图 1.26(j))[179]。除此之外,研究者们还提出了一种由多层结构组成的频率相关双功能太赫兹编码超表面,实现了对不同频率波束的灵活操纵[180]。

1.4.4 可编程超材料和新概念系统

如前所述,数字超材料和编码超材料能够灵活而有效地控制电磁波。然而,一旦结构确定,编码状态就固定了,因此编码超材料的功能仍然是固定的、不可调的。因此,为了开发具有实时可控功能和真正实现数字化、信息化的超材料,崔铁军等人提出了可编程超材料的概

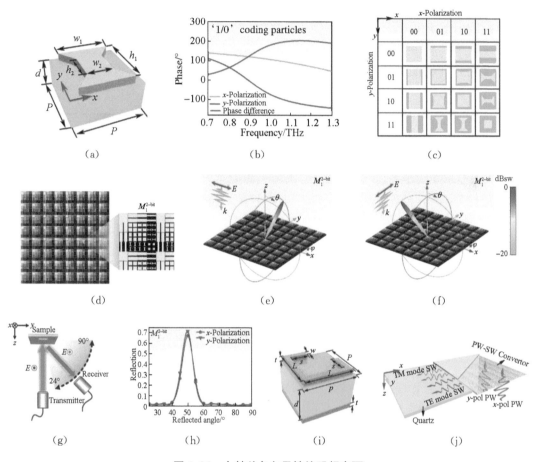

图 1.26　太赫兹各向异性编码超表面

(a) 由金和聚酰亚胺基底组成的太赫兹各向异性超表面的单元结构($\varepsilon_r=3.0$,$\tan\delta=0.03$);结构参数为:$p=50~\mu m$,$d=20~\mu m$,金层厚度为 0.2 μm,其他参数选择满足 1-bit 或 2-bit 编码的相位条件。(b) 结构单元对不同极化入射波的相位响应。(c) 用于构建各向异性超表面的 16 个单元。(d) 太赫兹各向异性超表面。(e)和(f)垂直入射 x 极化波和 y 极化波的远场散射方向图。(g) 用于异常反射角测量的 THz-TDS 实验装置。(h) 垂直入射 x 极化波和 y 极化波的反射角值(来自参考文献[178]的图 1(c)—(e)、图 2c,图 4(a)—(b)、图 6(c)和图 7(d))。(i) 张量太赫兹编码超表面的单元,它由三层组成:SRR(金)、电介质(聚酰亚胺, $\varepsilon_r=3.0$,$\tan\delta=0.03$)和接地层(金);几何参数为:$d=20~\mu m$,$p=50~\mu m$,$L=45~\mu m$,$w=5~\mu m$。(j) 基于张量编码超表面的从行波到表面波的模式转换(来自参考文献[179]的图 1(a)和摘要图)。

念,其数字编码状态可在"0"和"1"之间切换[58],可编程超材料的远场散射方向图可以通过快速切换编码序列进行实时操作。如图 1.27(a)所示,在微波频率下工作的超表面单元由金属谐振器和集成的 PIN 开关二极管组成。可编程超材料的原理如下:当二极管在 ON 和 OFF 状态切换时,单元的谐振状态(主要取决于此情况下的有效电容和电阻)发生变化,导

致在特定工作频率产生 π 相移(图 1.27(b))。即当偏置电压为正时,二极管为 ON,单元的
编码状态为"1";当偏置电压为零时,二极管为 OFF,对应编码状态为"0"。对于如图1.27(c)
所示的一维超材料阵列,在 FPGA 中输入编码序列,可以对每一列分别进行控制。如果可以
单独控制单元,那么就可以实现二维可编程超材料。图 1.27(d)和(e)分别给出了不同编码
序列的超表面的三维和二维散射图。数值和实验结果表明,对于不同的编码序列,散射波束
可以在单波束、双波束和多波束之间切换,进而实现波束扫描,实现电磁波的实时控制,这在
二维波束精细扫描的新型雷达系统中具有重要应用前景。

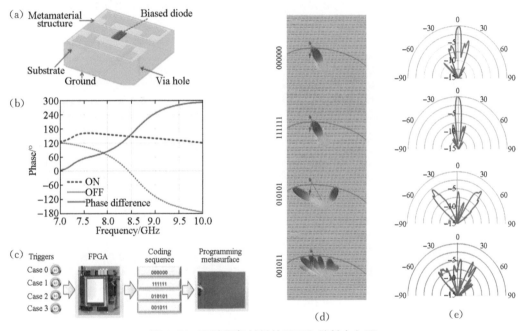

图 1.27　可编程超材料的原理和散射方向图

(a) 通过集成 PIN 开关二极管实现编码状态可切换的现场可编程超材料单元;(b) 单元在 ON 和 OFF 状态下的相位响
应;(c) 由 FPGA 控制的现场可编程超材料原理图;(d) 数值模拟的不同编码序列下 8.3 GHz 时的三维散射图;
(e) 8.6 GHz的二维远场散射图测量结果(来自参考文献[58]的图 6-7)。

　　Li 等人基于可编程超表面设计了一种工作在微波段的透射型单频点单传感器成像系统
原型[181]。成像系统原理图如图 1.28(a)所示,成像过程如下:首先,由计算机生成一个随机
编码序列并存储到 FPGA 中,对超表面进行编码并呈现一定的编码模式;其次,将喇叭天线
发射的平面电磁波垂直入射到该超表面,并由该超表面调制产生相应的透射场分布;第三
步,将调制后的辐射场入射到目标上,由同一天线采集散射信号,然后对随后产生的一系列
随机编码序列检测并记录对应的目标散射信号;最后,利用逆散射成像算法对目标进行重
构。该成像方法具有单频点、单传感器、无需扫描等特点,大大简化了成像的装置和后处理。

此外,Li 等人开发了一种基于 1-bit 可编程超表面的微波频率动态全息成像系统[61]。图 28(b)为全息成像系统的工作原理,工作频率为 7.8 GHz 的可编程超表面的单元具有实时可切换的编码状态,并可在二维平面上独立控制。对于要显示的图像,可以使用改进的 GS 算法计算相位分布("0"和"1"状态的分布),从而确定相应的编码序列。然后将编码序列存储到 FPGA 中,对超表面进行编码。在平面电磁波的照射下,编码超表面的散射图将重构目标图像。此外,如果将获得的一系列编码序列输入到 FPGA 中,可以实时切换超表面的相位编码图案,从而实现动态全息成像,图 1.28(c)为测量的全息图像。由于超表面单元的亚波长特性,全息图像具有较高的分辨率,并且与静态超表面全息图像相比,可编程超表面全息图像具有更高的成像效率。

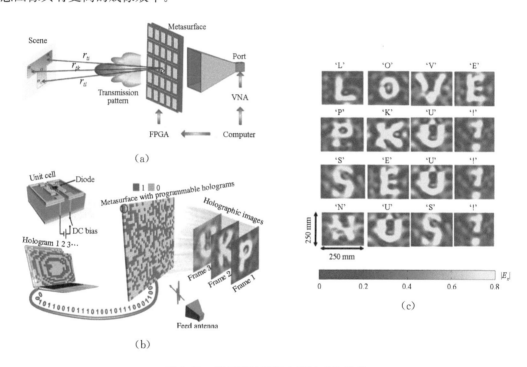

图 1.28 基于可编程超表面的成像技术

(a) 基于微波可编程超表面的单频单天线成像系统原理图(来自参考文献[181]的图 3);(b) 基于微波可编程超表面的全息成像系统原理图(来自参考文献[61]的图 1);(c) 7.8 GHz 时测量的全息图像(2D 电场分布)(来自参考文献[61]的图 5)。

需要注意的是,图像重构速度主要由 FPGA 的速率决定,在本工作中重构时间估计为 33 ns。此外,成像质量受到 1-bit 相位编码和工作频率的限制。一方面,如果可编程超表面可以扩展到多比特编码或者相位和幅度的同步调制,那么成像质量将显著提高,但是相应的控制电路将变得更加复杂。另一方面,随着工作频率的增加,像素尺寸减小,可以获得更好的空间分辨率。因此,可编程超表面在太赫兹和光学频率的研究引起了广泛的关注,但是单元尺寸的减小也将增加制备高频可编程超材料的难度,特别是设计和加工控制电路的难度,这也让超材料单元的单独相位调制变得非常困难。根据最近的一些工作,在使用石墨烯或液晶的反射阵列中[182, 183],逐行电调控相位响应被验证是可行的,这表明一维太赫兹可编程超材料是可以实现的。此外,对于某些半导体(如硅和 $Ge_2Sb_2Te_5$)[184]或热敏材料(如 VO_2)[185],泵浦光可以显著改变电阻,如果这些材料集成到超材料中以构建光调制二维可编程超材料,则不需要复杂的电路。

1.4.5 基于超材料的实时信息处理器

超材料数字化搭建了物理领域和信息领域的桥梁,从信息科学出发,为理解和设计超材料提供了一个全新的视角。2016 年,崔铁军教授首次提出了信息超材料的概念,使得在超材料的物理领域进行信息处理成为可能,从而开创了一个新的超材料研究领域[59, 186]。崔铁军等人将 Shannon 信息熵的概念引入超材料系统中,定义了超材料和超表面的几何和物理信息熵,进而可以定量评估编码超材料和超表面所携带的信息量[186](见图 1.29(a)和(b))。

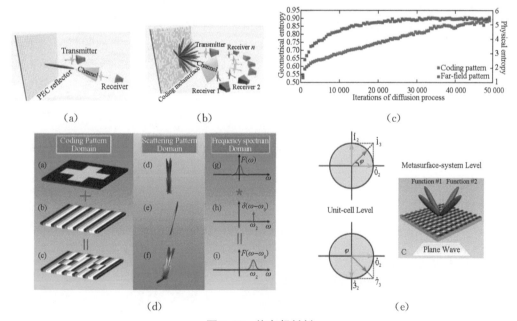

图 1.29　信息超材料

(a)和(b) 编码超材料和超表面的几何信息熵(编码图案)和物理信息熵(对应的远场辐射方向图)示意图,(a):低熵;(b):高熵。(c) 几何信息熵和物理信息熵之间的近似线性关系(来自参考文献[186]的图 1(a)—(b)和图 4(d))。(d) 利用卷积定理方便地设计复杂的辐射图(来自参考文献[62]的图 1)。(e) 加法定理在单元级和超表面-系统级的直观显示;2-bit 复数编码的两个典型加法过程 $\dot{0}_2+\dot{1}_2=\dot{1}_3,\dot{0}_2+\dot{3}_2=\dot{7}_3$,其中下标 2 和 3 分别表示 2-bit 码和 3-bit 码;加法定理在编码超表面中的应用(来自参考文献[187]的图 2)。

一个有趣的发现是,对于超材料和超表面,编码图案的几何信息熵和对应的远场辐射图案的物理信息熵之间存在近似的线性关系(见图1.29(c))。这一发现揭示了具有单频点、单天线和非扫描性能的可编程超材料的成像原理,也有助于推进编码超材料在新型无线通信中的应用,因此通信可以在没有载波的情况下进行,因为包含信息的数字序列可以直接调制到编码超材料,并由该超材料辐射到远场,然后接收到的远场方向图将进一步转换为数字序列以获得信息。此外,将数字卷积运算和复数加法定理应用到编码超材料中,可以方便地设计复杂的编码图案,实现对远场辐射图案的灵活操纵(图1.29(d)和(e))[62, 187]。

目前,信息超材料的研究日益引起人们的关注。最近,研究者们相继报道了时域、频域和多域中的编码超材料研究工作[188-192]。图1.30(a)为频率编码超表面,由于相位敏感性(相位梯度)与频率相关,因此不同频率的入射电磁波将被偏折到不同的角度[188]。同样,时域编码超材料如图1.30(b)[189]所示。由于超材料的编码状态随时间而变化,辐射方向图也将随时间而变化。图1.30(c)为空时编码超表面,该超表面在空间域和频率域都实现了电磁波操纵[190]。此外,研究人员研制了独立控制相位和振幅响应的编码超表面[191],设计了能产生涡旋波束的3-bit编码超表面(图1.30(d))[192]。

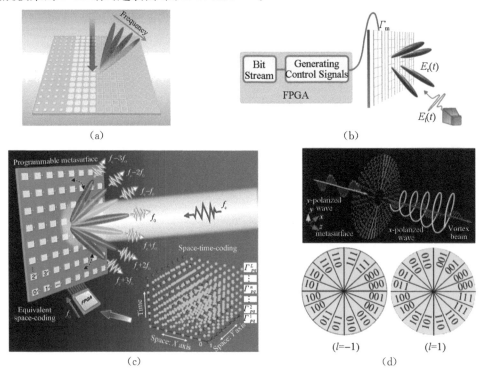

图1.30 多物理域编码超材料

(a) 频率编码超材料的原理图(来自参考文献[188]的图1)。(b) 时域编码超材料的原理图(来自参考文献[189]的图4A)。(c) 空时编码超材料的原理图(来自参考文献[190]的图1)。(d) 产生涡旋波束的3-bit编码超表面的原理图;给出了$l=-1$和$l=1$两种模式的编码序列(来自参考文献[192]的图1和图5)。

在本节中,我们回顾了信息超材料和超表面的最新研究工作。超表面在控制电磁波相位、波前、极化和轨道角动量等方面表现出优异的性能,在聚焦、成像、偏振转换和涡旋波束产生等方面具有广阔的应用前景。此外,可重构超表面和非线性超表面近年来备受关注[97, 193],使用超表面对电磁波束进行更灵活操纵的方式越发多样化。而采用二进制编码进行数字化描述的信息超材料也表现出与信息技术的良好兼容性,利用现场可编程超材料可以实现实时信息处理和功能重构(如远场辐射图案的切换),从而构建全新的雷达、全息成像和通信系统。然而目前由于尺寸限制,这种可编程的超材料或超表面还很难在太赫兹或更高频率下实现,我们也期望将可重构(MEMS 技术)和有源超材料(植入开关二极管)的方法进一步应用于太赫兹可编程超材料。

1.5 小结与展望

本章从等效媒质超材料、表面等离激元超材料和信息超材料三个方面综述了近年来超材料的研究进展[194]。从物理性质上看,上述三种超材料具有一定的相似性,即设计功能单元,并以周期性或非周期性阵列排布来操纵电磁波,区别在于它们对于电磁控制方法不同,电磁特性也不尽相同。通常来说,等效媒质超材料关注的是幅度、相位和极化等空间特性,难以进行波束实时操控以及与信息论和信号处理方法的兼容。而表面等离激元超材料和信息超材料通过与一些无源和有源器件集成,可以进一步实现对电磁波的灵活和实时操作,特别是利用数字编码技术对信息超材料进行描述、设计和表征,搭建了超材料与信息科学之间的桥梁,使得在超材料物理域进行信号处理成为可能。

那么,未来的发展方向如何?我们可以考虑三个关键词:新物理、新器件和新系统。如前所述,超材料已经扩展到声学、力学和热学等许多其他领域,也揭示了许多新颖的超材料物理特性,如拓扑性质和非线性等。因此,不断探索超材料系统中的新物理和新现象,并且在这些新物理和新现象基础上开发和应用超材料功能器件具有重要意义。其中一个方向是将超材料与片上技术相结合,对于表面等离激元超材料,片上 SSPP 器件可以方便地与其他电子元件集成,并且片上 LSP 器件在小型化和可穿戴传感器中也有潜在的应用前景。而对于超表面器件来说,片上滤波器、超透镜或极化转换器在光学显微镜系统中非常有用。然而,更艰巨但也更重要的工作是开发基于超材料的系统。目前,已经成功开发了基于微波信息超材料的全息成像系统,如果能将工作频率提高到毫米波或太赫兹频率,成像分辨率将显著提高,这其中需要克服的关键技术问题是设计和开发具有实时可切换编码状态的超材料单元。此外,基于表面等离激元超材料和信息超材料的新型通信系统也在开发之中,并取得了初步的成果。

纵观超材料研究的最新进展,我们可以看到至少两个重大突破。一是从等效媒质超材料到数字编码超材料,对于后者,用二进制数字代替等效电磁参数来描述超材料,这在超材料的物理域和数字域之间建立了桥梁,从而可以使用更方便的超材料方案,在更大的自由度来操纵电磁波。二是从数字编码超材料到可编程超材料,由于数字单元的编码状态可实时切换,可编程超材料真正成为实时信息处理系统。并且因为数字信息可以存储并直接调制到远场辐射图案,所以通信可以在没有载波的情况下进行。此外,还可以将数字信号处理和运算方法应用于信息超材料,实现对电磁波的灵活多样控制。而在不久的将来,值得期待的是智能超材料研究的突破性进展,通过将信息超材料、智能材料和人工智能技术相结合,智能超材料将可能具有学习、感知、自适应等能力,可以对不同的环境做出不同的响应,如在隐身、通信、雷达探测等功能间自动切换。因此,在智能超材料构筑的世界中,各种新奇的现象可能成为现实,正如我们已经从当前的超材料中观察到的那样。

1.6 参考文献

[1] Born M, Wolf E. Principles of optics: Electromagnetic theory of propagation, interference and diffraction of light[M]. 7th edition. Cambridge, UK, Cambridge University Press, 1999.

[2] Pozar D M. Microwave Engineering[M]. 4th Edition. New York: John Wiley & Sons, 2011.

[3] Pendry J B. Negative refraction makes a perfect lens[J]. Physical Review Letters, 2000, 85 (18): 3966 - 3969.

[4] Kshetrimayum R S. A brief intro to metamaterials[J]. IEEE Potentials, 2005, 23(5): 44 - 46.

[5] Veselago V G. The electrodynamics of substances with simultaneously negative values of ε and μ [J]. Soviet Physics Uspekhi, 1968, 10(4): 509 - 514.

[6] Pendry J B, Holden A J, Stewart W J, et al. Extremely low frequency plasmons in metallic mesostructures[J]. Physical Review Letters, 1996, 76(25): 4773 - 4776.

[7] Pendry J B, Holden A J, Robbins D J, et al. Magnetism from conductors and enhanced nonlinear phenomena[J]. IEEE Transactions on Microwave Theory and Techniques, 1999, 47(11): 2075 - 2084.

[8] Mariotte F, Tretyakov S A, Sauviac B. Modeling effective properties of chiral composites[J]. IEEE Antennas and Propagation Magazine, 1996, 38(2): 22 - 32.

[9] Smith D R, Padilla W J, Vier D C, et al. Composite medium with simultaneously negative permeability and permittivity[J]. Physical Review Letters, 2000, 84(18): 4184 - 4187.

[10] Zhang S, Fan W J, Panoiu N C, et al. Experimental demonstration of near-infrared negative-index metamaterials[J]. Physical Review Letters, 2005, 95(13): 137404.

[11] Padilla W J, Basov D N, Smith D R. Negative refractive index metamaterials[J]. Materials Today, 2006, 9(7/8): 28 - 35.

[12] Moitra P, Yang Y M, Anderson Z, et al. Realization of an all-dielectric zero-index optical metamaterial[J]. Nature Photonics, 2013, 7(10): 791 - 795.

［13］ Zhao Q, Xiao Z Q, Zhang F L, et al. Tailorable zero-phase delay of subwavelength particles toward miniaturized wave manipulation devices［J］. Advanced Materials, 2015, 27(40): 6187 – 6194.

［14］ Jing X F, Xia R, Gui X C, et al. Design of ultrahigh refractive index metamaterials in the terahertz regime［J］. Superlattices and Microstructures, 2017, 109: 716 – 724.

［15］ Yen T J, Padilla W J, Fang N, et al. Terahertz magnetic response from artificial materials［J］. Science, 2004, 303(5663): 1494 – 1496.

［16］ Linden S, Enkrich C, Wegener M, et al. Magnetic response of metamaterials at 100 terahertz ［J］. Science, 2004, 306(5700): 1351 – 1353.

［17］ Yuan H K, Chettiar U K, Cai W, et al. A negative permeability material at red light［J］. Optics Express, 2007, 15(3): 1076 – 1083.

［18］ Schurig D, Mock J J, Justice B J, et al. Metamaterial electromagnetic cloak at microwave frequencies［J］. Science, 2006, 314(5801): 977 – 980.

［19］ Liu R, Ji C, Mock J J, et al. Broadband ground-plane cloak［J］. Science, 2009, 323(5912): 366 – 369.

［20］ Ma H F, Cui T J. Three-dimensional broadband ground-plane cloak made of metamaterials［J］. Nature Communications, 2010, 1: 124.

［21］ Enoch S, Tayeb G, Sabouroux P, et al. A metamaterial for directive emission［J］. Physical Review Letters, 2002, 89(21): 213902.

［22］ Ma H F, Cui T J. Three-dimensional broadband and broad-angle transformation-optics lens［J］. Nature Communications, 2010, 1: 124.

［23］ Fang N, Lee H, Sun C, et al. Sub-Diffraction-limited optical imaging with a silver superlens ［J］. Science, 2005, 308(5721): 534 – 537.

［24］ Liu Z W, Lee H, Xiong Y, et al. Far-field optical hyperlens magnifying sub-diffraction-limited objects［J］. Science, 2007, 315(5819): 1686.

［25］ Landy N I, Sajuyigbe S, Mock J J, et al. Perfect metamaterial absorber［J］. Physical Review Letters, 2008, 100(20): 207402.

［26］ Ma H F, Tang W X, Cheng Q, et al. A single metamaterial plate as bandpass filter, transparent wall, and polarization converter controlled by polarizations［J］. Applied Physics Letters, 2014, 105(8): 081908.

［27］ Grady N K, Heyes J E, Chowdhury D R, et al. Terahertz metamaterials for linear polarization conversion and anomalous refraction［J］. Science, 2013, 340(6138): 1304 – 1307.

［28］ Zheludev N I. The Road ahead for metamaterials［J］. Science, 2010, 328(5978): 582 – 583.

［29］ Zheludev N I, Kivshar Y S. From metamaterials to metadevices［J］. Nature Materials, 2012, 11(11): 917 – 924.

［30］ Maier S A. Plasmonics: Fundamentals and Applications［M］. New York, NY: Springer US, 2007.

[31] Barnes W L, Dereux A, Ebbesen T W. Surface plasmon subwavelength optics[J]. Nature, 2003, 424(6950): 824 – 830.

[32] Willets K A, van Duyne R P. Localized surface plasmon resonance spectroscopy and sensing [J]. Annual Review of Physical Chemistry, 2007, 58: 267 – 297.

[33] Ozbay E. Plasmonics: merging photonics and electronics at nanoscale dimensions[J]. Science, 2006, 311(5758): 189 – 193.

[34] Pendry J B, Martíin-Moreno L, Garcia-Vidal F J. Mimicking surface plasmons with structured surfaces[J]. Science, 2004, 305(5685): 847 – 848.

[35] Saxler J, Gómez Rivas J, Janke C, et al. Time-domain measurements of surface plasmon polaritons in the terahertz frequency range[J]. Physical Review B, 2004, 69(15): 155427.

[36] Hibbins A P, Evans B R, Sambles J R. Experimental verification of designer surface plasmons [J]. Science, 2005, 308(5722): 670 – 672.

[37] O'Hara J F, Averitt R D, Taylor A J. Prism coupling to terahertz surface plasmon polaritons [J]. Optics Express, 2005, 13(16): 6117 – 6126.

[38] Maier S A, Andrews S R, Martín-Moreno L, et al. Terahertz surface plasmon-polariton propagation and focusing on periodically corrugated metal wires[J]. Physical Review Letters, 2006, 97(17): 176805.

[39] Yu N F, Wang Q J, Kats M A, et al. Designer spoof surface plasmon structures collimate terahertz laser beams[J]. Nature Materials, 2010, 9(9): 730 – 735.

[40] Yao H Z, Zhong S C. High-mode spoof SPP of periodic metal grooves for ultra-sensitive terahertz sensing[J]. Optics Express, 2014, 22(21): 25149 – 25160.

[41] Gao Z, Wu L, Gao F, et al. Spoof plasmonics: From metamaterial concept to topological description[J]. Advanced Materials, 2018, 30(31): e1706683.

[42] Shen X P, Cui T J, Martin-Cano D, et al. Conformal surface plasmons propagating on ultrathin and flexible films[J]. PNAS, 2013, 110(1): 40 – 45.

[43] Ma H F, Shen X P, Cheng Q, et al. Broadband and high-efficiency conversion from guided waves to spoof surface plasmon polaritons[J]. Laser & Photonics Reviews, 2014, 8(1): 146 – 151.

[44] Xi G, Jin H S, Shen X P, et al. Ultrathin dual-band surface plasmonic polariton waveguide and frequency splitter in microwave frequencies [J]. Applied Physics Letters, 2013, 102 (15): 151912.

[45] Yin J Y, Ren J, Zhang Q, et al. Frequency-controlled broad-angle beam scanning of patch array fed by spoof surface plasmon polaritons[J]. IEEE Transactions on Antennas and Propagation, 2016, 64(12): 5181 – 5189.

[46] Zhang Q, Zhang H C, Yin J Y, et al. A series of compact rejection filters based on the interaction between spoof SPPs and CSRRs[J]. Scientific Reports, 2016, 6: 28256.

［47］ Zhang H C，Liu S，Shen X P，et al. Broadband amplification of spoof surface plasmon polaritons at microwave frequencies[J]. Laser & Photonics Reviews，2015，9(1)：83-90.

［48］ Zhang H C，Fan Y F，Guo J，et al. Second-harmonic generation of spoof surface plasmon polaritons using nonlinear plasmonic metamaterials[J]. ACS Photonics，2016，3(1)：139-146.

［49］ Liang Y，Yu H，Zhang H C，et al. On-chip sub-terahertz surface plasmon polariton transmission lines in CMOS[J]. Scientific Reports，2015，5：14853.

［50］ Liang Y，Yu H，Wen J C，et al. On-chip sub-terahertz surface plasmon polariton transmission lines with mode converter in CMOS[J]. Scientific Reports，2016，6：30063.

［51］ Liang Y，Yu H，Feng G Y，et al. An energy-efficient and low-crosstalk sub-THz I/O by surface plasmonic polariton interconnect in CMOS[J]. IEEE Transactions on Microwave Theory and Techniques，2017，65(8)：2762-2774.

［52］ Yu N F，Genevet P，Kats M A，et al. Light propagation with phase discontinuities：Generalized laws of reflection and refraction[J]. Science，2011，334(6054)：333-337.

［53］ Chen H T，Taylor A J，Yu N F. A review of metasurfaces：Physics and applications[J]. Reports on Progress in Physics，2016，79(7)：076401.

［54］ Yang Y M，Wang W Y，Moitra P，et al. Dielectric meta-reflectarray for broadband linear polarization conversion and optical vortex generation[J]. Nano Letters，2014，14(3)：1394-1399.

［55］ Zheng G X，Mühlenbernd H，Kenney M，et al. Metasurface holograms reaching 80% efficiency [J]. Nature Nanotechnology，2015，10(4)：308-312.

［56］ Arbabi A，Horie Y，Bagheri M，et al. Dielectric metasurfaces for complete control of phase and polarization with subwavelength spatial resolution and high transmission[J]. Nature Nanotechnology，2015，10(11)：937-943.

［57］ Della Giovampaola C，Engheta N. Digital metamaterials[J]. Nature Materials，2014，13(12)：1115-1121.

［58］ Cui T J，Qi M Q，Wan X，et al. Coding metamaterials, digital metamaterials and programmable metamaterials[J]. Light：Science & Applications，2014，3(10)：e218.

［59］ Cui T J，Liu S，Zhang L. Information metamaterials and metasurfaces[J]. Journal of Materials Chemistry C，2017，5(15)：3644-3668.

［60］ Gao L H，Cheng Q，Yang J，et al. Broadband diffusion of terahertz waves by multi-bit coding metasurfaces[J]. Light：Science & Applications，2015，4(9)：e324.

［61］ Li L L，Tie J C，Ji W，et al. Electromagnetic reprogrammable coding-metasurface holograms [J]. Nature Communications，2017，8：197.

［62］ Liu S，Cui T J，Zhang L，et al. Convolution operations on coding metasurface to reach flexible and continuous controls of terahertz beams[J]. Advanced Science，2016，3(10)：1600156.

［63］ Koschny T，Kafesaki M，Economou E N，et al. Effective medium theory of left-handed materials[J]. Physical Review Letters，2004，93(10)：107402.

[64] Chen X D, Grzegorczyk T M, Wu B I, et al. Robust method to retrieve the constitutive effective parameters of metamaterials[J]. Physical Review E, 2004, 70(1): 016608.

[65] Smith D R, Vier D C, Koschny T, et al. Electromagnetic parameter retrieval from inhomogeneous metamaterials[J]. Physical Review E, 2005, 71(3): 036617.

[66] Liu R P, Cui T J, Huang D, et al. Description and explanation of electromagnetic behaviors in artificial metamaterials based on effective medium theory[J]. Physical Review E, 2007, 76(2): 026606.

[67] Enkrich C, Wegener M, Linden S, et al. Magnetic metamaterials at telecommunication and visible frequencies[J]. Physical Review Letters, 2005, 95(20): 203901.

[68] Valentine J, Zhang S, Zentgraf T, et al. Three-dimensional optical metamaterial with a negative refractive index[J]. Nature, 2008, 455(7211): 376 – 379.

[69] Edwards B, Alù A, Young M E, et al. Experimental verification of epsilon-near-zero metamaterial coupling and energy squeezing using a microwave waveguide[J]. Physical Review Letters, 2008, 100(3): 033903.

[70] Pendry J B, Schurig D, Smith D R. Controlling electromagnetic fields[J]. Science, 2006, 312 (5781): 1780 – 1782.

[71] Ergin T, Stenger N, Brenner P, et al. Three-dimensional invisibility cloak at optical wavelengths[J]. Science, 2010, 328(5976): 337 – 339.

[72] Cai W S, Chettiar U K, Kildishev A V, et al. Optical cloaking with metamaterials[J]. Nature Photonics, 2007, 1(4): 224 – 227.

[73] Alù A, Engheta N. Multifrequency optical invisibility cloak with layered plasmonic shells[J]. Physical Review Letters, 2008, 100(11): 113901.

[74] Valentine J, Li J, Zentgraf T, et al. An optical cloak made of dielectrics[J]. Nature Materials, 2009, 8(7): 568 – 571.

[75] Zhang B, Luo Y, Liu X, et al. Macroscopic invisibility cloak for visible light[J]. Physical Review Letters, 2011, 106(3): 033901.

[76] Chen H S, Zheng B, Shen L, et al. Ray-optics cloaking devices for large objects in incoherent natural light[J]. Nature Communications, 2013, 4: 2652.

[77] Fleury R, Monticone F, Alù A. Invisibility and cloaking: Origins, present, and future perspectives[J]. Physical Review Applied, 2015, 4(3): 037001.

[78] Ni X J, Wong Z J, Mrejen M, et al. An ultrathin invisibility skin cloak for visible light[J]. Science, 2015, 349(6254): 1310 – 1314.

[79] Estakhri N M, Alù A. Recent progress in gradient metasurfaces[J]. Journal of the Optical Society of America B, 2015, 33(2): A21 – A30.

[80] Yang Y H, Wang H P, Yu F X, et al. A metasurface carpet cloak for electromagnetic, acoustic and water waves[J]. Scientific Reports, 2016, 6: 20219.

[81] Zhang X, Liu Z W. Superlenses to overcome the diffraction limit[J]. Nature Materials, 2008, 7 (6): 435 - 441.

[82] Taubner T, Korobkin D, Urzhumov Y, et al. Near-field microscopy through a SiC superlens [J]. Science, 2006, 313(5793): 1595.

[83] Xiong Y, Liu Z W, Sun C, et al. Two-dimensional imaging by far-field superlens at visible wavelengths[J]. Nano Letters, 2007, 7(11): 3360 - 3365.

[84] Ferrari L, Wu C, Lepage D, et al. Hyperbolic metamaterials and their applications[J]. Progress in Quantum Electronics, 2015, 40: 1 - 40.

[85] Rho J, Ye Z L, Xiong Y, et al. Spherical hyperlens for two-dimensional sub-diffractional imaging at visible frequencies[J]. Nature Communications, 2010, 1: 143.

[86] Zhang T, Chen L, Li X. Graphene-based tunable broadband hyperlens for far-field subdiffraction imaging at mid-infrared frequencies[J]. Optics Express, 2013, 21(18): 20888 - 20899.

[87] Jiang W X, Qiu C W, Han T C, et al. Broadband all-dielectric magnifying lens for far-field high-resolution imaging[J]. Advanced Materials, 2013, 25(48): 6963 - 6968.

[88] Cheng Q, Cui T J, Jiang W X, et al. An omnidirectional electromagnetic absorber made of metamaterials[J]. New Journal of Physics, 2010, 12(6): 063006.

[89] Sun J B, Liu L Y, Dong G Y, et al. An extremely broad band metamaterial absorber based on destructive interference[J]. Optics Express, 2011, 19(22): 21155 - 21162.

[90] Liu S, Chen H B, Cui T J. A broadband terahertz absorber using multi-layer stacked bars[J]. Applied Physics Letters, 2015, 106(15): 151601.

[91] Bi K, Zhu W T, Lei M, et al. Magnetically tunable wideband microwave filter using ferrite-based metamaterials[J]. Applied Physics Letters, 2015, 106(17): 173507.

[92] Xu T, Wu Y K, Luo X G, et al. Plasmonic nanoresonators for high-resolution colour filtering and spectral imaging[J]. Nature Communications, 2010, 1: 59.

[93] Zhao Y, Belkin M A, Alù A. Twisted optical metamaterials for planarized ultrathin broadband circular polarizers[J]. Nature Communications, 2012, 3: 870.

[94] Bi K, Dong G Y, Fu X J, et al. Ferrite based metamaterials with thermo-tunable negative refractive index[J]. Applied Physics Letters, 2013, 103(13): 131915.

[95] Chen H T, Yang H, Singh R, et al. Tuning the resonance in high-temperature superconducting terahertz metamaterials[J]. Physical Review Letters, 2010, 105(24): 247402.

[96] Kang L, Zhao Q, Zhao H J, et al. Magnetic tuning of electrically resonant metamaterial with inclusion of ferrite[J]. Applied Physics Letters, 2008, 93(17): 171909.

[97] Bang S H, Kim J, Yoon G, et al. Recent advances in tunable and reconfigurable metamaterials [J]. Micromachines, 2018, 9(11): 560.

[98] Liu M K, Hwang H Y, Tao H, et al. Terahertz-field-induced insulator-to-metal transition in vanadium dioxide metamaterial[J]. Nature, 2012, 487(7407): 345 - 348.

[99] Zhao J, Cheng Q, Chen J, et al. A tunable metamaterial absorber using varactor diodes[J]. New Journal of Physics, 2013, 15(4): 043049.

[100] Ju L, Geng B S, Horng J, et al. Graphene plasmonics for tunable terahertz metamaterials[J]. Nature Nanotechnology, 2011, 6(10): 630-634.

[101] Xiao S M, Chettiar U K, Kildishev A V, et al. Tunable magnetic response of metamaterials [J]. Applied Physics Letters, 2009, 95(3): 033115.

[102] Khoo I C. Nonlinear optics, active plasmonics and metamaterials with liquid crystals[J]. Progress in Quantum Electronics, 2014, 38(2): 77-117.

[103] Shrekenhamer D, Chen W C, Padilla W J. Liquid crystal tunable metamaterial absorber[J]. Physical Review Letters, 2013, 110(17): 177403.

[104] Zhao Q, Zhou J, Zhang F L, et al. Mie resonance-based dielectric metamaterials[J]. Materials Today, 2009, 12(12): 60-69.

[105] Zhao Q, Kang L, Du B, et al. Experimental demonstration of isotropic negative permeability in a three-dimensional dielectric composite [J]. Physical Review Letters, 2008, 101 (2): 027402.

[106] Zhao Q, Du B, Kang L, et al. Tunable negative permeability in an isotropic dielectric composite[J]. Applied Physics Letters, 2008, 92(5): 051106.

[107] Kong L B, Li S, Zhang T S, et al. Electrically tunable dielectric materials and strategies to improve their performances[J]. Progress in Materials Science, 2010, 55(8): 840-893.

[108] Ma F S, Lin Y S, Zhang X H, et al. Tunable multiband terahertz metamaterials using a reconfigurable electric split-ring resonator array[J]. Light: Science & Applications, 2014, 3 (5): e171.

[109] Ou J Y, Plum E, Jiang L, et al. Reconfigurable photonic metamaterials[J]. Nano Letters, 2011, 11(5): 2142-2144.

[110] Zhu W M, Liu A Q, Zhang X M, et al. Switchable magnetic metamaterials using micromachining processes[J]. Advanced Materials, 2011, 23(15): 1792-1796.

[111] Fu Y H, Liu A Q, Zhu W M, et al. A micromachined reconfigurable metamaterial via reconfiguration of asymmetric split-ring resonators[J]. Advanced Functional Materials, 2011, 21 (18): 3589-3594.

[112] Ou J Y, Plum E, Zhang J F, et al. An electromechanically reconfigurable plasmonic metamaterial operating in the near-infrared[J]. Nature Nanotechnology, 2013, 8(4): 252-255.

[113] Chen H T, Padilla W J, Zide J M O, et al. Active terahertz metamaterial devices[J]. Nature, 2006, 444(7119): 597-600.

[114] Gu J Q, Singh R, Liu X J, et al. Active control of electromagnetically induced transparency analogue in terahertz metamaterials[J]. Nature Communications, 2012, 3: 1151.

[115] Lee S H, Choi M, Kim T T, et al. Switching terahertz waves with gate-controlled active gra-

phene metamaterials[J]. Nature Materials, 2012, 11(11): 936 – 941.

[116] Xiao S M, Drachev V P, Kildishev A V, et al. Loss-free and active optical negative-index metamaterials[J]. Nature, 2010, 466(7307): 735 – 738.

[117] Manjappa M, Srivastava Y K, Cong L, et al. Active photoswitching of sharp fano resonances in THz metadevices[J]. Advanced Materials, 2017, 29(3): 1603355.

[118] Zhu B, Feng Y J, Zhao J M, et al. Switchable metamaterial reflector/absorber for different polarized electromagnetic waves[J]. Applied Physics Letters, 2010, 97(5): 051906.

[119] Ma X L, Pan W B, Huang C, et al. An active metamaterial for polarization manipulating[J]. Advanced Optical Materials, 2014, 2(10): 945 – 949.

[120] Zhang S, Xia C G, Fang N. Broadband acoustic cloak for ultrasound waves[J]. Physical Review Letters, 2011, 106(2): 024301.

[121] Li J, Fok L, Yin X B, et al. Experimental demonstration of an acoustic magnifying hyperlens [J]. Nature Materials, 2009, 8(12): 931 – 934.

[122] Yu X L, Zhou J, Liang H Y, et al. Mechanical metamaterials associated with stiffness, rigidity and compressibility: A brief review[J]. Progress in Materials Science, 2018, 94: 114 – 173.

[123] Zhai Y, Ma Y G, David S N, et al. Scalable-manufactured randomized glass-polymer hybrid metamaterial for daytime radiative cooling[J]. Science, 2017, 355(6329): 1062 – 1066.

[124] Kauranen M, Zayats A V. Nonlinear plasmonics[J]. Nature Photonics, 2012, 6(11): 737 – 748.

[125] Wen Y Z, Zhou J. Artificial nonlinearity generated from electromagnetic coupling metamolecule[J]. Physical Review Letters, 2017, 118(16): 167401.

[126] Krishnamoorthy H N S, Jacob Z, Narimanov E, et al. Topological transitions in metamaterials[J]. Science, 2012, 336(6078): 205 – 209.

[127] Cai Y J, Li M, Ren X F, et al. High-visibility on-chip quantum interference of single surface plasmons[J]. Physical Review Applied, 2014, 2: 014004.

[128] Politi A, Cryan M J, Rarity J G, et al. Silica-on-silicon waveguide quantum circuits[J]. Science, 2008, 320(5876): 646 – 649.

[129] Schuller J A, Barnard E S, Cai W S, et al. Plasmonics for extreme light concentration and manipulation[J]. Nature Materials, 2010, 9(3): 193 – 204.

[130] Chang D E, Sørensen A S, Hemmer P R, et al. Quantum optics with surface plasmons[J]. Physical Review Letters, 2006, 97(5): 053002.

[131] Hemmer P, Wrachtrup J. Where is my quantum computer? [J]. Science, 2009, 324(5926): 473 – 474.

[132] Li M, Zou C L, Ren X F, et al. Transmission of photonic quantum polarization entanglement in a nanoscale hybrid plasmonic waveguide[J]. Nano Letters, 2015, 15(4): 2380 – 2384.

[133] Fakonas J S, Mitskovets A, Atwater H A. Path entanglement of surface plasmons[J]. New

Journal of Physics, 2015, 17(2): 023002.

[134] Altewischer E, van Exter M P, Woerdman J P. Plasmon-assisted transmission of entangled photons[J]. Nature, 2002, 418(6895): 304 – 306.

[135] Akimov A V, Mukherjee A, Yu C L, et al. Generation of single optical plasmons in metallic nanowires coupled to quantum dots[J]. Nature, 2007, 450(7168): 402 – 406.

[136] Kolesov R, Grotz B, Balasubramanian G, et al. Wave-particle duality of single surface plasmon polaritons[J]. Nature Physics, 2009, 5(7): 470 – 474.

[137] Fasel S, Robin F, Moreno E, et al. Energy-time entanglement preservation in plasmon-assisted light transmission [J]. Physical Review Letters, 2005, 94(11): 110501.

[138] Heeres R W, Kouwenhoven L P, Zwiller V. Quantum interference in plasmonic circuits[J]. Nature Nanotechnology, 2013, 8(10): 719 – 722.

[139] di Martino G, Sonnefraud Y, Kéna-Cohen S, et al. Quantum statistics of surface plasmon polaritons in metallic stripe waveguides[J]. Nano Letters, 2012, 12(5): 2504 – 2508.

[140] Fakonas J S, Lee H, Kelaita Y A, et al. Two-plasmon quantum interference[J]. Nature Photonics, 2014, 8(4): 317 – 320.

[141] Dheur M C, Devaux E, Ebbesen T W, et al. Single-plasmon interferences[J]. Science Advances, 2016, 2(3): e1501574 (1 – 5).

[142] Williams C R, Andrews S R, Maier S A, et al. Highly confined guiding of terahertz surface plasmon polaritons on structured metal surfaces[J]. Nature Photonics, 2008, 2(3): 175 – 179.

[143] O'Hara J F, Averitt R D, Taylor A J. Terahertz surface plasmon polariton coupling on metallic gratings[J]. Optics Express, 2004, 12(25): 6397 – 6402.

[144] Luo J, He J, Apriyana A, et al. Tunable surface-plasmon-polariton filter constructed by corrugated metallic line and high permittivity material[J]. IEEE Access, 2018, 6: 10358 – 10364.

[145] Shen X P, Jun Cui T. Planar plasmonic metamaterial on a thin film with nearly zero thickness [J]. Applied Physics Letters, 2013, 102(21): 211909.

[146] He P H, Zhang H C, Tang W X, et al. A multi-layer spoof surface plasmon polariton waveguide with corrugated ground[J]. IEEE Access, 2017, 5: 25306 – 25311.

[147] Sun S L, He Q, Xiao S Y, et al. Gradient-index meta-surfaces as a bridge linking propagating waves and surface waves[J]. Nature Materials, 2012, 11(5): 426 – 431.

[148] Xu J J, Zhang H C, Zhang Q, et al. Efficient conversion of surface-plasmon-like modes to spatial radiated modes[J]. Applied Physics Letters, 2015, 106(2): 021102.

[149] Yang Y H, Jing L Q, Shen L, et al. Hyperbolic spoof plasmonic metasurfaces[J]. NPG Asia Materials, 2017, 9(8): e428.

[150] Nie S, Emory S R. Probing single molecules and single nanoparticles by surface-enhanced Raman scattering[J]. Science, 1997, 275(5303): 1102 – 1106.

[151] Anker J N, Hall W P, Lyandres O, et al. Biosensing with plasmonic nanosensors[J]. Nature

Materials，2008，7(6)：442 - 453.

[152] Willets K A, Wilson A J, Sundaresan V, et al. Super-resolution imaging and plasmonics[J]. Chemical Reviews，2017，117(11)：7538 - 7582.

[153] Pors A, Moreno E, Martin-Moreno L, et al. Localized spoof plasmons arise while texturing closed surfaces[J]. Physical Review Letters，2012，108(22)：223905.

[154] Shen X P, Cui T J. Ultrathin plasmonic metamaterial for spoof localized surface plasmons[J]. Laser & Photonics Reviews，2014，8(1)：137 - 145.

[155] Huidobro P A, Shen X P, Cuerda J, et al. Magnetic localized surface plasmons[J]. Physical Review X，2014，4(2)：021003.

[156] Qin P, Yang Y, Musa M Y, et al. Toroidal localized spoof plasmons on compact metadisks [J]. Advanced Science，2018，5(3)：1700487.

[157] Gao F, Gao Z, Luo Y, et al. Invisibility dips of near-field energy transport in a spoof plasmonic metadimer[J]. Advanced Functional Materials，2016，26(45)：8307 - 8312.

[158] Zhang J J, Liao Z, Luo Y, et al. Spoof plasmon hybridization[J]. Laser & Photonics Reviews，2017，11(1)：1600191.

[159] Su H, Shen X P, Su G X, et al. Plasmonic vortices：Efficient generation of microwave plasmonic vortices via a single deep-subwavelength meta-particle[J]. Laser & Photonics Reviews，2018，12(9)：1800010.

[160] Cai X L, Wang J W, Strain M J, et al. Integrated compact optical vortex beam emitters[J]. Science，2012，338(6105)：363 - 366.

[161] Shalaev M I, Sun J B, Tsukernik A, et al. High-efficiency all-dielectric metasurfaces for ultracompact beam manipulation in transmission mode[J]. Nano Letters，2015，15(9)：6261 - 6266.

[162] Huang L L, Chen X Z, Mühlenbernd H, et al. Three-dimensional optical holography using a plasmonic metasurface[J]. Nature Communications，2013，4：2808.

[163] Wen D D, Yue F Y, Li G X, et al. Helicity multiplexed broadband metasurface holograms [J]. Nature Communications，2015，6：8241.

[164] Yue Z J, Xue G L, Liu J, et al. Nanometric holograms based on a topological insulator material[J]. Nature Communications，2017，8：15354.

[165] Lin D M, Fan P Y, Hasman E, et al. Dielectric gradient metasurface optical elements[J]. Science，2014，345(6194)：298 - 302.

[166] Wan X, Shen X P, Luo Y, et al. Planar bifunctional Luneburg-fisheye lens made of an anisotropic metasurface[J]. Laser & Photonics Reviews，2014，8(5)：757 - 765.

[167] Wang Q, Zhang X Q, Xu Y H, et al. A broadband metasurface-based terahertz flat-lens array [J]. Advanced Optical Materials，2015，3(6)：779 - 785.

[168] Gao X, Han X, Cao W P, et al. Ultrawideband and high-efficiency linear polarization convert-

er based on double V-shaped metasurface[J]. IEEE Transactions on Antennas and Propagation, 2015, 63(8): 3522 – 3530.

[169] Allen L, Beijersbergen M W, Spreeuw R J, et al. Orbital angular momentum of light and the transformation of Laguerre-Gaussian laser modes[J]. Physical Review A, 1992, 45(11): 8185 – 8189.

[170] Yao A M, Padgett M J. Orbital angular momentum: Origins, behavior and applications[J]. Advances in Optics and Photonics, 2011, 3(2): 161 – 204.

[171] Yu N F, Capasso F. Flat optics with designer metasurfaces[J]. Nature Materials, 2014, 13 (2): 139 – 150.

[172] Lalanne P, Chavel P. Metalenses at visible wavelengths: Past, present, perspectives[J]. Laser & Photonics Reviews, 2017, 11(3): 1600295.

[173] Wang S M, Wu P C, Su V C, et al. A broadband achromatic metalens in the visible[J]. Nature Nanotechnology, 2018, 13(3): 227 – 232.

[174] Chen W T, Zhu A Y, Sanjeev V, et al. A broadband achromatic metalens for focusing and imaging in the visible[J]. Nature Nanotechnology, 2018, 13(3): 220 – 226.

[175] Chen W T, Zhu A Y, Sisler J, et al. A broadband achromatic polarization-insensitive metalens consisting of anisotropic nanostructures[J]. Nature Communications, 2019, 10: 355.

[176] Lin R J, Su V C, Wang S M, et al. Achromatic metalens array for full-colour light-field imaging[J]. Nature Nanotechnology, 2019, 14(3): 227 – 231.

[177] Liang L J, Qi M Q, Yang J, et al. Metamaterials: anomalous terahertz reflection and scattering by flexible and conformal coding metamaterials (advanced optical materials 10/2015)[J]. Advanced Optical Materials, 2015, 3(10): 1373 – 1380.

[178] Liu S, Cui T J, Xu Q, et al. Anisotropic coding metamaterials and their powerful manipulation of differently polarized terahertz waves [J]. Light: Science & Applications, 2016, 5 (5): e16076.

[179] Liu S, Zhang H C, Zhang L, et al. Full-state controls of terahertz waves using tensor coding metasurfaces[J]. ACS Applied Materials & Interfaces, 2017, 9(25): 21503 – 21514.

[180] Liu S, Zhang L, Yang Q L, et al. Frequency-dependent dual-functional coding metasurfaces at terahertz frequencies[J]. Advanced Optical Materials, 2016, 4(12): 1965 – 1973.

[181] Li Y B, Li L L, Xu B B, et al. Transmission-type 2-bit programmable metasurface for single-sensor and single-frequency microwave imaging[J]. Scientific Reports, 2016, 6: 23731.

[182] Tamagnone M, Capdevila S, Lombardo A, et al. Graphene reflectarray metasurface for terahertz beam steering and phase modulation[EB/OL]. arXiv: 1806. 02202. [2021-06-11]. https://ui. adsabs. harvard. edu/abs/2018arXiv180602202T.

[183] Yang J, Xia T Y, Jing S C, et al. Electrically tunable reflective terahertz phase shifter based on liquid crystal[J]. Journal of Infrared, Millimeter, and Terahertz Waves, 2018, 39(5): 439

- 446.

[184] Wang Q, Rogers E T F, Gholipour B, et al. Optically reconfigurable metasurfaces and photonic devices based on phase change materials[J]. Nature Photonics, 2016, 10(1): 60-65.

[185] Ghanekar A, Ji J, Zheng Y. High-rectification near-field thermal diode using phase change periodic nanostructure[J]. Applied Physics Letters, 2016, 109(12): 123106.

[186] Cui T J, Liu S, Li L L. Information entropy of coding metasurface[J]. Light, Science & Applications, 2016, 5(11): e16172.

[187] Wu R Y, Shi C B, Liu S, et al. Addition theorem for digital coding metamaterials[J]. Advanced Optical Materials, 2018, 6(5): 1701236.

[188] Wu H T, Liu S, Wan X, et al. Metamaterials: controlling energy radiations of electromagnetic waves via frequency coding metamaterials[J]. Advanced Science, 2017, 4(9): 1700098.

[189] Zhao J, Yang X, Dai J Y, et al. Controlling spectral energies of all harmonics in programmable way using time-domain digital coding metasurface[EB/OL]. arXiv: 1806. 04414. [2021-05-27]. https://ui. adsabs. harvard. edu/abs/2018arXiv180604414Z.

[190] Zhang L, Chen X Q, Liu S, et al. Space-time-coding digital metasurfaces[J]. Nature Communications, 2018, 9(1): 4334.

[191] Bao L, Ma Q, Bai G D, et al. Design of digital coding metasurfaces with independent controls of phase and amplitude responses[J]. Applied Physics Letters, 2018, 113(6): 063502.

[192] Zheng Q Q, Li Y F, Han Y J, et al. Efficient orbital angular momentum vortex beam generation by generalized coding metasurface[J]. Applied Physics A, 2019, 125(2): 1-5.

[193] Krasnok A, Tymchenko M, Alù A. Nonlinear metasurfaces: A paradigm shift in nonlinear optics[J]. Materials Today, 2018, 21(1): 8-21.

[194] Fu X J, Cui T J. Recent progress on metamaterials: From effective medium model to real-time information processing system[J]. Progress in Quantum Electronics, 2019, 67: 100223.

第二章　空间编码超材料的设计原理和远场综合技术

数字编码超材料采用数字信息化方式对超材料人工单元进行表征与分析,从而使人们有机会从信息的角度来分析与设计超材料,它能够直接处理数字编码信息的超材料,并进一步对信息进行感知、理解,甚至记忆、学习和认知,为基于超材料的电磁波调控提供了一个全新的物理平台,从而实现对电磁波更加灵活、实时和智能的控制。与基于等效媒质的传统"模拟"超材料相比,数字编码超材料的核心理念是"数字信息",数字化的编码方式赋予超材料实时可调的"可编程"特性,极大地丰富了超材料对电磁波的操控能力,给超材料技术的进一步发展开辟了新方向。例如,信息领域中成熟的信号处理理论与算法可用于超材料的分析和设计,不仅能有效降低传统超材料分析与设计的难度,而且有助于发现新的物理现象和应用功能。本章将介绍空间数字编码超材料的工作原理、设计与仿真、制备与测试,并着重阐述其远场综合技术。

2.1 编码超材料基本原理与设计

首先简要阐述数字编码超材料的工作原理,图 2.1(a)为 1-bit 编码超材料的单元结构,其电磁响应可由二进制数 0 和 1 来描述,分别代表 0°和 180°反射/透射相位,通过设计相应的编码图案,便可实现对入射波束波前相位的有效调控,从而实现不同的远场方向图。图 2.1(c)和(d)给出了两种不同的编码图案及其远场方向图,其中图 2.1(c)为 010101⋯编码,当平面波垂直入射到超材料表面时,将被反射到与法线对称的两个方向上,产生对称的双波束远场方向图;而对于如图 2.1(d)所示的棋盘格编码图案,其远场方向图为关于法线对称的四波束。通过精心设计不同的编码图案,还可实现对电磁波的波束偏转、聚焦以及漫反射等操作。需要注意,为了获得准确的相位响应,通常需要在编码超材料中引入超级子单元,一个超级子单元由 $N×N$ 个相同的编码单元构成,超级子单元内的单元结构处于近似周期边界条件,因此可以产生接近理论计算的相位。采用二进制编码来表征电磁编码超材料

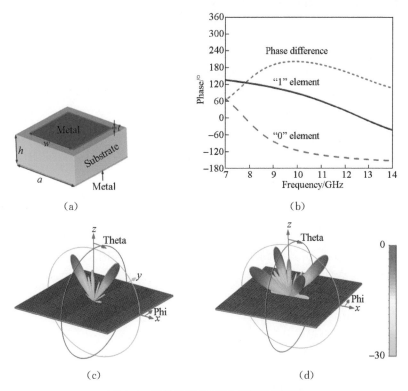

图 2.1 微波频段的反射式编码超材料

(a)和(b)反射式编码超材料单元结构及反射相位频谱(来自参考文献[1]的图 1);(c)和(d)010101⋯编码与棋盘格编码对应的远场散射方向图(来自参考文献[1]的图 2)。

单元结构的反射/透射特征具有诸多优势,例如可方便地利用二极管等数字逻辑元件来实现动态单元结构状态的独立可调功能,通过现场可编程门阵列(FPGA)等数字硬件驱动整个可编程超材料阵列[1],并根据实际应用需求,实时地切换编码序列,动态调控辐射波束,从而有希望在超材料层面实现目标探测、跟踪与隐身的一体化综合处理。

为了更加清晰地理解编码超材料对电磁波调控的物理机理,这里将以 1-bit 编码超材料为例,给出其对电磁波异常折射角度、异常反射角度公式的理论推导[2]。该公式适用于包括反射型编码超材料、透射型编码超材料、双频双功能编码超材料以及各向异性编码超材料在内的所有类型的编码超材料。

图 2.2 为 1-bit 编码超材料示意图,其中绿色和黄色格子分别代表"0"和"1"编码单元,其反射系数 R 可以表示为

$$R = \begin{cases} Ae^{i\varphi_0}, & \text{数字单元"0"} \\ Ae^{i(\varphi_0+\pi)}, & \text{数字单元"1"} \end{cases} \tag{2.1}$$

根据电磁场理论,编码超材料单元在远场的电场分布可表示为

$$\boldsymbol{E}_{m,n}^{S}(\bar{r}) = k_{m,n}R_{m,n}f_{m,n}(\theta,\varphi)\frac{e^{ikr_{m,n}}}{r_{m,n}} \tag{2.2}$$

其中,$r_{m,n}$ 是球坐标系中编码单元到远场区观察点的距离,$f_{m,n}(\theta,\varphi)$ 是每个编码单元的辐射方向图系数,$k_{m,n}$ 为常数因子。由于编码单元结构的电尺寸通常小于 $\lambda/4$,因此单元结构的高频信息无法有效辐射至远场,因而可忽略公式(2.2)中的 $k_{m,n}$ 和 $f_{m,n}(\theta,\varphi)$,即假定编码单元为各向同性辐射。假设编码沿着 x 方向和 y 方向分别以 $\Gamma_x=2d_x$ 和 $\Gamma_y=2d_y$ 周期梯度渐变,当垂直平面波入射时,其远场方向图函数 $F(\theta,\varphi)$ 可表示为

$$F(\theta,\varphi) = \sum_{m=1}^{M}\sum_{n=1}^{N}R_{m,n}e^{-i\left[kd_x\left(m-\frac{1}{2}\right)\sin\theta\cos\varphi+kd_y\left(n-\frac{1}{2}\right)\sin\theta\cos\varphi\right]} \tag{2.3}$$

对于 1-bit 编码超材料,编码单元的反射幅度为 1,相位为 0 或 π,如公式(2.1)所示。为了简便,我们假设 $\varphi_0=0$,并将其移到累加符号之外。式(2.3)中的双重累加符号可进一步分离为两个独立的累加符号,并简化为

$$F(\theta,\varphi) = \sum_{m=1}^{M}e^{-i\left[kd_x\left(m-\frac{1}{2}\right)\sin\theta\cos\varphi+m\pi\right]}\sum_{n=1}^{N}e^{-i\left[kd_y\left(n-\frac{1}{2}\right)\sin\theta\cos\varphi+n\pi\right]} \tag{2.4}$$

对式(2.4)进行累加求和后,可得到远场方向图的幅度 $|F(\theta,\varphi)|$ 为

$$|F(\theta,\varphi)| = MN \cdot \text{sinc}\left[m\pi\left(p+\frac{1}{2}\right)-\frac{m}{2}kd_x\sin\theta\cos\varphi\right] \cdot$$
$$\text{sinc}\left[n\pi\left(q+\frac{1}{2}\right)-\frac{n}{2}kd_y\sin\theta\cos\varphi\right] \tag{2.5}$$

其中，p,q 取整数集。式(2.5)存在多个极值点，分别对应于各阶布拉格衍射。下式给出了 $|F(\theta,\varphi)|$ 能够取到第一个极值点(对应第一阶衍射分量)对应的俯仰角 θ 和方位角 φ：

$$\varphi = \pm\arctan\frac{d_x}{d_y}$$

$$\theta = \arcsin\left(\frac{\pi}{k}\sqrt{\frac{1}{d_x^2}+\frac{1}{d_y^2}}\right) \tag{2.6}$$

代入 $\Gamma_x = 2d_x$，$\Gamma_y = 2d_y$，$k = \dfrac{2\pi}{\lambda}$，可得

$$\theta = \arcsin\left(\lambda/\sqrt{\frac{1}{\Gamma_x^2}+\frac{1}{\Gamma_y^2}}\right) \tag{2.7}$$

式(2.7)给出了具有梯度周期编码序列的编码超材料在垂直入射平面波照射下的异常折射角度，该式同样适用于具有梯度周期编码序列的高比特编码超材料。对于一维编码图案，即编码只沿着一个方向(例如 x 轴或者 y 轴)变化，有 $\Gamma_x \to \infty$ 或 $\Gamma_y \to \infty$，因此式(2.7)中的俯仰角表达式可以进一步简化为

$$\theta = \arcsin\left(\frac{\lambda}{\Gamma}\right) \tag{2.8}$$

其中，Γ 是一维梯度周期编码序列的周期。

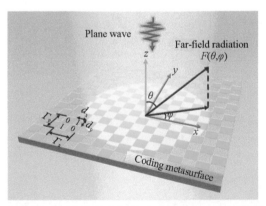

图 2.2 1-bit 编码超材料示意图，其中绿色和黄色格子分别代表"0"和"1"编码单元(来自参考文献[2]的图 3.2)

编码超材料的远场方向图取决于其编码图案(coding pattern)，为了能够计算任意编码图案的远场方向图，文献[3]提出基于快速傅里叶变换(FFT)的远场方向图快速算法，该算法的核心原理正是基于编码图案与远场方向图之间的傅里叶变换关系。该快速算法能够为编码超材料提供远场方向图的高精度预估，计算时间仅需数秒，相比三维全波仿真缩短了至

少3个数量级,为分析、设计和优化编码超材料提供了高效便捷的计算工具。2.4节将给出通过傅里叶变换快速计算远场方向图的过程。

早期的编码超材料是针对调控反射波而设计的[1,4],这是由于反射型编码超材料具有全金属背板,因此可在360°相位覆盖的同时获得较高的反射率。然而对于具有单层金属图案的梯度相位传输阵[5-6],很难在360°相位覆盖的同时满足较高的透射幅度。关于此问题,文献[7]从网络匹配的角度给出了一般化的分析,指出对于单层非磁性的超材料,其同极化的最大相位覆盖范围被严格限制在±90°区间内,而交叉极化分量的最大透射率为50%。他们进—步指出通过采取多层金属结构级联的方式,可在保证趋于100%的透射率的同时实现360°相位覆盖。文献[8]提出了一种被称为"惠更斯表面"的用于调控同极化透射波波前的方案,该设计采用两层金属结构,用于对电响应和磁响应进行独立调控,从而可高效地调控透射场的幅度和相位。但由于该设计中的金属结构垂直于材料所在的平面,具有较大的加工和装配难度。

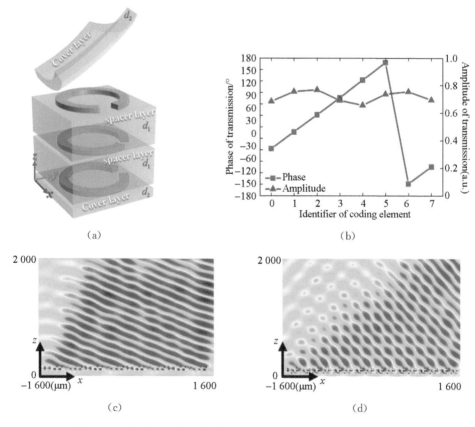

(a)　　　　　　　　　　　　　　　(b)

(c)　　　　　　　　　　　　　　　(d)

图 2.3　透射式编码超材料的结构设计和波束偏转时的电场分布

(a)和(b)透射式编码超材料及8个编码单元在工作频点的透射幅度和相位(来自参考文献[9]的图1)。(c)和(d)编码序列为S_1:"012345670123456 7…"和S_2:"13571357…"时的透射电场分布(来自参考文献[9]的图2)。

文献[9]提出了一种基于柔性介质的透射式编码超材料,图 2.3(a)为其单元结构,由三层金属开口环结构堆叠组成,每层之间金属环的开口方向相差 45°。层与层之间采用厚度 $d_1 = 40~\mu m$ 的聚酰亚胺作为介质层,为了保护金属图案结构免受物理损伤和化学腐蚀,结构的顶层和底层均覆盖一层厚度 $d_2 = 5~\mu m$ 的聚酰亚胺保护层。通过逐层旋转的金属环结构之间的电磁耦合,该单元可在对入射波产生 90° 的极化旋转的同时,实现预期的相位调控。图2.3(b)给出了 3-bit 透射式编码超材料的 8 个编码单元从 0.8 THz 到 1.2 THz 间的透射相位和幅度。在设计频点处,这 8 个编码单元以 45° 相位间隔覆盖了整个 360° 相位区间,并且透射率保持在 0.65 至 0.76 之间。需指出,该透射率即为最终的传输效率,显著高于以往基于硅、蓝宝石、砷化镓等基底的透射式超材料的透射率[6],可基本满足实际应用需求。

首先采用两组不同的编码序列来展示一个包含 32×32 个编码单元的透射式编码超材料对太赫兹波的远场波束调控能力。第一组为周期性梯度编码序列 S_1:"012345670123456 7…",图 2.3(c)给出了当 y 极化太赫兹波垂直入射到超材料上,xz 平面内的电场分布(E_x 分量)。仿真结果显示入射波经过编码超材料后发生偏折,与 z 轴夹角为 21°,与理论值 21. 13°高度吻合。图 2.3(d)给出了当编码序列为 S_2:"13571357…"时 xz 平面内的电场分布(E_x 分量),由于梯度周期缩为一半,偏折角度增大至 46°,同样与理论预测高度吻合。通过采用相同尺寸的金属平板散射峰值作为参考,可得到该透射式编码超材料在以上两种编码下的透射效率分别为 72% 和 58%,显著高于同类设计[6]。

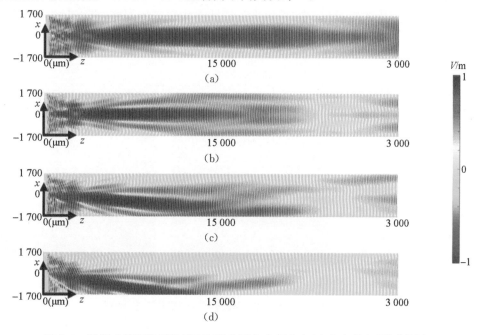

图 2.4 透射式编码超材料贝塞尔波束聚焦电场分布(来自参考文献[9]的图 3)

(a)和(b)分别为当 θ 为 5° 和 10° 时的贝塞尔波束的电场(E_x 分量)分布图;$a = 0°/\mu m$,频率为 1.03 THz。(c)和(d)分别为当 a 为 $0.1°/\mu m$ 和 $0.2°/\mu m$ 时的贝塞尔波束的电场(E_x 分量)分布图;$\theta = 10°$,频率为 1.03 THz。

透射编码超材料还可用于产生并调控具有高定向性的贝塞尔波束,图 2.4 给出了太赫兹波垂直入射到透射编码超材料时,4 种具有不同编码图案所产生的贝塞尔波束的电场(E_x分量)近场分布图。图 2.4(a)和(b)展示了具有不同聚焦角度所产生的波束形状,由于前者的聚焦角度 θ 小于后者,导致前者的贝塞尔波束的非衍射区域的长度大于后者,但由于前者的聚焦范围较长,其聚焦范围内电场强度小于后者。图 2.4(c)和(d)展示了具有不同偏转角度时的波束形状,两种情形下贝塞尔波束均被偏转了一定角度,由于前者的偏转参数 a 小于后者,前者偏离 z 轴的角度要小于后者。

2.2 微波与太赫兹编码超材料的制备及测量

本节将介绍太赫兹频段的反射式和透射式编码超材料的制备工艺,由于太赫兹频段的编码超材料的几何尺寸通常处于微米量级,需要采用微纳加工工艺。图 2.5(a)给出了反射式编码超材料的微纳制备流程[4]:第一步,利用电子束蒸发工艺在一片 2 英寸硅片上蒸镀 30 nm 厚的钛和 180 nm 厚的金,该层作为反射式编码超材料的金属背板,随后将液态的聚酰亚胺旋涂在金层之上,并在热板上以阶梯温度 80 ℃、120 ℃、180 ℃、250 ℃进行固化,加热时间分别为 5 min、5 min、5 min、20 min,聚酰亚胺层的厚度取决于旋转速度,较厚的聚酰亚胺层需多次重复以上步骤;第二步,采用光刻工艺将掩膜版的图案转移到光刻胶上,之后再次进行蒸镀工艺;最后,将样品短暂浸泡在丙酮溶液中,超声清洗后,便可得到最终的样品,如图 2.5(b)所示[4]。

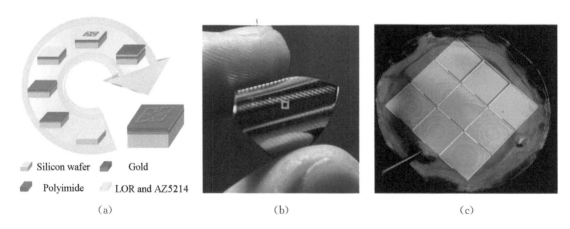

图 2.5 太赫兹频段反射式编码超材料的制备工艺和样品

(a)和(b)太赫兹反射式编码超材料的微纳制备流程及样品照片(来自参考文献[4]的图 8 和参考文献[10]的图 6);
(c)透射式编码超材料的样品照片(来自参考文献[9]的图 4)。

透射式编码超材料通常分为非柔性和柔性两种,非柔性样品包含硬质基底硅片,其加工流程与反射式编码超材料几乎一致,不同之处在于透射式编码超材料不需要预先沉积金属背板层。另一种是柔性透射式编码超材料,样品直接由金属层和聚酰亚胺层构成,不包含硬质基底,因此整个材料具有柔性超薄的特点,如图 2.5(c)所示[9],其具体加工流程如下:首先在 2 英寸硅片上制备 5 μm 厚的聚酰亚胺保护层,随后利用剥离(lift-off)工艺在聚酰亚胺保护层上制作最底层的金属图案;之后重复以上步骤,依次完成剩余的聚酰亚胺介质层和金属图案的制作;最后将整个样品浸泡于纯氢氟酸溶液中 30 min,取出清洗后,样品便可轻易地从硅片上揭下来。如图 2.5(c)所示的透射式编码超材料具有无基底支撑、柔性、高透过率等优点,可高效地调控透射波的相位分布,实现异常折射和贝塞尔波束聚焦等功能;同时,由于样品正反面均覆盖有 5 μm 厚的聚酰亚胺保护层,因此整个样品具有抗物理磨损、耐化学腐蚀的特点。

图 2.6(a)和(b)给出了基于光纤的旋转式太赫兹远场测量系统的原理示意图和实际测试装置照片,该装置可对样品在不同频率和不同角度上的散射强度进行实验测定,这里对其工作原理和测量方式作简要介绍。采用一对太赫兹光导天线[Model TR4100-RX1,API(Advanced Photonix,Inc.)]作为发射天线和接收天线,在商业光纤式超快激光器的激励下,

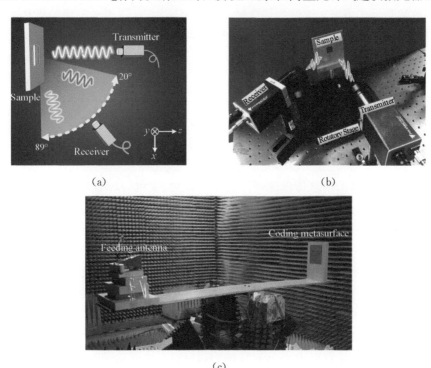

图 2.6 太赫兹频段和微波频段的反射式编码超材料的测试表征

(a)和(b)基于光纤的旋转式太赫兹远场测量系统原理示意图及实际测试装置照片(来自参考文献[2]的图 4.8);(c)微波频段的样品测试装置及环境(来自参考文献[11]附录的图 S10)。

它们可发射并探测频率在 $0.3\sim3.0$ THz 之间的太赫兹波,其中发射天线固定在光稳台上,接收天线安装在可围绕中心样品旋转的支架上。样品粘贴在样品支架的金属板上,并与发射和接收天线保持 23 cm 的距离。测试时,发射天线位于 $0°$ 角位置,为样品提供近似平面波的照射,波束宽度大约为 5 mm,接收天线以固定角度为间隔,测量并记录 $0°\sim90°$ 角度范围内的太赫兹透射波频谱。由于金属样品架足够大,可以避免发射天线所发出的太赫兹波直接进入接收天线。为了获得良好的信号比,每个角度需要进行大约 30 s 的多次采样和求平均等一系列操作。所有测试结果以正透射时的测量结果为参考进行归一化。

需要指出,由于到达样品表面的太赫兹波并非理想平面波,其波阵面为凹面状或者凸面状,对反射波束的角度和形状产生了一定的影响;此外,所采用的太赫兹接收天线的口径相对较大,导致所测得的电场值为一定角度内的平均值,降低了测得的反射波束的峰值。

图 2.6(c)为微波频段的样品测试装置及环境。为了给样品提供近似平面波的照射,馈源喇叭(工作频率为 $9.48\sim15$ GHz)与样品共轴放置在一个支架上。为了获得近似平面波照射,样品应尽量处于喇叭天线的远场区域。实验测试中,承载喇叭天线的样品架可在水平面内自动旋转 $360°$,这样位于远处的接收天线(未在图 2.6(c)中给出)可以测得水平面内的二维远场方向图。

2.3 极化编码与频率编码超材料

电磁波的极化在超材料的物理机理及其工程应用的研究中扮演着重要角色,由于极化相互垂直的电磁波在空间上正交,因此能够调控两路极化相互垂直电磁波的超材料天线,将比单极化天线拥有更高的信息传输速率。基于该设想,文献[10]提出了一种各向异性编码超材料,通过引入极化受控型的各向异性编码,可实现功能随极化变化的各向异性编码超材料。即当入射波在 x 和 y 极化切换时,同一个各向异性编码图案呈现两种不同的功能,如波束偏折、波束分离、随机漫反射、反射式圆极化旋转等。

图 2.7(a)阐述了各向异性编码超材料的工作原理,这里以一个包含 8×8 个各向异性编码单元的 1-bit 各向异性编码超材料为例,其中符号"/"之前和之后的编码分别代表单元结构在 x 极化和 y 极化时的编码状态。当 x 极化电磁波(图 2.7(a)左侧)和 y 极化电磁波(图 2.7(a)右侧)照射时,将表现出不同的编码图案,进而实现不同的远场调控功能。

图 2.7(b)和(c)给出了 1-bit 各向异性编码超材料在太赫兹频段的物理实现结构及相应的反射相位谱,其中哑铃形和正方形结构分别作为各向异性结构和各向同性结构,用于构建 2-bit 各向异性编码超材料的 16 个编码单元。结构采用聚酰亚胺作为介质层,背面整面覆盖金属层,保证结构的透射率为零,同时增大反射率。通过调控哑铃形和正方形结构的几何参

数,便可独立地调控结构在 x 极化和 y 极化下的反射相位。图 2.7(b)为各向异性编码单元"1/0"在 x 极化和 y 极化下的反射相位曲线,可以看出在设计频点 1 THz 时,x 极化下的反射相位为 105.6°,定义为数字态"1";y 极化下的反射相位为 −72.2°,定义为数字态"0",两者相位差接近 180°。将结构沿着 z 轴旋转 90°,便可得到各向异性编码单元"0/1"。

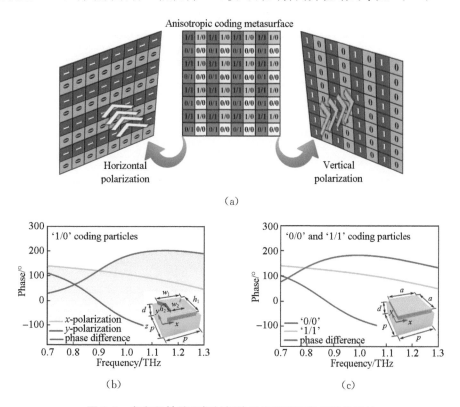

(a)

(b)　　　　　　　　　　　　　　(c)

图 2.7　各向异性编码超材料的工作原理和单元结构设计

(a) 各向异性编码超材料的工作原理示意图(来自参考文献[2]的图 5.1);(b)和(c) 1-bit 各向异性编码超材料在太赫兹频段的物理实现结构及相应的反射相位谱(来自参考文献[2]的图 5.3)。

图 2.7(c)为各向同性编码单元"1/1"和"0/0"的单元结构及反射相位谱,在 1 THz 时分别为 106.8°(数字态"1")和 −74.0°(数字态"0"),满足 180°相位差。由于所设计的结构为非强谐振型,因此能够在大约 30%的相对带宽内保持稳定的反射相位(相位误差±20°)。

以上是 1-bit 各向异性编码超材料的 4 种单元结构,通过进一步细化 x 极化和 y 极化时的离散相位,可得到 2-bit 各向异性编码超材料的 16 种单元结构,如图 2.8 所示,对应 4 个数字态"00""01""10""11",通过排列组合生成 16 种不同的编码单元。与 1-bit 情形相同,其中 12 个各向异性结构中的 6 个可以通过另外 6 个旋转 90°得到。表 2.1 给出了 2-bit 各向异性超材料的 16 个单元结构的几何参数。

表 2.1　2-bit 各向异性编码单元结构的几何参数（变量中下划线后的数字代表不同的数字态）

参数	A_00	W_1_10	W_2_10	H_1_10	H_2_10
值(μm)	50	43.5	43.5	50	20
参数	A_11	W_1_20	W_2_20	H_1_20	H_2_20
值(μm)	44	37	37	50	20
参数	A_22	W_1_30	W_2_30	H_1_30	H_2_30
值(μm)	38.5	21	21	50	20
参数	A_33	W_1_21	W_2_21	H_1_21	H_2_21
值(μm)	25	42	34.5	44	20
参数		W_1_31	W_2_31	H_1_31	H_2_31
值(μm)		32	10	44	20
参数		W_1_32	W_2_32	H_1_32	H_2_32
值(μm)		32	10	39	20

　　为了考察各向异性编码超材料的实际性能,图 2.9 给出了两种不同的各向异性编码图案时的远场辐射的仿真结果。图 2.9(a)和(b)为第一种编码图案在 x 极化和 y 极化时的远场方向图,由于各向异性编码图案由两个互相垂直的 0101 编码构成,因此 x 极化和 y 极化入射波分别被反射到 yz 和 xz 平面,波束夹角为 $48.5°$,与理论计算值高度吻合,由此肯定了所设计单元结构的反射相位和幅度的准确性。

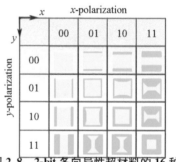

图 2.8　2-bit 各向异性超材料的 16 种单元结构

（来自参考文献[10]的图 1）

　　第二个例子中,x 方向的编码保持不变,因此其远场方向图(图 2.9(c))与图 2.9(a)保持一致,y 方向的编码为随机编码,可将入射波随机漫反射到上半空间多个方向上,可用于降低物体的雷达散射截面。这两个示例进一步说明了该各向异性编码超材料在 x 极化和 y 极化方向具有良好的隔离度。

　　该设计不仅限于太赫兹频段,还可以推广到微波段、红外甚至光频,产生更广泛的应用价值,例如,在微波频段中,可以用于设计双极化天线,增大传输速率;在可见光波段,可用来大幅度提高光介质存储器件的容量,实现视觉三维全息成像。

　　以上设计都是针对垂直入射波来考虑的。对于反射阵天线,在实际应用中通常采取偏馈的方案,这样可以避免由于馈源对法线方向上的主波束产生的遮挡效应,导致天线增益和口面效率的降低。因此,如果编码超材料仅允许正入射的平面波激励,将严重限制编码超材料的广泛应用。为此,文献[11]提出一种工作在斜入射情形下的各向异性编码超材料。对于 2 - bit 编码超材料,只需要将补偿编码序列与远场编码图案相加并对 4 取模,便可得到补偿后的编码图案。对于任意 n-bit 的编码超材料,应对 2^n 取模。

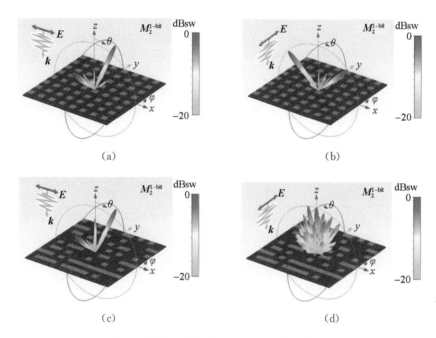

(a)　　　　　　　　　　　　(b)

(c)　　　　　　　　　　　　(d)

图 2.9　各向异性编码超材料对垂直极化电磁波的独立调控

(a)和(b)第一种各向异性编码图案在 x 极化和 y 极化时的远场方向图(来自参考文献[10]的图3);(c)和(d)第二种各向异性编码图案在 x 极化和 y 极化时的远场方向图(来自参考文献[10]的图3)。

图 2.10 展示了 2-bit 各向异性编码超材料在斜入射情形时对空间波的独立调控,第一个各异向性编码矩阵 P_1 由 TE 极化和 TM 极化时的子编码构成:TE 极化时的编码为棋盘格矩阵[0 2;2 0](超级子单元尺寸为 5×5),TM 极化时的编码为沿着 x 方向变化的梯度周期序列[0 1 2 3](超级子单元尺寸为 2×2)。在本例中,入射波以 18.2°倾斜角入射到超材料上,因此远场方向图将朝着＋x 方向偏转 18.2°。为了克服斜入射电磁波对远场方向图造成的影响,需要在远场编码图案上叠加一个补偿编码序列[0 1 2 3](超级子单元尺寸为 4×4),由于补偿编码序列对应反射角为 $-18.2°$ 的单波束辐射,原有的远场方向图将被反向旋转相同的角度,从而可以抵消斜入射的影响,远场方向图将保持原有形态不变。

图 2.10(a)和(b)分别为 TE 极化和 TM 极化时仿真的远场方向图,与垂直入射时的方向图保持一致。为了确定两种极化下的远场方向图均未受到斜入射电磁波的影响,图 2.10(c)和(d)分别给出了 45°(与 x 轴和 y 轴的夹角)平面和 xz 平面内的二维远场方向图。从图 2.10(c)可以看出,两个波束与 z 轴的夹角为 44.5°,与理论计算值 45°高度一致;同样,

图 2.10(d)中的单波束与 z 轴的夹角为 $-38.5°$，与理论值 $-38.7°$ 高度吻合，证明了所提出的补偿方案能够完美地实现预期的远场方向图。由于 2.10(c)和(d)已经对同样尺寸的 PEC 板做过归一化，因此从图中可以直接得出该各向异性编码超材料在斜入射情况下对空间波的调控效率，其中 y 极化时的效率为 69.2%，接近垂直入射时的效率。

需要指出，实际应用中入射角度允许设定为 $0°\sim90°$ 之间的任意值，相应的补偿编码序列可通过叠加多个不同周期长度的梯度序列而获得，其原理将在 2.4 节做详细介绍。

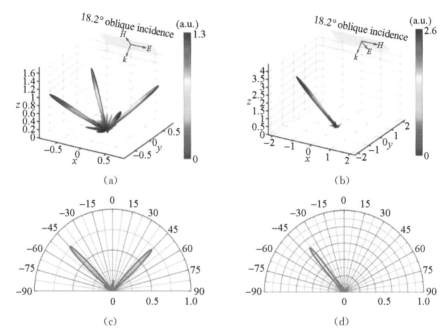

图 2.10 各向异性编码超材料在斜入射情形时对空间波的独立调控（来自参考文献[11]的图 2）

(a)和(b)分别为 TE 极化和 TM 极化时的远场方向图，电场入射方向在 xz 平面与 z 轴的夹角为 18.2°，频率为 10 GHz；(c)和(d)分别为 TE 极化和 TM 极化时相应平面内二维远场方向图，前者为 45°（与 x 轴和 y 轴的夹角）平面，后者为 xz 平面。

为了实现对电磁波的全方位调控，该团队进一步提出了张量编码超材料[12]，其对电磁波的调控不仅局限于同极化和波矢，还进一步扩展至交叉极化分量，并首次在太赫兹波段实验验证了空间波到 TE 模式和 TM 模式的表面波的转换。在此基础之上，通过结合各向异性编码超材料的极化受控特性，实现了对不同极化空间波到表面波的独立转换和分离功能，突破了传统光栅器件的能力范畴，并将促进微波、太赫兹、红外以及光波段的表面波器件的发展。

如何在有限的物理带宽内实现更高比特速率的数据传输，不仅需要较为复杂的信号处理技术，同时也对天线本身提出了宽频带、多波段工作等技术需求。然而上述反射型和透射型编码超材料,由于它们的编码单元仅设计在某一个频点,因此当频率偏离设计频点时,编码单元的反射相位将偏离预设值,导致远场方向图严重偏离预期。对于线性光学范畴的编码超材料,不同频率之间的电磁波响应具有正交性,因此可通过设计编码单元结构使得同一个单元在两个频点上拥有独立的电磁响应,从而使得单一编码图案在两个频点处呈现出独立的调控功能,实现一种频率受控型双频双功能编码超材料。

图 2.11(a)给出了双频段太赫兹编码超材料的原理示意图,低频电磁波照射时(红色光束)所产生的双波束相比在高频电磁波的照射下(蓝色光束)所产生的双波束发生了 90°旋转。图 2.11(b)给出了双频编码超材料在太赫兹频段的物理结构,采用了基于聚酰亚胺基底的双层 ELC 谐振结构。对于 1-bit 双频编码超材料,共需 4 种不同的单元结构,图 2.11(c)和(d)给出了通过 CST 全波仿真优化得到 4 个单元的相位和幅度谱线。4 个单元结构被定义为"0/0""0/1""1/0""1/1",其中"/"之前和之后的数字分别代表低频(0.78 THz)和高频(1.19 THz)时的编码。为了在两个频点实现 180°相位差的独立编码状态,将"1/0"和"1/1"编码单元结构的并联谐振频率设计得小于低频(0.78 THz),而将另外两个编码单元结构"0/0"和"0/1"的并联谐振频率设计得大于低频(0.78 THz),这样便可在低频处获得 77°的

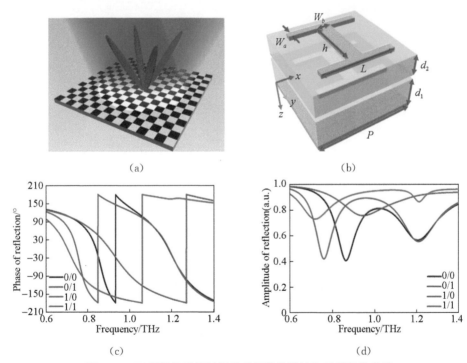

(a)   (b)

(c)   (d)

图 2.11 双频段编码超材料的单元结构设计和反射相位曲线

(a) 双频段太赫兹编码超材料的原理示意图(来自参考文献[2]的图 4.1);(b) 双频编码超材料在太赫兹频段的物理结构(来自参考文献[2]的图 4.2);(c)和(d) 2-bit 双频编码超材料 4 种单元结构的相位和幅度响应频谱(来自参考文献[2]的图 4.2)。

反射相位(作为状态"0")以及-100°的反射相位(作为状态"1")。为了使得编码单元"0/0"和"1/0"在高频(1.19 THz)获得状态"0",需要让单元结构在1.19 THz产生第二个谐振;而由于编码单元"0/1"和"1/1"的第二个谐振峰处于更高频率处,因此可在1.19 THz处获得-162°和165°的反射相位(作为状态"1")。由于结构发生并联谐振导致入射波的部分能量被介质层和金属结构吸收,从而导致某些频点的反射幅度较低,未来可通过进一步优化获得更高效率的单元结构。

图2.12给出两个不同的编码方案来验证所设计的单元结构在两个频点所呈现出的双功能特性。对于第一个编码 S_1,低频时为沿着 x 方向变换的"000111000111…"编码序列,高频时为沿着 y 方向变换的"0000111100001111…"编码序列,整个超材料包含 72×72 个编码单元。图2.12(a)和(b)分别给出了编码 S_1 在 $0.78 \sim 1.19$ THz 时的远场方向图。在低

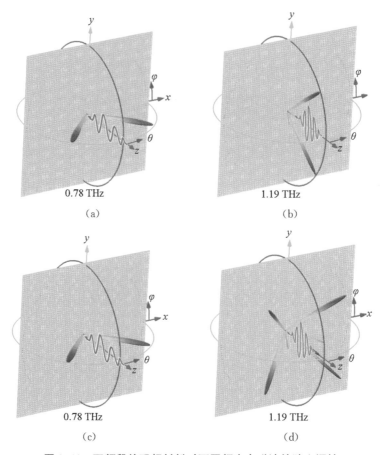

图 2.12 双频段编码超材料对不同频率电磁波的独立调控

(a)和(b) 第一种双频编码序列对应的远场散射方向图(来自参考文献[2]的图4.4);(c)和(d) 第二种双频编码序列对应的远场散射方向图(来自参考文献[2]的图4.4)。

频点为 xz 平面内的对称两波束,与 z 轴的夹角为 $42°$;在高频点为 yz 平面内的对称两波束,与 z 轴的夹角为 $37°$,与理论计算值 $43.3°$ 和 $36.9°$ 吻合良好。通过设计双频段编码,甚至可以令低频时的反射峰角度小于高频时的,即反射峰的角度随着频率的升高而降低。这种反常的反射角度可通过在第二个编码 S_2 实现,将低频处的编码设置为沿着 x 方向变换的"00000111110000011111…",而将高频处的编码设置为沿着 x 方向变换的"00110011…",通过理论计算,可以得到低频和高频时反射峰角度分别为 $64.2°$ 和 $33.3°$,与图 2.12(c) 和(d)中仿真得到的角度 $64°$ 和 $32°$ 高度吻合,由此印证了所设计双频段编码超材料的双功能性和单元结构设计的准确性。

图 2.13 给出了双频太赫兹编码超材料在太赫兹频段样品的测试结果,为了便于比较实测结果和理论结果,图中用虚线描绘出了理论计算的反射峰角度曲线。对于第一种双频编码序列,其在 0.82 THz 和 1.2 THz 分别存在两个明显的反射峰,峰值角度分别位于 $50°$ 和 $44°$,效率为 41.9% 和 49.0%。实验测试结果与仿真结果趋势吻合,但实测的反射峰角度比仿真的高了大约 $6°\sim8°$。导致实验误差的原因如下:首先,到达样品表面的太赫兹波并非理想平面波;其次,接收天线的尺寸口径相对较大,导致所测得的电场值为一定角度内的平均值,从而导致测得的峰值有所削弱;最后,受限于加工精度,样品的上层和下层的 ELC 结构存在一定的对准误差(在横向和纵向方向分别存在大约 2 μm 和 3 μm 的偏移误差)。

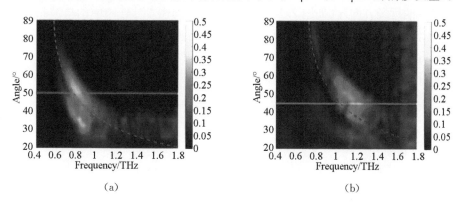

(a)　　　　　　　　　　　　　(b)

图 2.13　双频段编码超材料的实验测试结果(来自参考文献[2]的图 4.9)

(a)和(b)分别为双频编码超材料的太赫兹样品在水平和竖直平面内的远场辐射;其中横轴代表频率,纵轴代表反射角度,虚线代表理论计算的反射峰角度曲线。

双频双功能编码超材料的提出进一步拓展了可编码与可编程超材料的范畴,增强了可编程超材料在实际工程中的应用潜力,将在无线通信和全息成像等领域发挥重要作用。该工作随后被拓展至宽频段的频率编码超材料[13],在频率空间上展现出更高的自由度。

2.4 编码超材料的远场综合技术

编码超材料具有广阔的编码图案集,可产生各种各样的波束。然而,如何设计相应的编码图案来生成特定的远场方向图,是编码超材料设计的核心之一。梯度周期编码序列可产生单波束,但由于最小重复周期为整数的限制,导致辐射角度只能取到离散值,若想实现任意角度的单波束扫描,需要采用智能优化算法以根据远场方向图反演综合编码图案,但该方案会消耗大量的计算资源和时间。为了解决这一问题,文献提出了一种全新的编码图案设计方案[14],使得仅采用有限个状态的编码单元即可实现连续的角度扫描。得益于编码超表面的数字编码与其远场方向图之间的傅里叶变换关系,可将信号处理中的卷积定理应用于远场方向图的偏转,在已有编码图案上叠加一个梯度编码序列,就能将其远场方向图朝着任意的设计方向无失真地偏转,其机理类似于傅里叶变换中将基带信号搬移到高频载波的过程。

图 2.14 形象地阐述了卷积定理如何运用于编码超材料编码图案的设计,图 2.14(a)—(c)为三种不同的 2-bit 编码图案;图 2.14(d)—(f)是它们的远场方向图,其中,第一个十字形编码图案(图 2.14(a))采用 0 和 2 编码构成,第二个编码图案(图 2.14(b))由"0 1 2 3 0 1 2 3…"梯度编码序列构成,将它们相加并对 4 取模,便可得到图 2.14(c)中的编码图案。第一个编码图案的远场方向图(如图 2.14(d)所示)经过与图 2.14(e)中的单波束方向图相卷积,便可整体偏转向单波束的方向,但仍旧保留原有方向图的形态,如图 2.14(f)所示。利用该编码方案可快速地生成指向任意角度的单波束,不仅极大地减少了采用智能优化算法所花费的时间,而且可以实现上半空间任意角度的连续扫描。

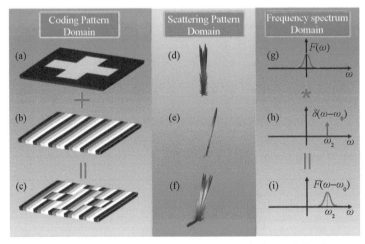

图 2.14 基于卷积定理的编码图案综合技术(来自参考文献[14]的图 1)

(a)—(c) 为三个不同的编码图案,其中(c)由(a)中的十字形编码图案和(b)中的周期性梯度编码图案叠加形成。(d)—(f) 分别为相应的远场方向图。(g)—(i) 分别为三个编码图案所类比的频谱。

下面给出该编码图案综合技术的原理。首先需指出编码超材料表面的电场分布与其远场方向图之间符合傅里叶变换关系，因此可通过超材料表面的电场分布计算出远区的电场分布 $\boldsymbol{E}(\theta,\varphi)$：

$$\boldsymbol{E}(\theta,\varphi) = \mathrm{j}k(\hat{\theta}\cos\varphi - \hat{\varphi}\sin\varphi\cos\theta)P(u,v) \tag{2.9}$$

其中，$\boldsymbol{E}(\theta,\varphi)$ 代表与超材料的距离为 r 处的远区电场，θ 和 φ 分别为球坐标系的俯仰角和方位角，k 是自由空间波矢，$P(u,v)$ 为电场分量 $\boldsymbol{E}(x,y)$ 的二维傅里叶变换：

$$P(u,v) = \int_{-\frac{Np}{2}}^{\frac{Np}{2}} \int_{-\frac{Np}{2}}^{\frac{Np}{2}} \boldsymbol{E}(x,y)\mathrm{e}^{\mathrm{j}k_0(ux+vy)}\,\mathrm{d}x\mathrm{d}y \tag{2.10}$$

其中，u,v 为 k 空间坐标；乘积项 Np 中，N 和 p 分别代表编码单元沿着 x 和 y 方向的数量和周期长度。通过以下坐标变换，可以得到 (θ,φ) 坐标系下的远场方向图：

$$u = \sin\theta\cos\varphi, v = \sin\theta\sin\varphi \tag{2.11}$$

众所周知，正傅里叶变换是将信号从时域变换到频域。若将编码图案域看作信号处理中的时域，将远场方向图域看作信号处理中的频域，便可从信号处理的角度理解编码超材料，一些信号处理中成熟的算法可直接用于编码超材料的分析和设计。例如，傅里叶变换中的卷积定理描述两个信号在时域中相乘等价于它们的频谱在频域中相卷积：

$$f(t) \cdot g(t) \xleftarrow{\text{FFT}} f(\omega) * g(\omega) \tag{2.12}$$

鉴于编码超材料的表面电场与其远场方向图之间互为傅里叶变换关系，我们可将式(2.12)中的时间 t 和角频率 ω 分别用归一化空间坐标 x_λ 和 $\sin\theta$ 替换：

$$f(x_\lambda) \cdot g(x_\lambda) \xleftarrow{\text{FFT}} f(\sin\theta) * g(\sin\theta) \tag{2.13}$$

其中，$x_\lambda = x/\lambda$，θ 为俯仰角（与法线的夹角）。假设式(2.12)中的 $g(\omega)$ 为冲击函数，有

$$f(t) \cdot \mathrm{e}^{\mathrm{j}\omega_0 t} \xleftarrow{\text{FFT}} f(\omega) * \delta(\omega - \omega_0) = f(\omega - \omega_0) \tag{2.14}$$

则式(2.14)描述傅里叶变换中的频移性质，其中 $\mathrm{e}^{\mathrm{j}\omega_0 t}$ 为时移信号，频谱 $f(\omega)$ 与冲击函数的频谱 $\delta(\omega - \omega_0)$ 相卷积，可将频谱函数 $f(\omega)$ 无失真地搬移到中心频率为 ω_0 的位置，将以上变量替换应用于式(2.13)，便可得到该编码图案综合方案的表达式如下：

$$\boldsymbol{E}(x_\lambda) \cdot \mathrm{e}^{\mathrm{j}x_\lambda \sin\theta_0} \xleftarrow{\text{FFT}} \boldsymbol{E}(\sin\theta) * \delta(\sin\theta - \sin\theta_0)$$
$$= \boldsymbol{E}(\sin\theta - \sin\theta_0) \tag{2.15}$$

其中，$\mathrm{e}^{\mathrm{j}x_\lambda \sin\theta_0}$ 表示电场相位沿着某个方向的梯度变化。式(2.15)是方向图旋转编码方案的核心，可通过编码超材料实现：在编码图案域中将任意一个编码图案 $\boldsymbol{E}(x_\lambda)$ 与一个具有梯度编

码序列的图案 $\mathrm{e}^{\mathrm{j}x_\lambda \sin\theta_0}$ 相乘,等价于在远场方向图域中将远场方向图 $\boldsymbol{E}(\sin\theta)$ 以量值 $\sin\theta_0$ 偏离原始方向。而在编码图案域中对两个编码图案做卷积等效于它们的编码值相加,并对 2^N 取模,其中 N 为比特数。

图 2.15 给出了通过傅里叶变换来快速计算编码图案的远场方向图的流程,该流程基于编码超材料上的电场分布与其远场方向图之间的傅里叶变换关系。首先计算图 2.15(a)所示的编码超材料的二维快速傅里叶变换(假设每个单元的幅度为 1,相位为离散值 $0°$、$90°$、$180°$、$270°$),得到如图 2.15(b)所示的结果,图中的横纵坐标为 u 和 v,它们与空间角度 θ 和 φ 存在如下映射关系:

$$u = \sin\theta\cos\varphi \ , v = \sin\theta\sin\varphi \tag{2.16}$$

且

$$-\frac{\lambda_0}{2p} < u \ , v < \frac{\lambda_0}{2p} \tag{2.17}$$

其中,λ_0 为自由空间波长。所有上半空间的可见角度只能从图 2.15(b)中 $u^2 + v^2 \leqslant 1$ 定义的圆内进行映射(图中红色区域内),因此编码序列的周期长度 p 决定了 (u,v) 到 (θ,φ) 之间的

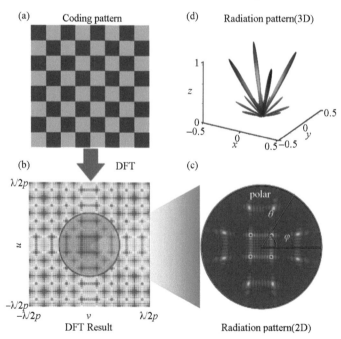

图 2.15 利用快速傅里叶变换来计算编码超材料的远场方向图的流程图(来自参考文献[2]的图 7.4)
(a) 编码图案;(b) FFT 计算结果;(c) 通过对 FFT 结果进行坐标变换后得到的极坐标系下的远场方向图;(d) 球坐标系下的远场方向图。

映射区域。当 $p>\lambda_0/2$ 时，圆内的 (u,v) 将映射到整个 (θ,φ) 可见空间；当 $p<\lambda_0/2$ 时，入射波将无法辐射至自由空间，而会转换为表面波。因此在设计编码超材料时，编码序列的周期长度 p 应该始终大于自由空间半波长。图 2.15(c) 和 (d) 分别是在极坐标系和球坐标系中所表示的三维远场方向图。在极坐标系中，径向方向表示俯仰角 θ，轴向方向表示方位角 φ。

图 2.16 通过三个具体示例来说明该编码方案，三个示例均由 64×64 编码单元构成。第一个编码图案为"0202…"（超级子单元为 8×8）（图 2.16(a)），可在 xz 平面内产生两个对称波束（图 2.16(c)）。在图案 1 上叠加一个"0123…"编码图案（超级子单元为 3×3），得到新的编码图案（图 2.16(b)），其远场方向图发生了 20.9° 的偏转，与所叠加图案对应的单波束偏转角度一致。

第二和第三个示例展示了两个沿着相同方向的不同周期的梯度编码序列的叠加，分别为"00112233…"和"000111222333…"，图 2.16(e) 为它们相加得到的图案，由于叠加后的编码具有更小的梯度周期，因此形成了偏转角度为 63.2° 的单波束；图 2.16(f) 为它们相减得到的图案，由于叠加后的编码相比原来序列具有更大的梯度周期，因此形成的波束偏转角度减小至 10.3°。对于两个同方向的梯度序列周期，它们叠加后的编码图案对应的波束角度可由以下公式计算得到：

$$\theta = \arcsin(\sin\theta_1 \pm \sin\theta_2) \tag{2.18}$$

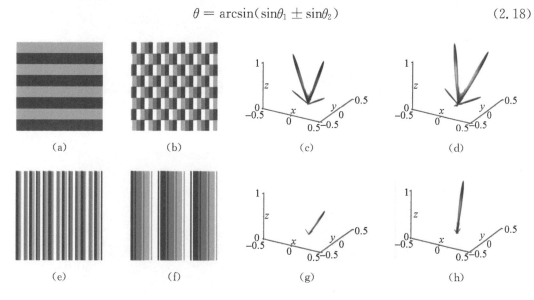

(a) (b) (c) (d)

(e) (f) (g) (h)

图 2.16 基于卷积定理的编码综合方案的仿真实例

(a) 和 (c) 编码图案"0202…"及其远场方向图（超级子单元为 8×8）（来自参考文献[14]的图 3）。(b) 和 (d) 在图案 (a) 上叠加编码图案"0123…"（超级子单元为 3×3）后得到编码图案及其远场方向图。(e) 和 (g) "00112233…"和"000111222333…"序列相加后的编码图案及其远场方向图（来自参考文献[14]的图 4）。(f) 和 (h) "00112233…"和"000111222333…"序列相减后的编码图案及其远场方向图（来自参考文献[14]的图 4）。

其中，θ_1 和 θ_2 分别是两个编码图案各自对应的波束角度。若将两个沿着互相垂直方向变化的周期性梯度序列相叠加，就可同时调控波束的方位角和俯仰角，使主波束覆盖上半空间所有角度。以下公式给出了当 θ_1 和 θ_2 分别为两个沿着互相垂直方向变化的周期性梯度序列所对应的单波束辐射角度时，新编码图案所对应的辐射角度：

$$\begin{cases} \theta = \arcsin \sqrt{\sin^2\theta_1 \pm \sin^2\theta_2} \\ \varphi = \arctan\left(\dfrac{\sin\theta_2}{\sin\theta_1}\right) \end{cases} \tag{2.19}$$

为了实验验证该编码方案，我们在太赫兹波段加工了 4 个不同的样品，分别命名为 P_2、P_2+P_8、P_2+P_4、P_2+P_3，其中 P_n 表示 2-bit 周期性梯度序列"01230123…"，n 为超级子单元数目，例如 P_2 为"0011223300112233…"。每个样品包含 220×220 个编码单元，面积为 $(15.4\times15.4)\mathrm{mm}^2$。由于 P_2 序列具有最大的梯度周期，其在 1 THz 时的实测反射峰出现在 $37°\sim46°$ 之间，如图 2.17(a) 所示。当我们在 P_2 的基础上叠加上 P_8 编码序列，1 THz 时的实测反射峰将增大至 $44°\sim56°$，如图 2.17(b) 所示，大于 P_2 的反射峰角度。当我们进一步

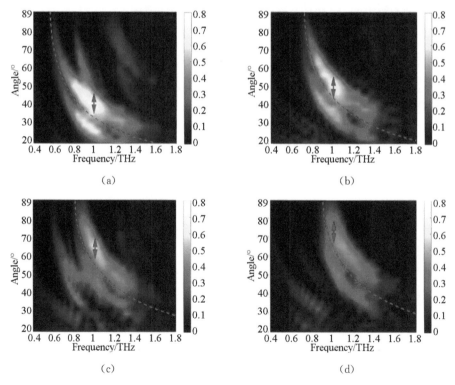

图 2.17 基于卷积定理的编码综合方案的实测结果（来自参考文献[14]的图 7）

(a)—(d) 分别为实验测得的编码 P_2、P_2+P_8、P_2+P_4、P_2+P_3 的反射波幅度谱。其中横坐标代表频率，纵坐标代表反射角度。

叠加 P_4 和 P_3 编码序列,反射峰角度进一步增大至 $58°\sim68°$ 和 $67°\sim77°$。作为对比,图 2.17 中的虚线为理论计算曲线,在 1 THz 时,P_2、P_2+P_8、P_2+P_4、P_2+P_3 编码图案的理论反射角度分别在 $32.4°$、$42.0°$、$53.5°$、$63.2°$,可以发现实测反射峰中心角度比理论值大了 $9°$ 左右,这是由于实验中照射样品的太赫兹波为非理想的平面波所导致的。

在首次提出编码超材料概念的文献[1]中,作者采用 1-bit 随机编码对入射波实现了有效的背向散射 RCS 缩减,文献[4]进一步对比了 1-bit、2-bit、3-bit 随机编码图案对太赫兹波的漫反射特性。随后的研究继而采用多种数值优化算法来实现更理想的 RCS 缩减[15-18]。是否存在更优化的编码图案用于实现更加理想的 RCS 缩减?给定编码超材料的电尺寸,RCS 缩减是否存在下限?为了从根源解决上述问题,文献[19]从理论层面分析了编码超材料对电磁波散射的物理机理,给出了 RCS 缩减的理论下界,并提出了一种用于生成理想漫反射的编码图案的次优化的快速算法。

图 2.18(a)给出了编码超材料的 RCS 缩减随着电尺寸的变化及界限,其中橘黄色离散

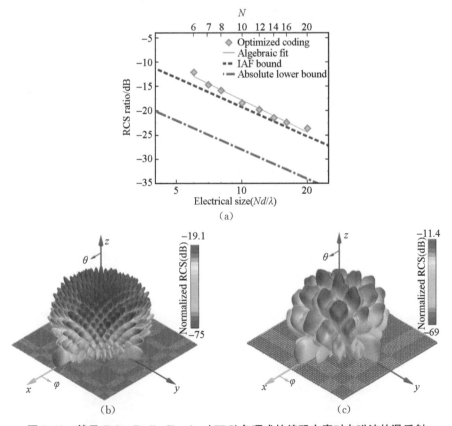

图 2.18 基于 Golay-Rudin-Shapiro (GRS)多项式的编码方案对电磁波的漫反射

(a) 不同假设下的 RCS 缩减的理论下界(来自参考文献[19]的图 2);(b)和(c) 电尺寸为 $8\lambda\times8\lambda$ 和 $16\lambda\times16\lambda$ 的具有 GRS 多项式编码分布的全波仿真结果(来自参考文献[19]的图 5)。

点表示文献[1]中所给出的不同电尺寸的 1-bit 随机编码超材料的 RCS 缩减,橘黄色实线为其线性拟合。经仔细观察可发现,RCS 缩减与超材料面积 A 和入射波长 λ 呈现大致 λ^2/A 的比例关系,并通过假定入射波被均匀散射到各个角度的理想情况,推导出 RCS 缩减的理论下界 $\lambda^2/2\pi A$(图 2.18(a)中洋红色虚线)。但需要指出,实现该理想 RCS 缩减所需要的阵列因子过于理想,很难物理实现。作者进而通过假定各向同性的阵因子,给出了具有物理可实现的 RCS 缩减下界 $15.01\lambda^2/4\pi A$(图 2.18(a)中紫色虚线),该下界比文献[1]所得到的结果低 3 dB,进一步验证了理论的正确性。

作者提出利用一种被称为 Golay-Rudin-Shapiro(GRS)的多项式来产生相应的漫反射编码图案,图 2.18(b)和(c)分别是电尺寸为 $8\lambda \times 8\lambda$ 和 $16\lambda \times 16\lambda$ 的具有 GRS 多项式编码分布的全波仿真结果。可以看出,入射波被均匀地散射到上半空间的各个角度,实现了近乎完美的漫反射效果。

2.5　可编程超材料的原理及应用

信息超材料人工原子由二进制数 0 和 1 来描述,分别代表 0° 和 180° 相位。由于电磁编码超材料单元结构的反射/透射特性采用二进制编码表征,因此可方便地利用二极管等二值逻辑数字元件来实现动态可调,通过现场可编程门阵列(FPGA)等数字硬件将相应的编码输入给整个可编程超材料阵列[1],并根据实际应用需求,实时地切换编码序列,改变调控功能。

受限于当前微纳加工工艺水平,在太赫兹及更高频段制备可编程超材料存在较大的难度,因此当前可编程超材料通常选择设计在微波基毫米波频段。图 2.19 给出了首个微波段可编程超材料的样机图片[1],其主要由以下几大模块构成:可编程超材料天线阵列、数字硬件控制模块、馈源天线。其中可编程超材料天线阵列包含周期性排列的可编程单元及相应的馈线网络;数字硬件控制模块通常由具有多输出端口的可编程逻辑器件(如 FPGA)构成,它可动态地改变每个可编程单元上二极管的导通状态,从而实时调控可编程数字单元的反射相位,对入射波的波前进行高速动态调控;馈源天线根据可编程超材料阵列的规模和实际应用情况采取不同的方案,例如,可采取偏馈的形式来减小馈源天线对反射波束的遮挡效应,因此需要考虑如何对偏馈馈源所导致的非平面波阵面进行相位/幅度补偿,使得反射波束与平面波入射时保持一致。

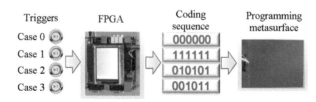

图 2.19　首个微波段可编程超材料的构成(来自参考文献[1]的图 7)

图 2.20(a)为可编程超材料的单元结构,介质基板的上表面印制有两个独立的金属图案,中间连接有一枚开关二极管,并通过金属化过孔连接至基板反面的印刷馈线。由于开关二极管在导通和未导通状态下具有不同的等效电容,在该结构的电磁耦合下,可以产生不同的反射相位,如图 2.20(b)所示,在 8.5 GHz 附近,二极管处于开和关的状态下,可获得接近180°的反射波相位差,即可被认为是"0"和"1"编码单元。

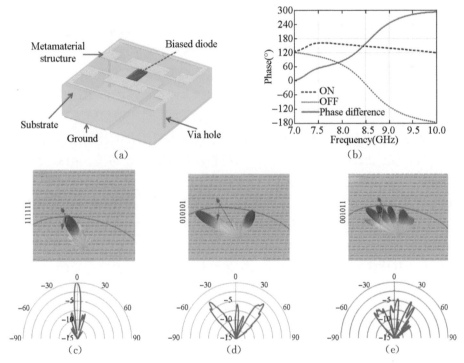

图 2.20　可编程超材料的单元结构设计、相位曲线及远场调控效果

(a)和(b)可编程超材料的单元结构及其"0""1"状态的相位频谱(来自参考文献[1]的图 6);(c)—(e)三种不同编码序列"111111""010101""001011"所对应的远场方向图的数值仿真结果和实测结果(来自参考文献[1]的图 7)。

将单元结构进行二维周期性排列,便可得到可编程超材料,采用 FPGA 可对每一个超级子单元中的二极管的状态进行独立控制,实现编码图案的实时可编程特性。图 2.20(c)—(e)依次给出了三种不同编码序列"111111""010101""001011"所对应的远场方向图的数值仿真结果和实测结果,可编程编码超材料的功能得到了验证。

为了进一步提高可编程超材料单元的比特数,可选择在每个单元结构中安置两个及多个开关二极管,每个二极管给予独立的逻辑电平[20];也可采用电容连续可调的变容二极管[21],通过施加精确的反向偏置电压,实现预期的离散等效电容值。

可编程超材料的制备难点之一在于馈线网络的设计与加工,由于可编程超材料的每个单元需要独立的馈线控制,而整个可编程超材料阵列通常包含数以千计的单元,将导致庞大的馈线网络,并且馈线复杂度将随着阵列规模的扩大迅速增大,如何设计并优化大规模可编程超材料馈线布置是亟待解决的工程问题。文献[22]给出了一种包含 1 600 个可编程单元的 X/Ku 波段可编程超材料天线的实现方案,每个单元加载一个开关二极管(MACOM MADP-000907-14020),所有单元均通过 FPGA 独立调控。该天线能够实现±60°范围内的波束扫描,具有高增益(接近 30 dB)和良好的旁瓣抑制。然而,该方案依旧采取一对一的馈线设计方案。为了进一步研制超大规模阵列的可编程超材料,减小庞大规模馈线对相位响应的影响,可考虑为每个二极管并联一个电压保持模块,这样便可采用类似液晶屏的行列扫描式电压偏置方案,该方案可将馈线数量由 N^2 缩减至 $2N$ 数量级。

可编程超材料可用于实现动态全息成像,这是一种利用干涉和衍射原理记录并再现物体三维图像的技术,在显示成像、数据安全、数据存储方面有广泛的应用,然而传统全息成像系统存在诸多问题,例如有限的分辨率和成像质量,与波长相比拟的厚度。近年来,有文献报道采用超材料来设计太赫兹、红外和光频段的全息成像器件[23-25],但它们只能呈现固定的图像。2017 年,文献[26]首次利用 1-bit 可编程超材料实现了动态可调的微波全息成像系统,如图 2.21 所示,它采用改进型 Gerchberg-Saxton(GS)算法实时地计算所需的编码图案,通过 FPGA 将其以电压的形式赋予可编程超材料的每一个单元,便可在距离超材料 400~500 mm 处的像平面上实时地呈现不同的微波图像。原型机的工作带宽约 0.5 GHz(中心频率 7.8 GHz),且拥有良好的系统效率(约为 60%)和信噪比(约为 10)。该系统不仅实现了首个可编程的全息成像系统,而且由于可编程超材料单元具有亚波长尺寸的特点,所呈现的图像具有更高的空间分辨率、更低的噪声和更高的准确性。该系统的另一个优点在于更小的可编程单元尺寸可以减小衍射效应,从而提高成像效率。

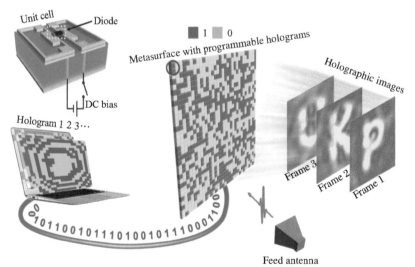

图 2.21 基于可编程超材料的全息成像系统(来自参考文献[26]的图 1)

2.6　小结

　　本章简要介绍了编码超材料对电磁波远场方向图的调控机理,以反射型、透射型、各向异性、双频等不同类型的编码超表面为例,详细阐述了如何设计空间编码,从而对不同极化、不同频率入射电磁波的透射和反射波束进行有效的调控,实现指向特定角度的单波束和多波束远场方向图,并给出了微波和太赫兹频段编码超材料的制备工艺和测试技术。在此基础上,介绍了基于卷积定理的编码超材料远场综合技术,以及如何利用快速傅里叶算法快速计算编码超材料的远场方向图。最后简要介绍了加载有源器件的可编程超材料的设计原理及其在全息成像领域中的应用。

2.7　参考文献

[1]　Cui T J, Qi M Q, Wan X, et al. Coding metamaterials, digital metamaterials and programmable metamaterials[J]. Light: Science & Applications, 2014, 3(10): e218.

[2]　刘硕. 基于数字表征的编码超表面及其应用[D]. 南京: 东南大学, 2017.

[3]　Cui T J, Liu S, Li L L. Information entropy of coding metasurface[J]. Light: Science & Applications, 2016, 5(11): e16172.

[4]　Gao L H, Cheng Q, Yang J, et al. Broadband diffusion of terahertz waves by multi-bit coding metasurfaces[J]. Light: Science & Applications, 2015, 4(9): e324.

[5]　Yu N F, Genevet P, Kats M A, et al. Light propagation with phase discontinuities: Generalized laws of reflection and refraction[J]. Science, 2011, 334(6054): 333 – 337.

[6]　Liu L X, Zhang X Q, Kenney M, et al. Broadband metasurfaces with simultaneous control of phase and amplitude[J]. Advanced Materials, 2014, 26(29): 5031 – 5036.

[7]　Monticone F, Estakhri N M, Alù A. Full control of nanoscale optical transmission with a composite metascreen[J]. Physical Review Letters, 2013, 110(20): 203903.

[8]　Pfeiffer C, Grbic A. Metamaterial Huygens' surfaces: Tailoring wave fronts with reflectionless sheets[J]. Physical Review Letters, 2013, 110(19): 197401.

[9]　Liu S, Noor A, Du L L, et al. Anomalous refraction and nondiffractive Bessel-beam generation of terahertz waves through transmission-type coding metasurfaces[J]. ACS Photonics, 2016, 3(10): 1968 – 1977.

[10]　Liu S, Cui T J, Xu Q, et al. Anisotropic coding metamaterials and their powerful manipulation of differently polarized terahertz waves [J]. Light: Science & Applications, 2016, 5(5): e16076.

[11]　Liu S, Gui T J, Noor A, et al. Negative reflection and negative surface wave conversion from

obliquely incident electromagnetic waves [J]. Light: Science & Applications, 2018, 7 (5): 18008.

[12] Liu S, Zhang H C, Zhang L, et al. Full-state controls of terahertz waves using tensor coding metasurfaces[J]. ACS Applied Materials & Interfaces, 2017, 9(25): 21503 – 21514.

[13] Wu H T, Wang D, Fu X J, et al. Space-frequency-domain gradient metamaterials[J]. Advanced Optical Materials, 2018, 6(23): 1801086.

[14] Liu S, Cui T J, Zhang L, et al. Convolution operations on coding metasurface to reach flexible and continuous controls of terahertz beams[J]. Advanced Science, 2016, 3(10): 1600156.

[15] Wang K, Zhao J, Cheng Q, et al. Broadband and broad-angle low-scattering metasurface based on hybrid optimization algorithm[J]. Scientific Reports, 2014, 4: 5935.

[16] Dong D S, Yang J, Cheng Q, et al. Terahertz broadband low-reflection metasurface by controlling phase distributions[J]. Advanced Optical Materials, 2015, 3(10): 1405 – 1410.

[17] Li S J, Cao X Y, Xu L M, et al. Ultra-broadband reflective metamaterial with RCS reduction based on polarization convertor, information entropy theory and genetic optimization algorithm [J]. Scientific Reports, 2016, 6: 37409.

[18] Zhao Y, Cao X Y, Gao J, et al. Broadband diffusion metasurface based on a single anisotropic element and optimized by the Simulated Annealing algorithm[J]. Scientific Reports, 2016, 6: 23896.

[19] Moccia M, Liu S, Wu R Y, et al. Coding metasurfaces for diffuse scattering: Scaling laws, bounds, and suboptimal design[J]. Advanced Optical Materials, 2017, 5(19): 1700455.

[20] Huang C, Sun B, Pan W B, et al. Dynamical beam manipulation based on 2-bit digitally-controlled coding metasurface[J]. Scientific Reports, 2017, 7: 42302.

[21] Dai J Y, Zhao J, Cheng Q, et al. Independent control of harmonic amplitudes and phases via a time-domain digital coding metasurface[J]. Light: Science & Applications, 2018, 7: 90.

[22] Yang H H, Cao X Y, Yang F, et al. A programmable metasurface with dynamic polarization, scattering and focusing control[J]. Scientific Reports, 2016, 6: 35692.

[23] Larouche S, Tsai Y J, Tyler T, et al. Infrared metamaterial phase holograms[J]. Nature Materials, 2012, 11(5): 450 – 454.

[24] Walther B, Helgert C, Rockstuhl C, et al. Spatial and spectral light shaping with metamaterials[J]. Advanced Materials, 2012, 24(47): 6300 – 6304.

[25] Huang L L, Mühlenbernd H, Li X W, et al. Broadband hybrid holographic multiplexing with geometric metasurfaces[J]. Advanced Materials, 2015, 27(41): 6444 – 6449.

[26] Li L L, Tie J C, Ji W, et al. Electromagnetic reprogrammable coding-metasurface holograms [J]. Nature Communications, 2017, 8: 197.

第三章 基于空间编码超材料的近场综合技术

　　超表面单元具有较小的电尺寸和可定制的电磁响应，由它们组成的大规模阵列为电磁波调控提供了丰富的自由度和灵活性，具体包括空间维、时间维、频率维三方面。本章在上一章的基础上将空间编码超表面应用于近区场分布的综合。第一节介绍超表面的三维近场功率分布综合，在曲面上形成极化依赖的场形式；第二节介绍近区场的全状态综合，实现对场幅度、相位、极化的同时，独立控制。第三节介绍阵列编码优化过程中所需矩阵与向量积的快速计算方法。值得强调的是，虽然本章中的两种空间编码分布均由透射式各项异性纯相位超表面实现并通过了全波仿真和实验测量验证，但本章的侧重点为任意近场分布的数值综合算法，对应可采用的超表面也不限于本章中的形式。特别地，本章中的超表面具有固定形式，在制备完成后不可被调整，因而其呈现的功能也非常单一。将本章内容与可调超表面结合后有望应用于体打印、全息通信、超分辨成像、共形微波治疗等领域。

3.1　应用超表面调控三维近场分布

3.1.1　背景介绍

近些年来,有文献报道了应用全息超表面调控电磁波的三维分布的工作。这些全息超表面的设计过程将阵列单元视为等效源,应用 GS 算法[1-2]或后向传播算法[3-4]确定其复幅度,得到纯相位型或者幅度-相位联合调制型的全息超表面。此处的等效源模型分为平面衍射口径和离散元两种,均为标量模型。对应的场由 Fresnel/Fraunhofer 积分或者球面波卷积积分计算。一方面,由于 Fresnel 积分(或等效的分数阶傅里叶变换)是在旁轴近似的条件下推导出的,因而仅在场区足够远离激励源的条件下才有效[5]。另一方面,Fraunhofer 积分(或等效的傅里叶变换)要求源与场区之间有更大的距离,因此仅适用于远场。然而,距激励源越远,在有限口径内的空间谱成分越少[6-9]。因此,传统的针对远场设计的全息超表面无法产生高分辨率的场分布。除此之外,Fraunhofer 和 Fresnel 积分均假设源和场口径是相互平行的平面,这一点限制了全息超表面在共形和三维成像方面的直接应用[10-15]。最后,由于点源后向传播算法支持三维形式的源和场点,因而在最近的两项工作中被用于产生在近区的高分辨率平面场[11]和远区的三维场[16]。尽管如此,球面波函数是各向同性空间内标量Helmholtz 波动方程的解,其精度在描述矢量超表面的近区时是有所欠缺的。并且,点源算法应用简单的后向传播,导致在等效源处的幅度和相位联合调制,因而对应的超表面需要实施幅度衰减,导致部分入射能量的损失。幅相调制全息超表面的效率通常低于 10%[17-19]。

综合上述分析可以得知,现有的全息超表面在产生三维、高分辨率、高效率的场分布方面能力有限。然而,这种能力对于全息超表面的实际应用而言是非常重要的。本章将呈现一种新颖的全息超表面综合方法,并应用该方法展开实例设计。该方法通过并矢格林函数严格地考虑了场的矢量特征,并在任何区域都适用。对应的实例具有高空间分辨率(一个波长的量级)与高能量效率(69%)的特征。

3.1.2　超表面的综合方法

由于近区场的空间分辨率和信息密度要高于远区场[20-23],超表面的近区提供了更多的机会以形成复杂的场分布。图 3.1 为应用透射式超表面在近区的曲面上产生高分辨率和极化依赖的场分布的概念图。期望超表面以高透射率调制天线激发的线极化波,在观测曲面上形成预定的场分布。此处应用离散偶极子模型近似受激励的超表面单元。由于超表面单元的电磁响应可以设计为各向异性,因而每个单元都被近似认为是两个相互垂直的偶极子,一个沿 x 方向,另一个沿 y 方向。每个偶极矩被近似为入射波的复幅度与超表面单元的局部透射系数的乘积。这样就将超表面的设计转换为广义的场综合问题,可以总结为:针对给定的场分布和等效源幅度分布,寻找合适的等效源相位,从而使感应场与给定的目标场一致。

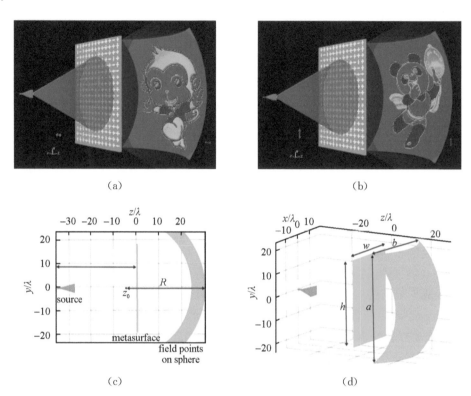

(a)   (b)

(c)   (d)

图 3.1　应用各向异性的透射式超表面在曲面上产生高分辨率和极化依赖的场分布（来自参考文献[74]的图 1）

（a）超表面调制天线所激发的 x 极化场的相位,然后在近区内的曲面上产生猴子形状的场分布。（b）同一个超表面调制天线所激发的 y 极化场的相位,然后在同一个曲面上产生熊猫形状的场分布。红色的箭头表示场的极化方向。（c）和（d）几何配置的侧视和斜视,其中的激励源、超表面以及曲面场区分别为棕色、绿色和蓝色。超表面位于 $z=0$ 处,它在 x 和 y 方向的尺寸分别为 $w=27\lambda$ 和 $h=37\lambda$。曲面是由尺寸为 $(b=38.3\lambda)\times(a=47.3\lambda)$ 的平面投影到一个中心位于 $z_0=-5\lambda$,半径为 $R=35\lambda$ 的球上形成的。

下面将要介绍的综合方法仍然属于 Bucci 的交叉投影体系[24-25]。但一个重要的不同点在于采用并矢格林函数作为场的传播算子,这是由于它在任何区都适用并且天然是矢量的[26-27]。其具体形式为

$$\bar{\boldsymbol{G}}(\boldsymbol{r},\boldsymbol{r}') = \left[\bar{\boldsymbol{I}}+\frac{\nabla\nabla}{k^2}\right]g(\boldsymbol{r},\boldsymbol{r}') = \left[\left(\frac{3}{k^2R^2}+\frac{3\mathrm{j}}{kR}-1\right)\hat{\boldsymbol{R}}\hat{\boldsymbol{R}} - \left(\frac{1}{k^2R^2}+\frac{\mathrm{j}}{kR}-1\right)\bar{\boldsymbol{I}}\right]g(\boldsymbol{r},\boldsymbol{r}')$$

(3.1)

其中,$\bar{\boldsymbol{I}}$ 是 3×3 的单位矩阵,$\boldsymbol{r}'$ 和 $\boldsymbol{r}$ 分别是源点和场点,$\boldsymbol{R}=\boldsymbol{r}-\boldsymbol{r}'$,$R=|\boldsymbol{r}-\boldsymbol{r}'|$,$\hat{\boldsymbol{R}}=\boldsymbol{R}/R$。

$$g(\boldsymbol{r}, \boldsymbol{r}') = \frac{\mathrm{e}^{-\mathrm{j}kR}}{4\pi R} \tag{3.2}$$

表示自由空间格林函数。根据上面的定义,由电流 $\boldsymbol{J}(\boldsymbol{r}')$ 引发的场 $\boldsymbol{E}(\boldsymbol{r})$ 为

$$\boldsymbol{E}(r) = -\mathrm{j}\omega\mu \int_V \mathrm{d}\boldsymbol{r}' \bar{\boldsymbol{G}}(\boldsymbol{r}, \boldsymbol{r}') \cdot \boldsymbol{J}(\boldsymbol{r}') \tag{3.3}$$

与矩量法类似[27],下面将等效源离散为 N 点并在 M 点上进行场匹配。记 $\boldsymbol{J}(\boldsymbol{r}'_n)$ 为在第 n 个源点的电流矢量,$\boldsymbol{E}(\boldsymbol{r}_m)$ 为在第 m 个场点的场矢量。公式(3.3)退化为

$$\boldsymbol{E}(\boldsymbol{r}_m) = -\mathrm{j}\omega\mu \sum_{n=1}^{N} \bar{\boldsymbol{G}}(\boldsymbol{r}_m, \boldsymbol{r}'_n) \cdot \boldsymbol{J}(\boldsymbol{r}'_n), \; m = 1, \cdots, M \tag{3.4}$$

为了叙述的简洁性,将所有 $\boldsymbol{E}(\boldsymbol{r}_m)$ 和 $\boldsymbol{J}(\boldsymbol{r}'_n)$ 的标量元素构建为矢量 $\boldsymbol{E}$ 和 $\boldsymbol{J}$,然后将公式(3.4)简写为

$$\boldsymbol{E} = \bar{\boldsymbol{Z}} \cdot \boldsymbol{J} \tag{3.5}$$

其中,$\bar{\boldsymbol{Z}}$ 为连接源和场的矩阵。公式(3.5)表示将源变换为场的前向传播,而将场变换为源的后向传播为

$$\boldsymbol{J} = \bar{\boldsymbol{Z}}^{\mathrm{H}} \cdot \boldsymbol{E} \tag{3.6}$$

其中,H 表示共轭转置。

综合过程的关键步骤总结为

(1) 初始化 $\boldsymbol{J}_0$ 和 $\boldsymbol{E}_0$ 的元素,使其幅度为指定值,而相位为任意;

(2) $\boldsymbol{J} = \boldsymbol{J}_0$;

(3) For

(4) 前向传播 $\boldsymbol{E} = \bar{\boldsymbol{Z}} \cdot \boldsymbol{J}$;

(5) 保持 $\boldsymbol{E}$ 元素的相位值,将对应的幅度替换为 $\boldsymbol{E}_0$ 的幅度;

(6) 后向传播 $\boldsymbol{J} = \bar{\boldsymbol{Z}}^{\mathrm{H}} \cdot \boldsymbol{E}$;

(7) 保持 $\boldsymbol{J}$ 元素的相位,将对应的幅度替换为 $\boldsymbol{J}_0$ 的幅度;

(8) 假如效果没有明显的改善,或者达到了最大迭代次数,退出循环;

(9) End for

上述新方法把超表面的设计视为等效偶极子阵列的综合,并使用在任何区域都适用的并矢格林函数作为传播核,因而该方法是通用的,能用于设计近场和远场。该方法突破了在远场全息超表面设计中广泛采用的 Fresnel 和 Fraunhofer 积分[10-15],可用于近区复杂和高分辨率场的产生(参考 3.1.6 节中的更多讨论)。特殊的是,应用该方法计算远区的场(R 远大于源的尺寸)时可以使用简化的表达式。并矢格林函数在仅仅保留 $1/R \approx 1/r$ 阶项后退

化为

$$\bar{G}(r,r') \approx [\bar{I} - \hat{r}\hat{r}] \frac{e^{-jk|r-r'|}}{4\pi r} \approx [\bar{I} - \hat{r}\hat{r}] \frac{e^{-jkr}}{4\pi r} e^{jkr\cdot r'} \tag{3.7}$$

上式是远场的近似表示,可以通过快速傅里叶变换(FFT)计算。此时该方法与 GS 和点源算法类似,但不同的是考虑了在曲面共形超表面的分析和设计中扮演了重要角色的电磁场矢量特征。因此,该方法与点源和衍射模型等标量方法相比更为广义。

综合过程中的关键是计算矩阵矢量积 $\bar{Z} \cdot J$ 和 $\bar{Z}^H \cdot E$。在数值实施中,矩阵 $\bar{Z}$ 可以预先计算并保存在内存中。然而,当源和场点的数量非常大时,矩阵的尺寸将大到无法存储,并且执行单次矩阵与矢量相乘的时间会非常长。在这些情况下,可以借鉴广泛应用于电大目标散射分析的快速多极子方法[27]。该方法直接计算矩阵与矢量的乘积,而无需计算和存储矩阵,因此可以显著地改进计算效率,降低内存消耗。

3.1.3 超表面设计实例

本小节利用上一小节的方法设计示例性的透射式超表面,用于在近区的曲面上产生如图 3.1 所示的场分布。为方便后续的加工制造和实验测量,频率设为 20 GHz($\lambda = 15$ mm)。超表面位于 $z = 0$ 处,包含 54×74 个半波单元,在 x 和 y 方向的尺寸分别为 $w = 27\lambda$ 和 $h = 37\lambda$。这样的阵列尺寸保证了后续的综合过程有足够的自由度,同时也减少全波仿真和加工制造的消耗。激励源为距离超表面 $D = 28\lambda$ 处的喇叭天线。为不失一般性,三维场区域选择为具有代表性的曲面,通过将尺寸为 $(b = 38.3\lambda) \times (a = 38.3\lambda)$ 的矩形投影到半径 $R = 35\lambda$,中心位于 $z_0 = -5\lambda$ 的球上形成。为了数值计算,将该曲面离散为 115×142 个像素。相邻点之间的横向距离为 $1/3\lambda$,而纵向的距离则随曲度变化。曲面上距离超表面的最小和最大距离分别为 12.6λ 和 30λ,因此场点属于超表面的近区。x 和 y 极化场的目标分布分别设为熊猫和猴子的卡通形象,根据波的极化状态不同将会有不同的图像呈现。

首先对喇叭天线进行全波仿真,提取在超表面处的入射波前,得到的 x 和 y 分量的幅度分别如图 3.2(g) 和 (h) 所示。将图中的数据作为偶极矩的幅度,并输入综合算法。计算得到的偶极矩相位如图 3.2(e) 和 (f) 所示,其对应的场如图 3.2(a)—(d) 所示。从场中可以看到高分辨率的猴子和熊猫图像,清晰地辨识熊猫的脸的轮廓,虽然并不是想象中那么理想,这主要是因超表面有限的空间的带宽积引起的。场的质量可以通过增加等效的口径尺寸实现,但这会增加实验的成本,并大大增加全波仿真的难度。因此,在确定超表面的尺寸时必须在场的质量和成本之间做好平衡。此例中的超表面尺寸是场质量和加工测试成本之间的折中。

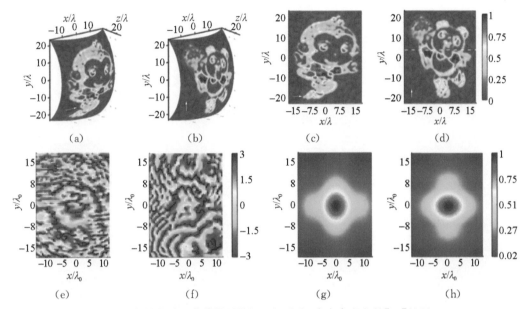

图 3.2　由综合过程计算得到的源和场分布（来自参考文献[74]的图 2）
过程假设源为交叉偶极子。(a)和(b)x 和 y 极化场幅度的斜视。(c)和(d)x 和 y 极化场幅度的顶视，图中的白色箭头表示极化方向。(e)和(f)x 和 y 方向偶极矩的相位。(g)和(h)x 和 y 方向偶极矩的幅度（线性尺度），此处的数据实际上是超表面处入射波幅度的缩放。

3.1.4　超表面的物理实现

下一步将图 3.2(e)和(f)中的相位分布转换为由各向异性单元构成的超表面，这样，曲面上呈现的场将根据入射波束的极化而不同：当入射波为 x 极化时场为猴子，当入射波为 y 极化时场为熊猫。此处提供两种超表面单元的设计：第一种基于印制电路板（PCB）工艺，而第二种是全介质的。

图 3.3(a)—(h)为设计的 PCB 超表面单元，其横向尺寸为 7.5 mm×7.5 mm，纵向为 2.18 mm 厚的介质和两层铜箔。介质为 RO4350B，介电参数为 3.66，损耗角正切为 0.004。底层和顶层的铜箔为两个 1 mm 宽的铜片。整个单元的电磁响应由铜片的长度 lx 和 ly 控制。当长度大于 3.4 mm 或小于 5.3 mm 时，顶层和底层由两个对称的过孔连接。两个孔之间的距离为铜片长度的 0.36，即 $dx=0.36lx$ 和 $dy=0.36ly$。我们应用 ANSYS HFSS[28] 对 lx 和 ly 进行参数扫描，仿真中设置周期边界条件、Floquet 激励、将铜箔看作零厚度的理想导电体（PEC），得到的透射系数如图 3.3(i)—(l)所示。该单元具有大相位覆盖和高透射系数，其相位覆盖了 320°，而幅度在 −1 dB 附近波动，最大波动不超过 1 dB（参考图 3.3(m)—(n)中图 3.3(i)和(j)沿 $ly=4.5$ mm 的横切线）。图 3.3(j)和(l)也表明单元的相位响应是各向异性的。

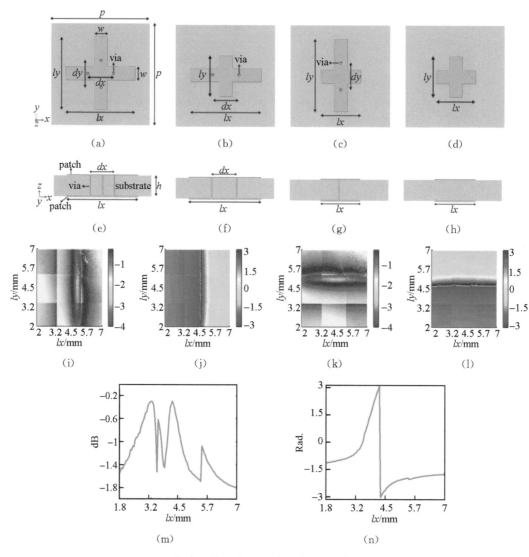

图 3.3　超表面单元的设计(来自参考文献[74]的图 3)

(a)和(e) 当[3.4<*lx*<5.3]和[3.4<*ly*<5.3]时超表面单元的顶视和侧视。(b)和(f) 当[3.4<*lx*<5.3]和[*ly*<3.4 或 *ly*>5.3]时超表面单元的顶视和侧视。(c)和(g) 当[*lx*<3.4 或 *lx*>5.3]和[3.4<*ly*<5.3]时超表面单元的顶视和侧视。(d)和(h) 当[*lx*<3.4 或 *lx*>5.3]和[*ly*<3.4 或 *ly*>5.3]时超表面单元的顶视和侧视。(i)和(j) *x* 极化波的透射系数的幅度和相位;相位覆盖320°,幅度在−1 dB附近波动,最大偏差为 1 dB。(k)和(l) *y* 极化波的透射系数的幅度和相位;幅度为 dB 尺度,相位为弧度。(m)和(n) 图(i)和(j)沿 *ly*=4.5 mm 的横切线。

3.1.5　全波仿真与实验测量

　　本节基于以上仿真数据将图 3.2(e)和(f)中的相位分布转换为超表面单元的几何参数。

由于喇叭天线和超表面的距离并不是很远,所以入射到超表面上的波前相位是不均匀的。因此,需在图 3.2(e)和(f)展示的相位中扣除入射波前的相位,而后将得到的量离散为 256 种。从数字编码超表面的角度看,这对应着 8 bit×8 bit 编码。

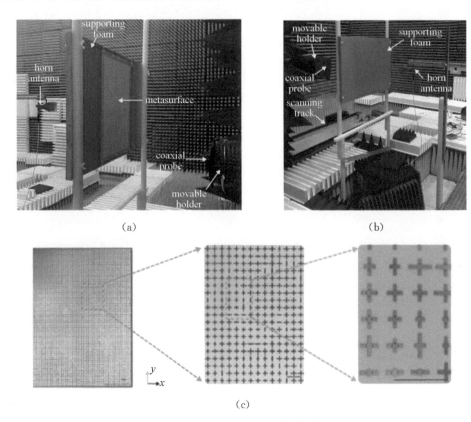

(a)

(b)

(c)

图 3.4　实验场景(来自参考文献[74]的图 5)

(a) 左前视图。(b) 右后视图;几何位置关系与图 3.1(c)和(d)相同。(c) 制作的超表面,厚 2.13 mm,横向为 555 mm ×405 mm;图片中右下角的红色短线均表示 15 mm。

　　根据单元的几何参数渲染生成整个超表面后,在 Altair FEKO[29] 和 CST microwave studio[30]中对整个实验配置(包括激励喇叭、超表面以及观测区域)进行全波仿真。仿真中的天线由波导端口激励,提取的曲面观测区上的场强如图 3.5(a)—(d)所示,呈现出期待的猴子和熊猫图案。我们可以从背景中清晰地辨认出宽度约为 1λ 的熊猫脸轮廓(参考图 3.6 中的割线),这证实了所产生的场的高分辨率特征。该超表面所呈现的图样有些失真,这主要是由于用偶极子近似超表面单元。另外,单元的相位仅仅覆盖了 320°,也在一定程度上降低了图样的质量。基于前述分析,我们预期可以通过设计幅度均匀、相位覆盖全、具有偶极子响应的超表面单元来改善图样质量。

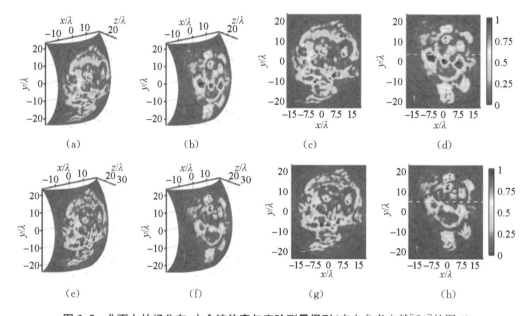

图 3.5　曲面上的场分布，由全波仿真与实验测量得到（来自参考文献[74]的图 4）

(a)和(e) 分别由全波仿真和实验得到的曲面上的 x 极化场的斜视；(b)和(f) 分别由全波仿真和实验得到的曲面上的 y 极化场的斜视；(c)和(g) 分别由全波仿真和实验得到的曲面上的 x 极化场的顶视；(d)和(h) 分别由全波仿真和实验得到的曲面上的 y 极化场的顶视。图片中的白色箭头表示场的极化方向，所有的场图共享颜色尺度条。

随后，我们运用数值积分手段计算了仿真的超表面的效率（定义为透射的全息场与入射到超表面的能量的比值[11]），对于 x 和 y 极化其效率分别为 57.9% 和 69.1%，接近了覆盖 360°相位的透射式超表面的 −3 dB 能量效率的理论极限[31]。与此处的纯相位超表面不同的是，应用点源后向传播算法设计的全息超表面的效率通常低于 10%。因此，本部分的设计具有显著的高效率特征。x 和 y 极化场的信噪比（定义为场的峰值功率密度与背景噪声标准差的比值[11]）分别为 23.2 dB 和 24.9 dB。

超表面样品由标准 PCB 工艺制造。2.13 mm 厚的介质通过用 0.1 mm 厚的 RO4450F 黏贴片连接 0.508 mm 和 1.524 mm 厚的 RO4350B 板材实现。实验测量在具有三维扫描装置的微波暗室内进行，如图 3.4 所示。图中的几何关系与图 3.1(c)和(d)相同。喇叭天线连接到矢量网络分析仪（ROHDE&SCHWARZ ZAV50）的发射端口，同轴探针连接到网络分析仪的接收端口。在测量过程中，探针在观测区域内扫描，并同步记录 S_{21} 参数和探头位置。经过后处理后得到的场如图 3.5(e)—(h)所示，与全波仿真结果高度吻合，说明实验成功地模拟了目标场。与仿真结果相比，测量场存在一些瑕疵，这可归因于制造和测量过程。这些误差可以通过优化制造和测量过程来减少。值得强调的是，仿真与测试得到的场分布中包含着大量的细节，逼近了工作频率的衍射极限。例如，熊猫脸部的轮廓线约为 1λ 宽，但能被辨识出来，说明所得到的场是高分辨率的。

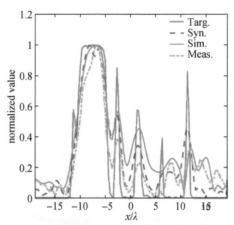

图 3.6　数值综合、全波仿真与实验测量得到的 y 极化场的比较（来自参考文献[74]的图 6）
图中的数据为沿图 3.2(d)、图 3.5(d)和图 3.5(h)中的白色虚线的割线（所有数据都进行了归一化）。

3.1.6　数值实验比较场的近似精度

众所周知的是，为了使 Fresnel 近似有效，场与源之间的距离 d 应该满足下式[5]：

$$d^3 \gg \frac{\pi}{4\lambda} \left[(x-x')^2 + (y-y')^2 \right]^2_{\max} \tag{3.8}$$

其中，x 和 y 为场平面的坐标变量，而 x' 和 y' 为源平面的坐标变量。当此条件成立时观测点处于 Fresnel 区（或者近区）。为了使 Fraunhofer 积分近似成立，需满足

$$d \gg \frac{k(x'^2 + y'^2)_{\max}}{2} \tag{3.9}$$

当此条件成立时，观测点处于 Fraunhofer 区（或远区）。类似的分区可以在 Balanis 的《天线理论：分析与设计》（*Antenna theory：Analysis and design*）[32]中找到。

近场区有限大小空间内包含的信息容量和场的分辨率高于远场区，因而在近场区内更可能获得复杂的场分布。感兴趣的读者可以参考 Shim 和 Maisto 最近的工作[33-34]，已通过严格的理论分析，获得了相对理想的分辨率。此处借助数值实验的方法探究在不同的距离处可以实现的场，从而展示近区的优势。数值实验的几何配置如图 3.7(a)所示，应用竖直偶极子替代超表面的单元。阵列包含 74×54 个相邻 0.5λ 的偶极子。目标场的幅度分布是熊猫形的，而相位分布为全 0。为评估场与源之间距离的影响，把曲面球心的位置 z_0 设为变量，以 25λ 的步进从 -5λ 到 170λ 作扫描。

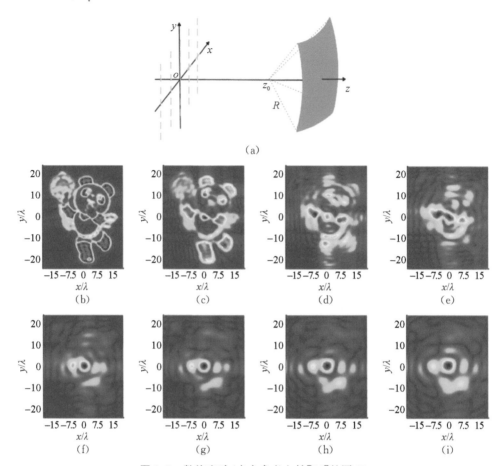

（a）

（b）　　　　　　（c）　　　　　　（d）　　　　　　（e）

（f）　　　　　　（g）　　　　　　（h）　　　　　　（i）

图 3.7　数值实验（来自参考文献[74]的图 8）

（a）草图，绿线表示 74×54 个竖直偶极子，间隔 0.5λ；蓝色区域表示观测曲面，是中心位于 z_0，半径为 $R=35\lambda$ 的球面的
　　一部分。（b）—（i）当 $z_0=-5\lambda,20\lambda,45\lambda,70\lambda,95\lambda,120\lambda,135\lambda$ 以及 170λ 时，曲面上场分布的顶视图。特别地，图（b）中
　　曲面的位置与图 3.1 的配置相同，属于偶极子阵列的近区，而图（i）中的位置为 Fresnel 区。

　　在上述几何配置中 $(x-x')_{max}=32.7\lambda,(y-y')_{max}=42.2\lambda,(x'^2+y'^2)_{max}=542.5\lambda^2$，因此 Fresnel 和 Fraunhofer 区的临界距离分别为 $d=185.3\lambda$ 和 $1\,647.8\lambda$。由于曲面和它的中心的最小距离 z_0 为 17.6λ，对于曲面来说处于 Fresnel 和 Fraunhofer 区的判据分别为 $z_0>167.7\lambda$ 和 $z_0>1\,630.2\lambda$。根据这些条件，当 $z_0=170\lambda$ 时，观测点处于 Fresnel 区。

　　数值实验在 8 个距离处寻找对相同目标场的最小二乘近似。为此，把问题变换为范数方程

$$\overline{Z}^{H}\overline{Z}\cdot J=\overline{Z}^{H}\cdot E \tag{3.10}$$

并应用数值技术（GMRES iteration[35]）进行求解。然后，将得到的电流前向传播，计算观测区域上的场。需要注意的是，求解得到的电流是复数，意味着它们的幅度和相位都被视作变量。直观地讲，这与仅处理相位相比有了更多的自由度。因此，此处得到的场将比后续小节

中的结果更接近目标形式,能够更好地演示所得到的近似。图 3.7(b)—(i)展示了计算结果,随着距离的增加,场变得模糊。特别地,图 3.7(i)表示在 Fresnel 临界距离上可以得到的最佳近似。然而,图中的场远比图 3.7(b)差,而后者所在的位置属于近区。因此,此处的结果证明在近区可以构建高质量场。

3.1.7 全介质超表面

全介质超表面由高介电参数的介质构成,具有低损耗且与半导体工艺兼容的特点,在太赫兹、近红外和光波段具有很强的吸引力[36-38]。此处也提供超表面的全介质实施方案,目的是展示所提出的设计理论在高频场操控中的应用价值。

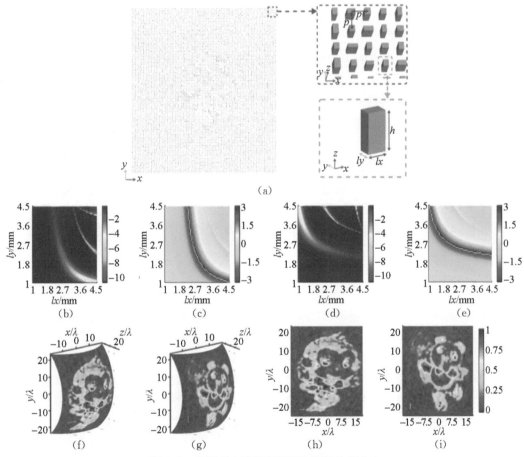

图 3.8 应用全介质超表面产生同样的场分布

(a) 3D 渲染的超表面,单元具有固定的高度 h 和可变的横向尺寸 lx 和 ly;单元周期为 p。(b)—(e)在周期边界条件下超表面单元的传输系数随 lx 和 ly 的变化,其中图(b)和(c)为超表面单元对 x 极化波的透射幅度和相位;图(d)和(e)为超表面单元对 y 极化波的透射幅度和相位,幅度以 dB 为单位,相位以弧度(rad)为单位。(f)—(i)全波模拟的曲面上的场分布(线性标度),其中图(f)和(h)为 x 极化场的斜视图和顶视图;图(g)和(i)为 y 极化场的斜视图和顶视图。

图 3.8(a)为 3D 渲染的全介质超表面,由矩形网格点上的立方体构成。立方体高度 h = 7.5 mm,而长 lx 和宽 ly 是变量。晶格的周期 p = 7.5 mm。所用材料的介电参数为 16,损耗角正切为 0.003。周期边界条件下立方体的透视系数示于图 3.8(b)—(e)中。在微波段制造这样的介质阵列比较困难,因而此处仅执行全波仿真以验证设计。超表面的建模与仿真过程与第 3.1.4 节相同。结果与期望一致(见图 3.8(f)—(i)),x 和 y 极化的效率分别为 65.1% 和 67.5%,对应的信噪比分别为 23.6 dB 和 26.3 dB,从而支持印证了设计的可行性。

3.2　应用高效率纯相位超表面实现电磁场的全状态综合

超表面是由电磁散射响应可定制的亚波长单元组成的薄层阵列,而全息术是成像和场分布控制的有效手段。现有的超表面全息术分为两种类型:一种是基于相位调制的超表面(包括最近提出的矢量超表面全息术),它们虽然具有高能量效率,但是无法控制所产生的场的相位;而另一种是基于相位和幅度联合调制的超表面,可以控制感兴趣区域(Region Of Interest,ROI)中的场幅度和相位,但是能量效率非常低。本部分介绍使用纯相位型超表面同时、独立、高效地合成 ROI 中的场幅度和相位。ROI 中所有的点都可以具有独立的场幅度和相位值,并且 x 和 y 分量可以不同,从而实现随空间位置而变化的极化态。为了实现这一目的,本节应用了一种基于等效电磁模型和梯度信息的高效率非线性优化设计方法,其有效性由全波模拟和实验测量结果证明。应用该方法设计的示例性纯相位超表面的能量效率达到了相位-幅度联合调制型的 10 倍。本节的内容为实现更为复杂和高效的近场分布控制开辟了道路[76]。

3.2.1　背景介绍

幅度、相位和极化是电磁场和波的基本状态参数。超表面是由电磁散射响应可定制的亚波长单元组成的薄层阵列,其在电磁场状态控制方面的优势和便利性引起了人们广泛的兴趣。超表面自从首次引入以来[42],已经实现了诸多令人兴奋的现象,包括隐身和光学幻觉[43-44]、光学陷阱[45]、远场亚波长成像[46]、非线性谐波生成[47-48]、信号处理[49-50]以及无线通信[51-52]。在超原子的亚波长特征和操纵局部透射/反射系数能力的基础上,超表面与计算机全息术(CGH)结合后可以产生复杂的场分布,如文本、图像甚至三维轨迹[10, 12-16, 53, 54]。因此,超表面全息术是一种灵活且先进的场分布控制手段,适用于 3D 显示、数据存储和加密、体积打印[55]和 3D 干涉光刻[56]。

全息超表面的设计包括两个步骤。第一步是综合,即将超表面视为等效源并根据目标场计算所需的等效源幅度和相位分布;第二步是实现,即利用超表面单元实现计算的幅度和相位。Gerchberg-Saxton(GS)算法及其变体在综合过程中得到了广泛的应用[1, 2, 24-25]。算法首先指定等效源和期望场的幅度分布,而后迭代调整它们的相位。然后,使用具有适当透射/反射相位的超表面单元在物理上实现等效源相位,得到纯相位(PO)型全息超表面。虽然 PO 型超表面具有高衍射效率,但它们无法控制所产生的场的相位[10, 12-15, 54]。最近,学术界在实现矢量全息方面有了较大进展,使得生成的图样具有随空间变化的极化态[57-60]。应该指出的是,该技术路径也受到 GS 算法的限制,即场的空间相位仍然不可控。

为了丰富全息超表面的功能,则需要对 ROI 中的场相位和幅度进行独立和同时控制。最近几项工作证明,相位-幅度可调单元可使全息超表面具有此种能力[11, 17-19]。工作中所用的设计方法是后向传播,即首先指定目标场的相位,然后逆向传播回超表面的位置,最后应用相位-幅度可调单元实现所获得的复数量。虽然这一过程可用来完美重建光的轮廓(全息图的原始概念),但需要注意和强调的是所产生的全息超表面属于相位-幅度(PA)型,对应的超表面单元的透射/反射系数幅度在 0 和 1 之间变化,衰减了部分场能量,因此 PA 型超表面的功率效率通常小于 10%。

与 PA 型相比,PO 型超表面单元使用所有入射能量,因而更为高效。那么一个自然而然的问题是:我们能否使用 PO 型超表面同时、独立地控制 ROI 区中场的幅度和相位以保持高能量效率? 传统上人们认为 PO 型超表面无法实现这一功能,必须使用 PA 调制[17-19]。然而,我们注意到这一结论是建立在现有设计方法(即 GS 算法和后向传播算法)的基础上得出的。

本节我们证明可以通过 PO 型超表面的合理设计来实现对场幅度和相位的完全控制。我们通过提出严格的电磁模型并结合基于梯度的非线性优化方法,形成了 PO 型全息超表面的通用、有效的设计路线。由于超表面单元不涉及幅度调制,整个超表面具有高效率,而形成的场可具有任意幅度和相位。通过调整场的正交分量的相对关系,还可以进一步定制场的极化状态,从而实现更高能量效率的全状态场综合。虽然所设计的 PO 型超表面可以由惠更斯的超表面(HMS)实现,但需要注意的是,这里的设计理念是全新的,与 HMS 的路线明显不同[61-64]。这里的设计理念直接优化等效源的相位分布,而不是像 HMS 使用广义临界边界条件(GSTC)。因此,此处计算得到的等效源自然满足局部功率守恒条件。

3.2.2　PO 型全息超表面的设计方法

图 3.9(a)为应用 PO 型超表面对 ROI 中每一点的场幅度、相位和极化状态进行控制。该图以透射超表面为例,但原理是通用的,可用于反射式超表面。图 3.10 为期望的场分布。

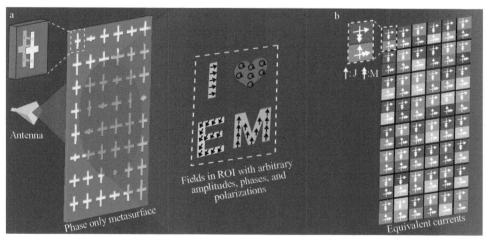

图 3.9　应用 PO 型超表面实现 ROI 中电磁场的全状态综合(来自参考文献[76]的图 1)

(a) PO 型超表面对天线发射的场的相位进行调制,在 ROI 中产生具有指定幅度、相位和极化状态的场。场的相位用字符颜色表示,幅度和极化用黑色箭头的长度和方向表示。(b) 根据惠更斯原理,将该问题转化为等效模型,天线和超表面替换为由电流和磁流组成的惠更斯源。电流相位用背景颜色表示,电流幅度和方向用白色箭头的长度和方向表示。

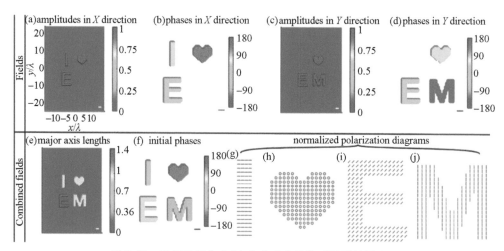

图 3.10　期望的场分布(来自参考文献[76]附录的图 S1)

(a)和(b) x 方向场的幅度和相位,三个"I♥E"的幅度均为 1,相位分别为 45°、135°和 −45°。(c)和(d) y 方向场的幅度和相位,"♥EM"的幅度均为 1,相位分别为 45°、−45°和 −135°。(e)和(f) 组合场的主轴长度和初始相位(极化态被认为是广义的椭圆极化),"I♥EM"的长轴长度分别为 1.4、1.1 和 1,初始相位分别为 0°、135°、45°和 −90°。(g)—(j)组合场的归一化极化椭圆,"I♥EM"的极化状态分别为水平极化、左旋圆极化、斜 45°线极化和竖直极化。所有图中右下角的长条都代表 2 个波长。

3.2.3　利用后向传播和 GS 算法逼近目标场

　　首先采用后向传播算法计算全息超表面的等效点源的复幅度,以近似产生所需场。具体而言,将观测点处期望场的复幅度视为处于相同位置的点源的复幅度,并在超表面单元的中心位置记录这些点源的干涉场,所记录的数据即超表面单元的等效源的复系数。根据电磁波传播的可逆性,所期望的场会在观测点重现。图 3.11(a)—(d)展示了等效源的复强度。需要指出的是,图中的数据是直接计算的结果,在映射为超表面单元的透射系数时需对入射波前的复强度进行补偿。图 3.11(e)—(n)为计算得到的场。根据图 3.11(a)和(c)中等效源的幅度,可以计算出 PA 型超表面的最大效率为 5%。需要强调的是,这里的效率是由数学计算决定的上限,与超表面单元的具体实现方法无关。事实上,由于超表面单元非理想电磁响应的影响,任何特定设计的实际效率都会低于 5%。

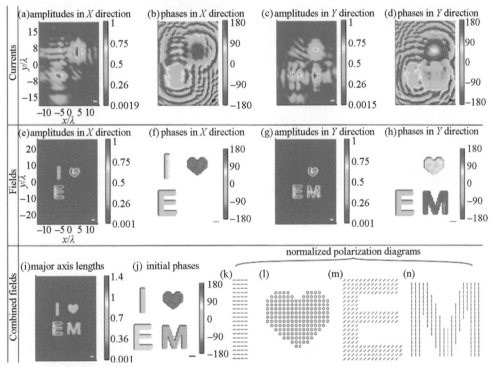

图 3.11　运用后向传播法计算得到的等效点源的复幅度和对应的场(来自参考文献[76]附录的图 S4)
(a)和(b)沿 x 方向辐射场的点源的幅度和相位;(c)和(d)沿 y 方向辐射场的点源的幅度和相位;(e)和(f) x 方向场的幅度和相位;(g)和(h) y 方向场的幅度和相位;(i)和(j)组合场的长轴长度和初始相位,广义上认为所有极化态均为椭圆;(k)—(n)组合场的归一化极化椭圆。所有右下角的长条都代表 2 个波长。

　　除上述后向传播算法外,还使用 GS 算法近似相同的目标场,结果示于图 3.12。值得注意的是,图3.12(f)和(h)展示的场的相位不均匀,与所需值有显著差异,并且图3.12(l)和(m)中"♥"和"E"所处区域的合成场的极化状态与所需形式严重偏离。这是因为GS算法的迭代过程也将场的相位作为变量进行调整,最终产生随机量。因此,该方法不适用于矢量场的全状态综合。

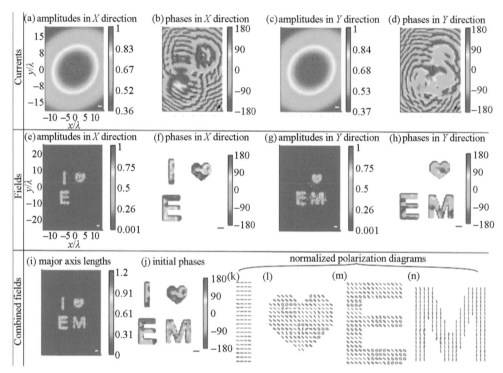

图3.12 运用GS算法计算得到的等效点源的复幅度和对应的场(来自参考文献[76]附录的图S5)
(a)和(b) x 方向点源辐射场的幅度和相位;(c)和(d) y 方向点源辐射场的幅度和相位;(e)和(f) x 方向场的幅度和相位;(g)和(h) y 方向场的幅度和相位;(i)和(j)组合场的长轴长度和初始相位,广义上认为其极化态为椭圆;(k)—(n)组合场的归一化极化椭圆。所有右下角的长条都代表2个波长。

3.2.4 设计方法

设计PO型超表面的关键是确定超表面的等效相位分布。直觉上可以对超表面单元的几何参数进行优化,但当超表面为电大尺寸时计算效率非常低,甚至难以接受。此处提出建立问题的等效模型,然后对模型进行优化,从而节省计算量。根据惠更斯原理,观测点处的场可以用边界面上的场表示[65]。基于此,将超表面和天线替换成位于超表面处的等效电流和磁场电流(如图3.9(b)所示)。由于图3.9(a)中的超表面是各向异性的,每个超表面单元对应着两对电流和磁流。

将 **E^+** 和 **H^+** 表示为超表面正前方的电场和磁场,根据边界条件得到的电流和磁流为

$$J = \hat{n} \times H^+ \tag{3.11}$$

$$M = -\hat{n} \times E^+ \tag{3.12}$$

上式中的 $\hat{n}$ 表示超表面平面的法向。然后,ROI 中的场可以表示为

$$E(r) = -\mathrm{j}\omega\mu \int_S \mathrm{d}r' \overline{G}(r,r') \cdot J(r') - \nabla \times \int_S \mathrm{d}r' \overline{G}(r,r') \cdot M(r') \tag{3.13}$$

其中,r 为场点,r' 为电流和磁流的位置,$\overline{G}(r,r')$ 为并矢格林函数

$$\overline{G}(r,r') = \left[\overline{I} + \frac{\nabla\nabla}{k^2} \right] g(r,r') = \left[\left(\frac{3}{k^2 R^2} + \frac{3\mathrm{j}}{kR} - 1 \right) \hat{R}\hat{R} - \left(\frac{1}{k^2 R^2} + \frac{\mathrm{j}}{kR} - 1 \right) \overline{I} \right] g(r,r') \tag{3.14}$$

此处 $\overline{I}$ 是 3×3 的单位矩阵,r' 和 r 分别代表源点和场点,$R = r - r'$,$R = |r - r'|$,$\hat{R} = R/R$,

$$g(r,r') = \frac{\mathrm{e}^{-\mathrm{j}kR}}{4\pi R} \tag{3.15}$$

上式表示自由空间格林函数。由于并矢格林函数在源以外的任意处均有效且具有天然的矢量特征[65],式(3.13)克服了传统 CGH 采用标量旁轴近似和远场近似带来的缺点[26],故可用于超表面近区和远区矢场的综合。

如前所述,效率是超表面的一个重要指标。为了尽可能提高效率,对电流施加两个约束。首先希望消除背向反射,所以选择利用惠更斯原理设计超表面[62-64]。针对图3.9(b)所示的模型,电流和磁流会在阵列面后产生相互抵消的电场。此约束条件要求

$$M(r') = \eta\, \hat{n} \times J(r') \tag{3.16}$$

其中,η 为自由空间的波阻抗。将上式代入式(3.13)进行变换,得到

$$\begin{aligned} E(r) &= -\mathrm{j}\omega\mu \int_S \mathrm{d}r' \overline{G}(r,r') \cdot J(r') - \eta\, \nabla \times \int_S \mathrm{d}r' \overline{G}(r,r') \cdot [\hat{n} \times J(r')] \\ &= -\int_S \mathrm{d}r' \{ \mathrm{j}\omega\mu \overline{G}(r,r') + \eta [\nabla \times (\overline{G}(r,r') \times \hat{n})] \} \cdot J(r') \end{aligned} \tag{3.17}$$

上式在 r' 和 r 上都是连续的。类似于矩量法[27],将上式离散化。假设单元数为 N,场点数为 M,则

$$E(r_m) = \sum_{n=1}^{N} \overline{Z}(r_m, r'_n) \cdot J(r'_n), \qquad m = 1, \cdots, M \tag{3.18}$$

其中,$\overline{Z}(r_m, r'_n)$ 为离散积分核。为了保持后续符号的简洁,将所有 $E(r_m)$ 和 $J(r'_n)$ 的标量分量分别填充到式(3.19)和式(3.20)中

$$\boldsymbol{E} = \begin{bmatrix} A_{E_1} e^{j\varphi_{E_1}} & A_{E_2} e^{j\varphi_{E_2}} & \cdots & A_{E_P} e^{j\varphi_{E_P}} \end{bmatrix}^{\mathrm{T}} \tag{3.19}$$

$$\boldsymbol{J} = \begin{bmatrix} A_{J_1} e^{j\varphi_{J_1}} & A_{J_2} e^{j\varphi_{J_2}} & \cdots & A_{J_Q} e^{j\varphi_{J_Q}} \end{bmatrix}^{\mathrm{T}} \tag{3.20}$$

则式(3.18)简写为

$$\boldsymbol{E} = \widetilde{\boldsymbol{Z}} \cdot \boldsymbol{J} \tag{3.21}$$

其中,$\widetilde{\boldsymbol{Z}}$ 为将当前电流系数映射为场值的矩阵。

第二个约束是等效电流的幅值,即式(3.20)中的 A_J 系数。由式(3.11)可知,电流的复幅值等于切向磁场的复幅值,而切向磁场的复幅值又由入射场的强度和超表面单元的透射系数决定。因此当假定透射系数的幅度均为1时电流的幅度就取决于入射场的幅度。对于给定的设计,照明源是指定的,电流有固定的幅度,所以它们的相位是唯一的自由度(DOF)。也就是说,只能调整等效电流的相位,即式(3.20)中的 φ_J 系数,此限制与 PO 型超表面设计的目标是一致的。为了简化后面的表达式,将相位向量定义为

$$\boldsymbol{\Phi}_J = \begin{bmatrix} \varphi_{J_1} & \varphi_{J_2} & \cdots & \varphi_{J_Q} \end{bmatrix}^{\mathrm{T}} \tag{3.22}$$

现在将设计问题简化为求出 $\boldsymbol{\Phi}_J$,使感应场 $\boldsymbol{E}$ 在复数意义上近似规定的分布 $\boldsymbol{E}_0$。为了评估场的质量,将误差定义为

$$\varepsilon = (\boldsymbol{E} - \boldsymbol{E}_0)^{\mathrm{H}} \cdot (\boldsymbol{E} - \boldsymbol{E}_0) \tag{3.23}$$

并将其作为衡量指标(FOM)。将式(3.21)代入上式并化简,得到

$$\varepsilon = \boldsymbol{E}_0^{\mathrm{H}} \boldsymbol{E}_0 - \boldsymbol{E}_0^{\mathrm{H}} \widetilde{\boldsymbol{Z}} \boldsymbol{J} - \boldsymbol{J}^{\mathrm{H}} \widetilde{\boldsymbol{Z}}^{\mathrm{H}} \boldsymbol{E}_0 + \boldsymbol{J}^{\mathrm{H}} \widetilde{\boldsymbol{Z}}^{\mathrm{H}} \widetilde{\boldsymbol{Z}} \boldsymbol{J} \tag{3.24}$$

接下来优化 $\boldsymbol{\Phi}_J$ 以减少 ε。特殊的是,ε 是 $\boldsymbol{\Phi}_J$ 的非线性函数(后者的表达式含有指数项)。直观上,可以使用诸多全局优化方法,包括遗传算法(GA)、粒子群优化(PSO)和模拟退火(SA)[66-67]。这些方法利用了演化的思想,通过试错来调整变量,虽然易于使用,但在优化过程中需要大量的尝试。通常,将遗传算法和粒子群优化算法应用于远场模式合成时,种群大小和迭代次数都是变量数的数十倍甚至数百倍[68-69]。由于超表面的总体尺寸通常大于几十个波长,而单元是亚波长的,所以单元的总数通常在几千个的量级,使 $\boldsymbol{\Phi}_J$ 包含了大量需要优化的元素。因此,基于进化的算法不适合解决此问题。

在本工作中,采用基于梯度的非线性优化方法 L-BFGS-B[70-72](一种准牛顿方法)。在每次迭代中,它需要 FOM 的值和梯度,并用有限尺寸的矩阵逼近二阶导数(即 Hessian)。随后,定义目标函数的二次模型,并通过近似二次模型的最小值来计算搜索方向。L-BFGS-B 对于 Hessian 矩阵较为稠密或难以计算的高维变量优化问题是非常有用的,而这正是本工作的情况。此外,它还允许对优化的变量设置约束。由于相位为 2π 周期,将其限制在 $-\pi \sim +\pi$ 范围内可以减少搜索空间,大大提高优化速度。因此,L-BFGS-B 是大规模非线

性相位变量优化的理想选择。算法实现的关键是提供 FOM 的梯度。根据式(3.20)和矩阵微分知识,向量 $\boldsymbol{J}$ 对 $\boldsymbol{\Phi}_J$ 的偏导数为

$$\frac{\partial \boldsymbol{J}}{\partial \boldsymbol{\Phi}_J} = \begin{bmatrix} \mathrm{j}J_1 & & \\ & \ddots & \\ & & \mathrm{j}J_Q \end{bmatrix} \triangleq \mathrm{j}\mathrm{diag}(\boldsymbol{J}) \tag{3.25}$$

上式为对角矩阵。利用以上表达式并计算对 $\boldsymbol{\Phi}_J$ 的偏导数,得到

$$\begin{aligned}
\frac{\partial \varepsilon}{\partial \boldsymbol{\Phi}_J} &= -\mathrm{j}\boldsymbol{E}_0^{\mathrm{H}}\widetilde{\boldsymbol{Z}}\mathrm{diag}(\boldsymbol{J}) + \mathrm{j}\boldsymbol{E}_0^{\mathrm{T}}\widetilde{\boldsymbol{Z}}^{\mathrm{C}}\,\mathrm{diag}(\boldsymbol{J}^{\mathrm{C}}) + \mathrm{j}\boldsymbol{J}^{\mathrm{H}}\widetilde{\boldsymbol{Z}}^{\mathrm{H}}\widetilde{\boldsymbol{Z}}\mathrm{diag}(\boldsymbol{J}) - \mathrm{j}\boldsymbol{J}^{\mathrm{T}}\widetilde{\boldsymbol{Z}}^{\mathrm{T}}\widetilde{\boldsymbol{Z}}^{\mathrm{C}}\,\mathrm{diag}(\boldsymbol{J}^{\mathrm{C}}) \\
&= 2\Re\{\mathrm{j}(\widetilde{\boldsymbol{Z}}^{\mathrm{H}}\widetilde{\boldsymbol{Z}}\boldsymbol{J} - \widetilde{\boldsymbol{Z}}^{\mathrm{H}}\boldsymbol{E}_0)^{\mathrm{H}} \cdot \mathrm{diag}(\boldsymbol{J})\}
\end{aligned} \tag{3.26}$$

上式为实向量,上标 T、C、H 分别表示转置、共轭和共轭转置,$\Re$ 表示取实部。

值得注意的是,此处的相位优化问题是高度非线性的。因为 L-BFGS-B 算法是非全局的,所以优化过程可能会停留在局部最小值。为了使优化过程跳出局部最小值,每 20 次迭代后重新启动进程并将当前电流乘以一个标量,得到

$$\boldsymbol{J}' = \alpha \boldsymbol{J} \tag{3.27}$$

为了确定 α 的值,将以上表达式代入式(3.24)得到更新后的误差为

$$\varepsilon' = |\alpha|^2 \boldsymbol{J}^{\mathrm{H}}\widetilde{\boldsymbol{Z}}^{\mathrm{H}}\widetilde{\boldsymbol{Z}}\boldsymbol{J} - 2|\alpha|\,|\boldsymbol{E}_0^{\mathrm{H}}\widetilde{\boldsymbol{Z}}\boldsymbol{J}|\cos[\angle(\boldsymbol{E}_0^{\mathrm{H}}\widetilde{\boldsymbol{Z}}\boldsymbol{J}) + \angle\alpha] + \beta \tag{3.28}$$

此处 β 是一个与 $\boldsymbol{J}$ 无关的量。观察上述公式后得知,令

$$\alpha = [\boldsymbol{J}^{\mathrm{H}}\widetilde{\boldsymbol{Z}}^{\mathrm{H}}\widetilde{\boldsymbol{Z}}\boldsymbol{J}]^{-1}|\boldsymbol{E}_0^{\mathrm{H}}\widetilde{\boldsymbol{Z}}\boldsymbol{J}|\exp[-\mathrm{j}\angle(\boldsymbol{E}_0^{\mathrm{H}}\widetilde{\boldsymbol{Z}}\boldsymbol{J})] \tag{3.29}$$

可以将 ε' 最小化。α 是一个复数,作用为缩放电流的大小并改变相位,其效果是将优化过程从局部极小值中释放出来并降低误差值。

总体而言,采用基于梯度的非线性方法优化等效源的相位分布,从而实现对感兴趣区域内的场幅度、相位和极化的全状态控制。计算得到的等效源可以由反射或透射的 PO 型超表面实现。当超表面为透射型时也称为 HMS。值得强调的是,此处的设计理念不同于传统 HMS 以 GSTC 为基础的路线[61-64]。在传统路线中,首先要确定超表面两侧的场分布,然后计算表面阻抗(或等效的导纳),最后用合适的超表面单元来实现。这一过程对阻抗的无源性和有源性没有限制,但用于实现阻抗的超表面单元是无源的,这将导致合成场的误差。除上述特点外,这里提出的设计方法可以直接处理任意的场分布,包括最近两个工作中展示的三维和矢量形式[73-74]。

3.2.5 全状态场分布综合示例

下面在 20 GHz(波长为 15 mm)展示上述方法在全状态场分布综合方面的应用示例。例子中的几何结构如图 3.9(a)所示,其中超表面尺寸为 435 mm×585 mm,包含 58×78 个单元。这一孔径尺寸保证后续优化过程有足够的自由度,同时也限制了全波模拟和加工制作的成本。激励源是位于超表面后 1.5 m 处的喇叭天线,沿 45°方向诱导线极化波。ROI 是位于超表面前方 450 mm 处的平面矩形区域,包含 95×129 个点,相邻点之间的间距为 5.7 mm。在这些点上我们明确所需的场幅度和相位,如图 3.10 所示。其中,对场的 x 和 y 分量的要求是不同的,从而使组合场的极化态随空间变化,实现 ROI 区域内场的全状态控制。

下面将该方法应用于 PO 型超表面相位分布的综合。等效模型中的电流幅值(也就是式(3.20)中的 A_J 系数)与图 3.14(a)和(c)中的入射波幅值成正比。为了与超表面单元设计中使用的周期边界条件相匹配,将电流阵列按照 2×2 个划分单元格,每个单元中的 4 个电流被赋予相同的相位值。这样,最终的未知数为 2 262 个,如此规模对传统的演化类方法来说是一个很大的挑战。而此处采用的基于等效 EM 模型和梯度导向的方法速度非常快。图 3.13 展示了优化过程中误差的收敛。两个横坐标分别表示迭代次数与 FOM 的计算次数。误差收敛于第 303 次迭代(或等价的 400 次函数和梯度计算)。程序在两个 Intel E5 - 2695 V4 CPU(2.1 GHz,36 核)上进行,耗时 63 min。优化过程中最耗时的部分是计算 FOM 及其梯度,而 L-BFGS-B 算法本身使用的时间可以忽略不计。基于总时间成本以及函数和梯度计算的次数,每次函数和梯度计算所用的时间约为 0.16 min。

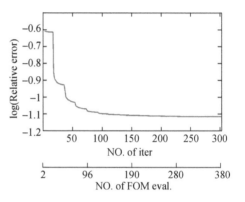

图 3.13 优化过程中误差的收敛性,误差分别归一化到最大值(来自参考文献[76]附录的图 S2)

理论上,基于演化的全局优化算法(如遗传算法和粒子群优化算法)也可以用于寻找所需的等效源相位。但鉴于此处的变量规模达到了 2 262 个,这些方法并不适用。以遗传算法为例,决定其性能的重要因素之一是种群的多样性。增加种群大小可以使遗传算法搜索更多的点,从而获得更好的结果。然而,种群规模越大,计算每一代所需的时间就越长。影响遗传算法性能的第二个因素是代数,直接决定了算法达到停止条件所需的运行时间。通常,当遗传算法和粒子群优化算法应用于远场综合时种群规模和代数是变量数的数十倍甚至数百倍[67-68]。假设种群规模为 22 620(即变量数的 10 倍),则估计单代中所有个体适应度函数的时间为 3 619 min。相应地,搜索 10 代的总时间为 36 190 min,远高于我们所提优化方法所用时间。因此，梯度导向的优化算法与基于演化的全局优化算法相比具有很大的优势，非常适合于大型 PO 型超表面的快速综合。

实现梯度导向的优化方法的关键是为例程提供 FOM 及其梯度，优化的整体性能取决于这两项的时间成本，因此有必要提高其计算速度。通过观察式(3.24)和式(3.26)，发现最耗时的部分为计算 $\tilde{Z} \cdot J$ 和 $\tilde{Z}^{\mathrm{H}} \cdot E_0$ 等矩阵矢量乘积。在数值实现中，矩阵 $\tilde{Z}$ 可以预先计算并存储以节省时间。然而，对于要求高分辨率和三维场的应用，PO 型超表面应具有大孔径和微小的单元。此时场约束和相位变量的数目将非常大，致使 $\tilde{Z}$ 无法存储。并且，矩阵和矢量相乘的时间成本也会显著增加。快速多极子方法[26]是一种广泛用于模拟电大目标散射的方法，无需显式计算和存储矩阵，直接给出矩阵与矢量的乘积，可大大提高计算效率并降低内存消耗。

图 3.14(e)—(h)展示了计算的场。x 极化场表现为"I ♥ E"，三个字符的幅度基本一致，

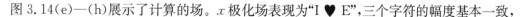

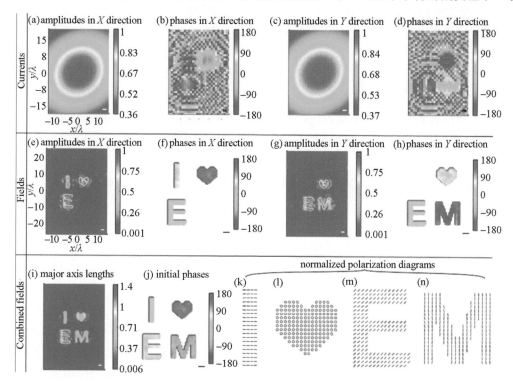

图 3.14　计算得到的惠更斯超表面等效源和场的空间分布(来自参考文献[76]的图 2)

(a)和(b) 由 x 方向的电偶极子和 $-y$ 方向的磁偶极子组成的惠更斯源的振幅和相位；(c)和(d) 由 y 方向的电偶极子和 x 方向的磁偶极子组成的惠更斯源的振幅和相位。图(a)和(c)中的幅度是由入射波前在超表面上的强度决定的，因此是固定值，只有图(b)和(d)中的相位是优化的。(e)和(f) 场在 x 方向的幅度和相位；(g)和(h) 场在 y 方向的幅度和相位；(i) 广义上椭圆极化组合场的主轴长度；(j) 4 个字符区域内组合场的初始相位；(k)—(n) 4 个字符区域内组合场的归一化极化椭圆。所有右下角的长条都代表 2λ。

相位分别为 45°、135° 和 −45°（见图 3.14(e) 和 (f)）。相反，y 极化场表现为"♥ E M"，三个字符的幅度基本一致，相位分别为 45°、−45° 和 −135°，如图 3.14(g) 和 (h) 所示。因此，x 和 y 分量的幅度和相位都被按预期控制。然后，以矢量形式对场分量进行求和。根据电磁理论，任意极化状态都可以认为是广义的椭圆极化。因此，该组合场是椭圆极化的，可以用长轴长度、初始相位角和归一化极化椭圆充分表征。图 3.14(i) 显示了组合场的长轴长度，成功显示出 4 个字符"I ♥ E M"，其强度分别为 1.4、1、1、1。图 3.14(j) 为组合场的初始相位，4 个字符区域分别在 0°、135°、45° 和 −90° 附近。图 3.14(k)—(n) 绘制了组合场的归一化极化椭圆，表明对应"I ♥ E M"的场分别为水平线性、左圆形、45° 倾斜线性和竖直线性极化。总的来说，计算得到的场与图 3.10 中所示的目标形式非常吻合，验证了所提方法仅靠处理源的相位就能控制场的全部参数的能力。计算得到的场与目标场之间的偏差是由于超表面的有限孔径和像素造成的。通过增加超表面的整体尺寸和减小单位像素的大小，可以提高场的质量，但这两个参数受到加工制造和全波仿真能力的限制。计算得到的由 x 和 $−y$ 方向电磁偶极子组成的惠更斯源的相位分布如图 3.14(b) 所示，由 y 和 x 方向电磁偶极子组成的惠更斯源的相位分布如图 3.14(d) 所示。

3.2.6 物理实现和表征

上面计算出来的惠更斯源由两组电流组成，它们协同工作以产生矢量场。接下来，将利用各向异性超表面（由斜 45° 的线极化波照射）在物理上实现这些源。

如前文所述，图 3.3 描绘了所设计的超表面单元，其横向尺寸为 7.5 mm×7.5 mm，由 2.18 mm 厚的介质基底和两层铜组成。顶层和底层的铜为两个 1 mm 宽的矩形条。当矩形条的长度在 3.4 mm 到 5.3 mm 之间时，顶层和底层铜由两个过孔连接，孔之间的距离为 dx =0.36lx 和 dy=0.36ly。从根本上讲，这里的单元设计利用了惠更斯原理[62-64, 74]，其电磁性能受控于长度 lx 和 ly。利用 ANSYS HFSS[28] 软件，在周期边界条件和 Floquet 端口激励下模拟了单元的透射系数。其中的铜片设置为零厚度的 PEC。RO4350B 和 RO4450F 的介电常数分别为 3.66 和 3.54，损耗角正切均为 0.004。所得透射系数绘制于图 3.3(a)—(d) 中。详细分析表明，其相位覆盖了 320°，幅度在 −1 dB 左右波动，最大偏差为 1 dB。图 3.3(b) 和 (d) 也证明了单元相位响应的各向异性。这些单元形成了一个完整的数据库，可用于实现任意相位分布。由于实验过程中喇叭天线离超表面不够远，导致入射场的波前不均匀，所以首先对优化后的相位作入射场相位的补偿，然后将剩余的相位值映射为单元参数。

实验测量之前，在 CST Microwave Studio 软件[30] 中对整个系统（包括激励天线、超表面和 ROI）进行严格的建模和全波仿真以预测结果。提取的 ROI 内的场如图 3.15(a)—(d) 所示。x 和 y 极化场的幅度呈现出了预期的"I ♥ E"和"♥ E M"图样，且图样内的相位基本一致，与计算值吻合较好。图 3.15(i) 和 (j) 中显示的合成场的主轴长度和初始相位也与期望值一致。特别地,图 3.15(k)—(n)中的归一化极化椭圆图与图 3.10(g)—(j)中的目标形态非常相似,直接表明利用 PO 型超表面合成矢量场的可行性。仿真结果不完美主要是由于将超表面单元近似视为电偶极子和磁偶极子。根据空间带宽理论[6, 75],这种近似仅对小于 0.04λ 的散射体有效。然而,用到的超表面单元约为半个波长,超出了前述近似的有效条件。此外,超表面单元的相位只覆盖了 $320°$,也在一定程度上降低了结果质量。若使用具有均匀幅度、全相位覆盖和类偶极电特性的单元则可以获得更好的场质量。

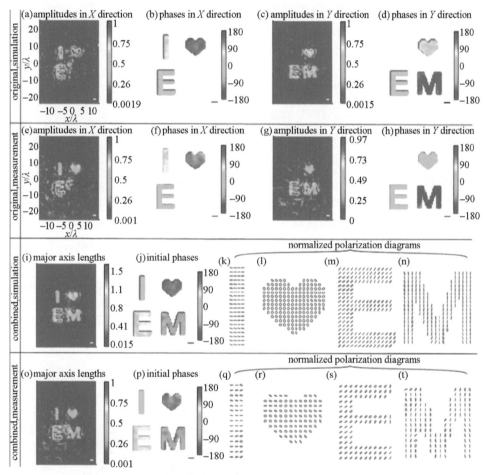

图 3.15 全波仿真和实验测量结果(来自参考文献[76]的图 4)

(a)和(b)仿真得到的场在 x 方向的幅度和相位;(c)和(d)仿真得到的场在 y 方向的幅度和相位;(e)和(f)测量得到的场在 x 方向的幅度和相位;(g)和(h)测量得到的场在 y 方向的幅度和相位;(i)和(j)仿真场的主轴长度和初始相位;(k)—(n)仿真场的归一化极化椭圆;(o)和(p)测量场的主轴长度和初始相位;(q)—(t)测量场的归一化极化椭圆。所有右下角的长条都代表 2λ。

仿真的组合场的信噪比(定义为场的峰值功率强度与背景噪声标准差的比值,背景噪声的采样区域为除字符外的整个 ROI)为 23.1 dB。计算得到超表面的功率效率(定义为入射功率中贡献于所成图像的比例)为 49%。图像区域的能量通过对 ROI 稠密网格上的功率密度进行数值积分得到,而入射功率通过单独仿真天线并提取超表面所在位置处的功率密度进行数值积分得到。需要强调的是计算的效率接近覆盖全 2π 相位透射式超表面的 -3 dB 的效率极限[31]。如最近的一些研究工作所示,效率可以通过使用反射的超表面来增强[12-13]。3.2.3 节中基于后向传播算法的设计最大能量效率不超过 5%。相比之下,这里的设计拥有 10 倍的效率,显示出 PO 型超表面相对于 PA 型超表面的优势。3.2.3 节中基于 GS 算法的设计所产生的场相位和极化图均是不正确的,衬托了此处设计的正确性。

实验中的超表面是由标准 PCB 技术制造的。2.18 mm 厚的基板由两个 0.508 mm 厚、一个 0.762 mm 厚的 RO4350B 板材与四个 0.1 mm 厚的 RO4450B 粘结层压制而成。测量在近场扫描微波暗室中进行,如图 3.16 所示。喇叭天线连接到矢量网络分析仪(型号 ROHDE&SCHWARZ ZAV 50)的发射端口,同轴探头连接到接收端口。然后,分别提取场的 x 和 y 分量:首先用水平弯曲的探头取 x 分量,然后用竖直弯曲的探头取 y 分量。测量过程中探头在观测区域内扫描,并同步记录其几何位置和拾取数据。图 3.15(e)—(h)中以幅度和相位的直观形式给出了测量的场。尽管结果存在一些偏差,但与仿真结果吻合得很好。偏差可能是由于制作和测量过程中的误差造成的,包括 PCB 线几何参数的误差、介电参数的漂移以及天线与超表面之间的错位。未来可以通过优化制造和实验配置来减少这些误差。与全波仿真部分类似,此处也将场的 x 和 y 分量以矢量形式相加,并将结果视为广义的椭圆极化。合成场的主轴长度、初始角度和极化图如图 3.15(o)—(t)所示,总体上与预期的形式非常一致,证明了所提方法在利用 PO 型超表面实现矢量场的全状态控制方面的可行

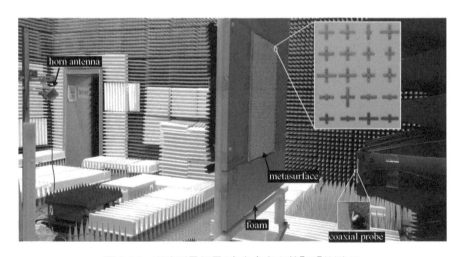

图 3.16 实验测量场景(来自参考文献[76]的图 5)

喇叭天线位于超表面后 1.5 m 处,扫描区域位于超表面前 450 mm 处。插图为超表面和同轴探头的放大视图。

性。测量的超表面效率为 44%，组合场的信噪比为 21.6 dB。效率的定义和测量方法与数值模拟部分类似：首先将 S_{21} 参数的幅值平方在观测区域的稠密网格上进行积分，得到透射能量；然后移除超表面，用探针对超表面所在位置进行精细扫描，产生的新 S_{21} 参数即入射场强，对其进行积分后得到入射能量。

3.3　计算矩阵向量积的快速高效方法

本章中的算法需要重复地计算矩阵向量积 $\tilde{\pmb{Z}} \cdot \pmb{J}$ 和 $\tilde{\pmb{Z}}^{\mathrm{H}} \cdot \pmb{E}$。当源和场点的数量非常大时（典型地大于几万）计算量会变成综合过程的瓶颈。这种情况可以使用快速多极子方法快速高效地计算矩阵向量积。此处给出该方法的简单说明。为了方便，假设场点数和源数相同，即 $M = N$。公式（3.4）表示所有的电流都对任意点的场产生贡献。电流的贡献可类比为包含 N 个发射机与 N 个接收机的网络。如图 3.17（a）所示，每个发射机都直接连接到所有接收机。建立这样的网络所需的连接数量为 $O(N^2)$。相反地，可以通过使用路由系统减少连接的数量。如图 3.17（b）所示，发射机和接收机经分组后连接到不同的集线器上，然后这些集线器再连接到路由器和骨干网上。这样分层的拓扑网络大大地缩减了连接的数量。

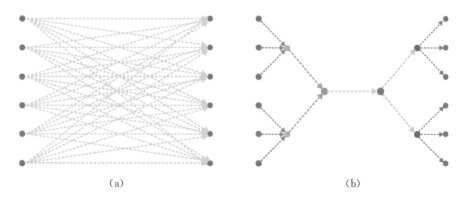

（a）　　　　　　　　　　　　　　　　　　（b）

图 3.17　用于展示快速多极子原理的概念图（来自参考文献［74］的图 9）

（a）简单直接的矩阵向量相乘，所有电流都直接贡献于场，贡献路径数正比于 $O(N)^2$；（b）分层的矩阵向量相乘，使用集线器和路由器减少贡献路径数，精心设计的树形结构能够将计算复杂度降低至 $O(N\log(N))$。

快速多极子方法（对角形式）的数学和物理基础是自由空间格林函数的加法定理展开。参考图 3.18，加法定理写为

$$\frac{\mathrm{e}^{-\mathrm{j}kr_{fs}}}{r_{fs}} = \frac{-\mathrm{j}k}{4\pi}\int \mathrm{d}^2\hat{k}\, \mathrm{e}^{-\mathrm{j}k\cdot r_{fp}}\alpha(\pmb{k}, \pmb{r}_{pq})\mathrm{e}^{-\mathrm{j}k\cdot r_{qs}},\ r_{qs}+r_{fp} < r_{pq} \tag{3.30}$$

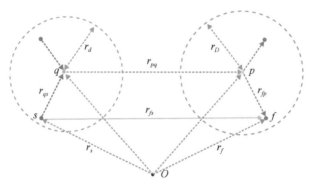

图 3.18　自由空间格林函数的加法定理展开(来自参考文献[74]的图 10)

其中，$\int \mathrm{d}^2 \hat{k}$ 表示对单位球的积分，

$$\alpha(\mathbf{k}, \mathbf{r}_{pq}) \approx \sum_{l=0}^{L} (-\mathrm{j})^l (2l+1) P_l(\hat{r}_{pq} \cdot \hat{k}) h_l(kr_{pq}) \tag{3.31}$$

在上面的公式中，P_l 是 Legendre 多项式，h_l 是球 Hankel 函数，L 是角谱的经验过剩带宽公式[27]

$$L = kD + \alpha \ln(kD + \pi) \tag{3.32}$$

$$D = \max(r_D, r_d) \tag{3.33}$$

表示源和场组的最大尺寸。

将公式(3.30)代入式(3.1)的第一行并简化结果后，得到

$$\bar{\mathbf{G}} = (\bar{\mathbf{I}} - \hat{k}\hat{k}) \frac{-\mathrm{j}k}{16\pi^2} \int \mathrm{d}^2 \hat{k} \, \mathrm{e}^{-\mathrm{j}\mathbf{k} \cdot \mathbf{r}_{fp}} \alpha(\mathbf{k}, \mathbf{r}_{pq}) \mathrm{e}^{-\mathrm{j}\mathbf{k} \cdot \mathbf{r}_{qs}} \tag{3.34}$$

上述公式表明源点 s 对场点 f 的直接贡献被分为了分别沿 $\mathbf{r}_{qs}$、$\mathbf{r}_{pq}$ 和 $\mathbf{r}_{fp}$ 的三部分。

现在考虑由电流 $\mathbf{r}_{s_n}$($n=1,\cdots,N$)在 $\mathbf{r}_{f_m}$ 产生的场。将式(3.34)代入式(3.4)后得到

$$\mathbf{E}(\mathbf{r}_{f_m}) = -\mathrm{j}\omega\mu \sum_{n=1}^{N} \bar{\mathbf{G}}(\mathbf{r}_{f_m}, \mathbf{r}_{s_n}) \cdot \mathbf{J}(\mathbf{r}_{s_n})$$

$$= \frac{-\omega\mu k}{16\pi^2} \int \mathrm{d}^2 \hat{k} \left\{ \left[(\bar{\mathbf{I}} - \hat{k}\hat{k}) \mathrm{e}^{-\mathrm{j}\mathbf{k} \cdot \mathbf{r}_{f_m p}} \right] \alpha(\mathbf{k}, \mathbf{r}_{pq}) \cdot \left[\sum_{n=1}^{N} \mathrm{e}^{-\mathrm{j}\mathbf{k} \cdot \mathbf{r}_{qs_n}} \mathbf{J}(\mathbf{r}_{s_n}) \right] \right\} \tag{3.35}$$

上述公式中，花括号内的第三项将各电流的贡献加到点 q，因此被称为聚合过程；第二项将点 q 处的量转移到点 p，因此被称为转移过程；第一项将点 p 处的量分布给观测点 f，因此被称为解聚过程。一个特别和关键的点是转移过程被所有的电流共享。

将公式(3.34)应用于 $\bar{\mathbf{Z}}^{\mathrm{H}} \cdot \mathbf{E}$，得到

$$J(\boldsymbol{r}_{s_n}) = \mathrm{j}\omega\mu \sum_{m=1}^{M} \left[\overline{\boldsymbol{G}}(\boldsymbol{r}_{f_m}, \boldsymbol{r}_{s_n})\right]^{\mathrm{H}} \cdot \boldsymbol{E}(\boldsymbol{r}_{f_m})$$

$$= \frac{\omega\mu k}{16\pi^2} \int \mathrm{d}^2\hat{k} \left\{ \mathrm{e}^{\mathrm{j}\boldsymbol{k}\cdot\boldsymbol{r}_{s_n}} \alpha'(\boldsymbol{k}, \boldsymbol{r}_{pq}) \left[\sum_{m=1}^{M} \mathrm{e}^{\mathrm{j}\boldsymbol{k}\cdot\boldsymbol{r}_{f_m p}} (\overline{\boldsymbol{I}} - \hat{k}\hat{k}) \cdot \boldsymbol{E}(\boldsymbol{r}_{f_m})\right]\right\} \tag{3.36}$$

其中的撇表示复共轭。以上公式也包括三个过程,即聚合、转移和解聚。与正向过程类似的是,此处的转移过程也被共享。

通过以上推导,说明前向和后向传播都能分解为独立的部分。通过进一步精心地组织源和场点以及树形结构,可以将矩阵向量乘积的计算复杂度降低至 $O(N\log(N))$,从而显著减少计算时间。快速多极子方法的第二个特点是它直接计算矩阵向量积,期间只保留聚合因子和一少部分矩阵在内存中。该方法的存储需求也是 $O(N\log(N))$,这远少于显式存储整个矩阵所需的 $O(N^2)$。此处的介绍忽略了该方法的很多细节,感兴趣的读者可以参考 Chew 教授的著作[27]。

3.4　小结

本章第一部分呈现了纯相位超表面的设计,以实现三维、高效率、高空间分辨率的场综合。该设计与之前低效率和低分辨率的全息超表面相比具有明显的优势。理论计算、全波仿真、实验测量之间具有较好的一致性,证实了设计的有效性。值得强调的是该设计方法可以直接在立体区域的三维云点上形成场,虽然此时可能需要增加超表面的尺寸(甚至采用弯曲形式)。另外,该设计虽在微波段进行,但可以缩放到其他波长。特别地,在可见光波段将可以实现高分辨率的三维共形显示,并且没有高阶衍射。该方法还有其他潜在应用,包括体打印、双光子聚合制造、共形微波治疗、紧凑天线场测试[39]、结构光照明与超震荡显微[40-41]等。当超表面的单元具有可调性后将在显微、显示、加密、数据存储以及信息处理中得到应用。

本章第二部分提供了一种完全控制观测区域内场幅度和相位的崭新且通用的方法。与基于后向传播和 PA 型超表面的传统方法不同的是,该方法基于等效电磁模型,通过梯度导向的非线性优化以确定所需的等效源相位分布,并允许自由指定观测区域和场的形式。通过调整两个正交分量,还可以进一步控制观测区域中每个点的极化态。该部分设计出了能量效率远高于 PA 型超表面的 PO 型超表面,产生了具有复杂幅度、相位和极化分布的场,并通过了全波模拟和实验测量验证。该部分的理论还可以扩展到太赫兹、中红外、近红外以及可见光波段。需要补充的是该部分设计的超表面的效率不到 50%,与可见光/近红外的超表面相比不够高[13,58]。这是因为该设计需要引入显式场幅和相位,所以无法利用所有入射场形成目标场。相反,前述可见光/近红外超表面并未约束场的相位,任务本身相对简单,因而效率可以更高。最近的另一项工作利用与本部分同款的超表面单元诱导三维场幅度分布[74]，效率达到了 69％，与全介质超表面 68％ 的效率相当。鉴于此，我们认为此处的能量效率并未受所采用的 PCB 超表面的限制，假若采用全介质超表面后效率不会有太大的提高。

本章第三部分介绍了矩阵向量积的快速计算方法。该方法基于快速多极子算法，在单元数过万的大规模阵列的优化过程中可以加快速度、减少内存消耗。

3.5 参考文献

[1] Gerchberg R W, Saxton W O. Practical algorithm for the determination of phase from image and diffraction plane pictures[J]. Optik, 1972, 35(2): 237 – 250.

[2] Kreis T M, Mike A, Jueptner W P O. Methods of digital holography: A comparison[J]. Optical Inspection and Micromeasurements II, 1997, 3098: 224 – 233.

[3] Zhang H, Zhao Y, Cao L C, et al. Fully computed holographic stereogram based algorithm for computer-generated holograms with accurate depth cues[J]. Optics Express, 2015, 23(4): 3901 – 3913.

[4] Gilles A, Gioia P, Cozot R, et al. Complex modulation computer-generated hologram by a fast hybrid point-source/wave-field approach[C]//2015 IEEE International Conference on Image Processing. September 27 – 30, 2015, Quebec City, QC, Canada. IEEE, 2015: 4962 – 4966.

[5] Goodman J W. Introduction to Fourier Optics[M]. Colo, USA: Roberts and Company Publishers, 2004.

[6] Bucci O, Franceschetti G. On the spatial bandwidth of scattered fields[J]. IEEE Transactions on Antennas and Propagation, 1987, 35(12): 1445 – 1455.

[7] Kowarz M W. Homogeneous and evanescent contributions in scalar near-field diffraction[J]. Applied Optics, 1995, 34(17): 3055.

[8] Bucci O M, Gennarelli C, Savarese C. Representation of electromagnetic fields over arbitrary surfaces by a finite and nonredundant number of samples[J]. IEEE Transactions on Antennas and Propagation, 1998, 46(3): 351 – 359.

[9] Chew W C. Computational electromagnetics: The physics of smooth versus oscillatory fields[J]. Philosophical Transactions Series A, Mathematical, Physical, and Engineering Sciences, 2004, 362(1816): 579 – 602.

[10] Larouche S, Tsai Y J, Tyler T, et al. Infrared metamaterial phase holograms[J]. Nature Materials, 2012, 11(5): 450 – 454.

[11] Ni X J, Kildishev A V, Shalaev V M. Metasurface holograms for visible light[J]. Nature Communications, 2013, 4: 2807.

[12] Wen D D, Yue F Y, Li G X, et al. Helicity multiplexed broadband metasurface holograms[J]. Nature Communications, 2015, 6: 8241.

[13] Zheng G X, Mühlenbernd H, Kenney M, et al. Metasurface holograms reaching 80% efficiency [J]. Nature Nanotechnology, 2015, 10(4): 308 - 312.

[14] Chong K E, Wang L, Staude I, et al. Efficient polarization-insensitive complex wavefront control using Huygens' metasurfaces based on dielectric resonant meta-atoms[J]. ACS Photonics, 2016, 3(4): 514 - 519.

[15] Scheuer J. Metasurfaces-based holography and beam shaping: Engineering the phase profile of light[J]. Nanophotonics, 2017, 6(1): 137 - 152.

[16] Huang L L, Chen X Z, Mühlenbernd H, et al. Three-dimensional optical holography using a plasmonic metasurface[J]. Nature Communications, 2013, 4: 2808.

[17] Wang Q, Zhang X Q, Xu Y H, et al. Broadband metasurface holograms: Toward complete phase and amplitude engineering[J]. Scientific Reports, 2016, 6: 32867.

[18] Lee G Y, Yoon G, Lee S Y, et al. Complete amplitude and phase control of light using broadband holographic metasurfaces[J]. Nanoscale, 2018, 10(9): 4237 - 4245.

[19] Overvig A C, Shrestha S, Malek S C, et al. Dielectric metasurfaces for complete and independent control of the optical amplitude and phase[J]. Light: Science & Applications, 2019, 8: 92.

[20] Bucci O M, Franceschetti G. On the degrees of freedom of scattered fields[J]. IEEE Transactions on Antennas and Propagation, 1989, 37(7): 918 - 926.

[21] Pierri R, Soldovieri F. On the information content of the radiated fields in the near zone over bounded domains[J]. Inverse Problems, 1998, 14(2): 321 - 337.

[22] Gruber F K, Marengo E A. New aspects of electromagnetic information theory for wireless and antenna systems[J]. IEEE Transactions on Antennas and Propagation, 2008, 56(11): 3470 - 3484.

[23] Migliore M D. On electromagnetics and information theory[J]. IEEE Transactions on Antennas and Propagation, 2008, 56(10): 3188 - 3200.

[24] Bucci O M, Franceschetti G, Mazzarela G, et al. Intersection approach to array pattern synthesis[J]. IEE Proceedings H Microwaves, Antennas and Propagation, 1990, 137(6): 349.

[25] Bucci O M. Power synthesis of conformal arrays by a generalised projection method[J]. IEE Proceedings-Microwaves, Antennas and Propagation, 1995, 142(6): 467.

[26] Wu J W, Wu R Y, Bo X C, et al. Synthesis algorithm for near-field power pattern control and its experimental verification via metasurfaces[J]. IEEE Transactions on Antennas and Propagation, 2019, 67(2): 1073 - 1083.

[27] Chew W C, Jin J M, Michielssen E, et al. Fast and efficient algorithms in computational electromagnetics[M]. Massachusetts: Artech House, 2001.

[28] HFSS. https://www.ansys.com/products/electronic/ansys_hfss.

[29] Altair FEKO. https://altairhyperworks.com/product/FEKO.

[30] CST MWS. https://www.cst.com/products/cstmws.

[31] Abdelrahman A H, Elsherbeni A Z, Yang F. Transmission phase limit of multilayer frequency-selective surfaces for transmitarray designs[J]. IEEE Transactions on Antennas and Propagation, 2014, 62(2): 690-697.

[32] Balanis C A. Antenna theory: Analysis and design[M]. New York: John Wiley & Sons, 2016.

[33] Shim H, Chung H, Miller O D. Maximal free-space concentration of electromagnetic waves[J]. Physical Review Applied, 2020, 14: 014007.

[34] Maisto M A, Solimene R, Pierri R. Resolution limits in inverse source problem for strip currents not in Fresnel zone[J]. Journal of the Optical Society of America A, 2019, 36(5): 826.

[35] Saad Y, Schultz M H. GMRES: A generalized minimal residual algorithm for solving nonsymmetric linear systems[J]. SIAM Journal on Scientific and Statistical Computing, 1986, 7(3): 856-869.

[36] Decker M, Staude I, Falkner M, et al. High-efficiency dielectric Huygens' surfaces[J]. Advanced Optical Materials, 2015, 3(6): 813-820.

[37] Arbabi A, Horie Y, Ball A J, et al. Subwavelength-thick lenses with high numerical apertures and large efficiency based on high-contrast transmitarrays[J]. Nature Communications, 2015, 6: 7069.

[38] Kamali S M, Arbabi A, Arbabi E, et al. Decoupling optical function and geometrical form using conformal flexible dielectric metasurfaces[J]. Nature Communications, 2016, 7: 11618.

[39] Ford K L, Bennett J C, Holtby D G. Use of a plane-wave synthesis technique to obtain target RCS from near-field measurements, with selective feature extraction capability[J]. IEEE Transactions on Antennas and Propagation, 2013, 61(4): 2051-2057.

[40] Gustafsson M G. Surpassing the lateral resolution limit by a factor of two using structured illumination microscopy[J]. Journal of Microscopy, 2000, 198(2): 82-87.

[41] Chen G, Wen Z Q, Qiu C W. Superoscillation: from physics to optical applications[J]. Light: Science & Applications, 2019, 8: 56.

[42] Yu N F, Genevet P, Kats M A, et al. Light propagation with phase discontinuities: Generalized laws of reflection and refraction[J]. Science, 2011, 334(6054): 333-337.

[43] Ni X J, Wong Z J, Mrejen M, et al. An ultrathin invisibility skin cloak for visible light[J]. Science, 2015, 349(6254): 1310-1314.

[44] Yang Y H, Jing L Q, Zheng B, et al. Full-polarization 3D metasurface cloak with preserved amplitude and phase[J]. Advanced Materials, 2016, 28(32): 6866-6871.

[45] Ndukaife J C, Xuan Y, Nnanna A G A, et al. High-resolution large-ensemble nanoparticle trapping with multifunctional thermoplasmonic nanohole metasurface[J]. ACS Nano, 2018, 12(6): 5376-5384.

[46] Yuan G H, Rogers K S, Rogers E T F, et al. Far-field superoscillatory metamaterial superlens [J]. Physical Review Applied, 2019, 11(6): 064016.

[47] Zhang L, Chen X Q, Liu S, et al. Space-time-coding digital metasurfaces[J]. Nature Communications, 2018, 9(1): 4334.

[48] Shaltout A M, Shalaev V M, Brongersma M L. Spatiotemporal light control with active metasurfaces[J]. Science, 2019, 364(6441): eaat3100.

[49] Silva A, Monticone F, Castaldi G, et al. Performing mathematical operations with metamaterials[J]. Science, 2014, 343(6167): 160 − 163.

[50] Fang X, MacDonald K F, Zheludev N I. Controlling light with light using coherent metadevices: All-optical transistor, summator and invertor[J]. Light: Science & Applications, 2015, 4 (5): e292.

[51] Zhao J, Yang X, Dai J Y, et al. Programmable time-domain digital-coding metasurface for nonlinear harmonic manipulation and new wireless communication systems[J]. National Science Review, 2018, 6(2): 231 − 238.

[52] Dai J Y, Tang W K, Zhao J, et al. Wireless communications through a simplified architecture based on time-domain digital coding metasurface[J]. Advanced Materials Technologies, 2019, 4 (7): 1900044.

[53] Genevet P, Capasso F. Holographic optical metasurfaces: A review of current progress[J]. Reports on Progress in Physics, 2015, 78(2): 024401.

[54] Li L L, Tie J C, Ji W, et al. Electromagnetic reprogrammable coding-metasurface holograms [J]. Nature Communications, 2017, 8: 197.

[55] Kelly B E, Bhattacharya I, Heidari H, et al. Volumetric additive manufacturing via tomographic reconstruction[J]. Science, 2019, 363(6431): 1075 − 1079.

[56] Kamali S M, Arbabi E, Kwon H, et al. Metasurface-generated complex 3-dimensional optical fields for interference lithography[J]. Proceedings of the National Academy of Sciences of the United States of America, 2019, 116(43): 21379 − 21384.

[57] Deng Z L, Deng J H, Zhuang X, et al. Diatomic metasurface for vectorial holography[J]. Nano Letters, 2018, 18(5): 2885 − 2892.

[58] Deng Z L, Jin M K, Ye X, et al. Full-color complex-amplitude vectorial holograms based on multi-freedom metasurfaces[J]. Advanced Functional Materials, 2020, 30: 1910610.

[59] Zhao R Z, Sain B, Wei Q S, et al. Multichannel vectorial holographic display and encryption [J]. Light: Science & Applications, 2018, 7: 95.

[60] Arbabi E, Kamali S M, Arbabi A, et al. Vectorial holograms with a dielectric metasurface: Ultimate polarization pattern generation[J]. ACS Photonics, 2019, 6(11): 2712 − 2718.

[61] Kuester E F, Mohamed M A, Piket-May M, et al. Averaged transition conditions for electromagnetic fields at a metafilm[J]. IEEE Transactions on Antennas and Propagation, 2003, 51

(10): 2641 – 2651.

[62] Pfeiffer C, Grbic A. Metamaterial Huygens' surfaces: Tailoring wave fronts with reflectionless sheets[J]. Physical Review Letters, 2013, 110(19): 197401.

[63] Pfeiffer C, Grbic A. Millimeter-wave transmitarrays for wavefront and polarization control[J]. IEEE Transactions on Microwave Theory and Techniques, 2013, 61(12): 4407 – 4417.

[64] Epstein A, Eleftheriades G V. Arbitrary power-conserving field transformations with passive lossless omega-type bianisotropic metasurfaces[J]. IEEE Transactions on Antennas and Propagation, 2016, 64(9): 3880 – 3895.

[65] Kong J A. Theory of electromagnetic waves[M]. Tornoto: John Wiley & Sons , 1975.

[66] Gould N, Orban D, Toint P. Numerical methods for large-scale nonlinear optimization[J]. Acta Numerica, 2005, 14: 299 – 361.

[67] Campbell S D, Sell D, Jenkins R P, et al. Review of numerical optimization techniques for meta-device design[J]. Optical Materials Express, 2019, 9(4): 1842.

[68] Gies D, Rahmat-Samii Y. Particle swarm optimization for reconfigurable phase-differentiated array design[J]. Microwave and Optical Technology Letters, 2003, 38(3): 168 – 175.

[69] Boeringer D W, Werner D H. Particle swarm optimization versus genetic algorithms for phased array synthesis[J]. IEEE Transactions on Antennas and Propagation, 2004, 52(3): 771 – 779.

[70] Byrd R H, Lu P H, Nocedal J, et al. A limited memory algorithm for bound constrained optimization[J]. SIAM Journal on Scientific Computing, 1995, 16(5): 1190 – 1208.

[71] Zhu C Y, Byrd R H, Lu P H, et al. Algorithm 778: L-BFGS-B: Fortran subroutines for large-scale bound-constrained optimization[J]. ACM Transactions on Mathematical Software, 1997, 23 (4): 550 – 560.

[72] Stoer J, Bartels R, Gautschi W, et al. Introduction to Numerical Analysis[M]. New York: Springer, 2013.

[73] Ren H R, Shao W, Li Y, et al. Three-dimensional vectorial holography based on machine learning inverse design[J]. Science Advances, 2020, 6(16): eaaz4261.

[74] Wu J W, Wang Z X, Zhang L, et al. Anisotropic metasurface holography in 3-D space with high resolution and efficiency[J]. IEEE Transactions on Antennas and Propagation, 2021, 69 (1): 302 – 316.

[75] Song J, Lu C C, Chew W C. Multilevel fast multipole algorithm for electromagnetic scattering by large complex objects[J]. IEEE Transactions on Antennas and Propagation, 1997, 45(10): 1488 – 1493.

[76] Wu J W, Wang Z X, Fang Z Q, et al. Full-state synthesis of electromagnetic fields using high efficiency phase-only metasurfaces [J]. Advanced Functional Materials, 2020, 30 (39): 2004144.

第四章 时间编码超材料与时空编码超材料

近几年来时变超材料和时空调制超材料引起了国内外学者的广泛研究,成为了超材料领域最具有前景的研究方向之一。时变超材料通过在时域调制其表征参数,拓展了调控电磁波的自由度;结合空间调制,时空调制超材料被大量地研究用于产生新的物理现象与应用,如隔离器、非互易效应、频率转换、多普勒隐身、谐波调控。然而,此类时变和时空调制超材料都是基于连续参数表征,可以归类为"模拟调制",目前大多数研究工作都是理论分析或者数值计算,缺乏实验验证,一定程度上限制了其在实际中的应用。数字编码与可编程超材料采用离散化的"数字调制"方式,简化了超材料的设计与加工流程。空间编码超材料通过改变编码在空间上的分布来调控电磁波;将数字编码从空间域拓展到时间域,设计相应的时间编码序列,时间编码超材料可以在频率域控制电磁波的频谱分布特性。时空编码超材料通过在空间域和时间域对其表征参数进行联合编码,可以在空间域控制电磁波的传播方向,在频率域控制电磁波的频谱分布。时间编码超材料和时空编码超材料凭借数字的调制方式和简单的硬件架构来实施时间和时空调制,可以在时域、空域、频域对电磁波和数字信息进行多维度调控与处理,在无线通信、雷达、成像、隐身、波束成形等领域中具有广阔的应用前景。本章将重点介绍时间编码和时空编码超材料的基本概念、工作原理和近几年的代表性应用,最后对该领域进行总结与展望。

4.1　时间编码超材料概念与理论

数字编码与可编程超材料的概念自 2014 年被首次提出之后,便受到国内外学者的广泛关注与跟踪,呈现出了蓬勃的发展趋势。最初,编码超材料仅仅在二维空间上进行编码,通过设计不同的空间编码序列来实现对电磁波的调控,改变电磁波在空间域中近场和远场的散射或辐射特性[1]。这类编码超材料也称为空间编码超材料,仅局限于空间维度上的编码。传统的空间编码在实现某种电磁功能时在时间维度上是固定的,即使是集成现场可编程门阵列(Field Progammable Gate Array,FPGA)等控制电路模块的可编程编码超材料,也仅仅是切换空间编码来实现相应的功能,并没有考虑时间维度的编码。然而根据傅里叶变换理论,引入周期变化的时间调制信号可以在时间维度上控制电磁波,从而在频率域产生响应。实际上,这种时间维度的调控方式可以追溯到“时间调制阵列”[2-3]和“时变媒质”[4],通过赋予天线阵列、媒质或散射体不同的时间调制信号来控制电磁波。2018 年,东南大学崔铁军教授团队也将时间维度的调控引入编码超材料,提出了时间编码超材料的概念[5],将数字编码的概念从空间域拓展到时间域。本章所描述的数字编码与可编程超材料均为二维形式的平面型超表面,因此后文都将用超表面代替超材料的表述。

本节将首先介绍时间编码超表面的基础理论与设计方法,以反射式超表面为例,通过理论分析推导出当超表面的反射系数在时间维度上呈现周期性变化时对电磁波的调控机理,并展示由此产生的一些新的物理现象和应用,如频谱调控、非线性谐波生成、频率转换等[6]。图 4.1 给出了时间编码超表面的工作原理示意图[5],时间编码超表面的反射系数在FPGA 控制下按照时间编码周期性变化,当单色波入射到超表面上,其反射波的频谱可以被预设的时间编码精确控制。

本节以图 4.1 中的反射式时间编码超表面为例,对时间编码超表面的工作机理进行介绍。假设入射波为单色波,下面给出反射系数在时间维度上周期性变化的超表面对反射波调控的理论推导[6]。不失一般性,可以假设反射式时间编码超表面所有单元的反射系数保

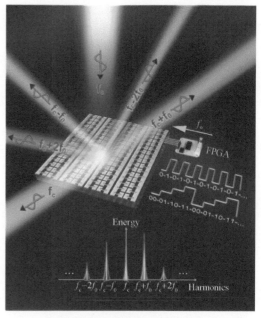

图 4.1　时间编码超表面的工作原理示意图(来自参考文献[5]的图 1)

持一致,即为 $\Gamma(t)$,当入射波 $E_i(t)$ 正入射到超表面时,反射波 $E_r(t)$ 可以写成如下形式:

$$E_r(t) = E_i(t) \cdot \Gamma(t) \tag{4.1}$$

其经过傅里叶变换可以得到对应的频域表达式 $E_r(f)$ 为

$$E_r(f) = E_i(f) * \Gamma(f) \tag{4.2}$$

其中,$E_i(f)$、$\Gamma(f)$ 分别代表入射波、反射系数的频域表达式,* 代表卷积操作。从式(4.1)中可以看出,入射波和反射系数的频谱共同作用得到反射波的频谱分布。设反射系数是周期函数,周期为 T,将周期 T 等分为 M 个时隙,在任意第 m 个时隙内,反射系数保持为固定值 Γ_m,因此反射系数可表示如下:

$$\Gamma(t) = \sum_{m=0}^{M-1} \Gamma_m g(t - m\tau) \qquad (0 \leqslant t < T) \tag{4.3}$$

其中,$g(t)$ 为宽度为 $\tau = \dfrac{T}{M}$ 的周期单位脉冲信号,在一个周期内 $(0 \leqslant t < T)$ 的表达式为

$$g(t) = \begin{cases} 1, & 0 \leqslant t < \tau \\ 0, & \tau \leqslant t < T \end{cases} \tag{4.4}$$

将周期函数 $g(t)$ 用指数傅里叶级数表示如下:

$$g(t) = \sum_{k=-\infty}^{\infty} c_k e^{jk\frac{2\pi}{T}t} = \sum_{k=-\infty}^{\infty} c_k e^{jk2\pi f_0 t} \tag{4.5}$$

其中,$f_0 = \dfrac{1}{T}$ 称为调制频率,式中傅里叶级数系数 c_k 可表示为

$$c_k = \frac{1}{M} \frac{\sin(k\pi/M)}{k\pi/M} e^{-j\frac{k\pi}{M}} = \frac{1}{M} Sa(k\pi/M) e^{-j\frac{k\pi}{M}} \tag{4.6}$$

其中,$Sa(\cdot)$ 为取样函数。将式(4.5)与式(4.6)代入式(4.3),便得到反射系数的傅里叶级数形式

$$
\begin{aligned}
\Gamma(t) &= \sum_{n=-\infty}^{\infty} \sum_{m=0}^{M-1} \Gamma_m g(t - m\tau - nT) = \sum_{k=-\infty}^{\infty} a_k e^{jk2\pi f_0 t} \\
&= \sum_{k=-\infty}^{\infty} \left[\frac{1}{M} Sa(k\pi/M) e^{-j\frac{k\pi}{M}} \left(\sum_{m=0}^{M-1} \Gamma_m e^{-jk\frac{2m\pi}{M}} \right) \right] e^{jk2\pi f_0 t} \\
&= \sum_{k=-\infty}^{\infty} PF \cdot TF \cdot e^{jk2\pi f_0 t}
\end{aligned}
\tag{4.7}
$$

其中,

$$PF = \frac{1}{M} Sa(k\pi/M)\mathrm{e}^{-\mathrm{j}\frac{k\pi}{M}}, \quad TF = \sum_{m=0}^{M-1} \Gamma_m \mathrm{e}^{-\mathrm{j}k\frac{2m\pi}{M}} \tag{4.8}$$

由式(4.7)和式(4.8)可知,反射系数的傅里叶级数系数 a_k 由脉冲因子 PF 和时间因子 TF 这两部分组成,脉冲因子是周期单位脉冲信号的傅里叶级数,时间因子则与每个时隙内的反射系数有关。因此,周期性反射系数的频谱可以表示为

$$\Gamma(f) = \sum_{k=-\infty}^{\infty} \left[\frac{1}{M} Sa(k\pi/M) \mathrm{e}^{-\mathrm{j}\frac{k\pi}{M}} \left(\sum_{m=0}^{M-1} \Gamma_m \mathrm{e}^{-\mathrm{j}k\frac{2m\pi}{M}} \right) \right] \delta(f-kf_0)$$
$$= \sum_{k=-\infty}^{\infty} PF \cdot TF \cdot \delta(f-kf_0) \tag{4.9}$$

由上式可知,反射系数的频谱由一系列离散的谐波分量组成,谐波频率为 kf_0,其中 k 为谐波阶数。将式(4.9)代入式(4.2),得到反射波的频谱表达式为

$$E_r(f) = \sum_{k=-\infty}^{\infty} a_k E_i(f-kf_0)$$
$$= \sum_{k=-\infty}^{\infty} PF \cdot TF \cdot E_i(f-kf_0) \tag{4.10}$$

若入射波为单色波,即入射波频率为 f_c,式(4.10)可被重写为

$$E_r(f) = \Gamma(f-f_c) = \sum_{k=-\infty}^{\infty} PF \cdot TF \cdot \delta(f-f_c-kf_0) \tag{4.11}$$

在这种情况下,反射系数的频谱被搬移到入射波频率处,便得到了反射波的频谱。因此设定时间编码超表面的周期性反射系数,就可以调控反射波频谱。图 4.2 是一个时间编码超表面调控反射波频谱的例子,其中时间调制周期为 T,等分为 4 个时隙(即 $M=4$)。图 4.2(a)、(c)、(e)分别为反射系数、入射波、反射波的时域波形图,而图 4.2(b)、(d)、(f)则是它们对应的频谱幅度图,可以看出反射系数的频谱被搬移到入射波频率 f_c 处。

4.2　时间编码数字超表面的代表性应用

时间编码超表面为数字编码超表面开启了新的研究方向,通过精心设计时域调制信号,实现对电磁波频谱的精确调控,使其在通信、雷达以及成像等相关领域内可以发挥更大的作用。目前已经成功用于非线性谐波调控[5]、谐波幅相独立调控[7]、高效率频率合成[8]、多极化转换[9]、非线性卷积运算[10]、双谐波独立调控[11]、波达方向定位技术以及新体制无线通信系统[5, 12-13]等应用。本节将重点介绍基于时间编码超表面的一些代表性应用,以展示其对电磁波的强大调控能力[6]。

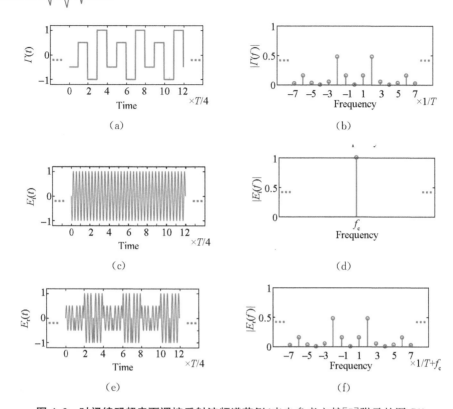

图 4.2 时间编码超表面调控反射波频谱范例（来自参考文献[5]附录的图 S1）
（a）和（b）时间编码超表面反射系数时域波形图与频谱幅度图；（c）和（d）入射波时域波形图与频谱幅度图；（e）和（f）反射波时域波形图与频谱幅度图。

4.2.1 非线性谐波调控

时间编码超表面的反射系数在时间维度进行周期性变化，主要体现在周期性改变反射系数的幅度或相位，对应的可以称为"幅度调制编码"和"相位调制编码"。

幅度调制编码是指对时间因子 TF 中每个时隙内反射系数 Γ_m 的幅度进行数字编码的方式，当反射系数的幅度变化时，其相位保持不变。对于 1-bit 幅度调制编码，"0"代表反射系数幅度为 0，即完全吸收；"1"代表反射系数幅度为 1，即完全反射。类似地，2-bit 幅度调制编码中，"00""01""10""11"代表反射系数幅度分别为 0、1/3、2/3、1；对于更高比特幅度编码方式，则以此类推。除了编码阶数，时间编码序列的组成对反射系数的频谱分布有着更大的影响，因为编码状态的数量是固定的，如 1-bit 只有两种编码"0"和"1"，而编码序列则是有无穷多种组合。以 1-bit 和 2-bit 两种时间编码序列为例，来说明幅度调制编码对反射系数频谱的调控效果，其时域波形及对应的谐波频谱幅度分布如图 4.3 所示。例如，1-bit 下"0101010101…"的时间编码序列对应的频谱只存在奇次谐波分量，如图 4.3（a）和（b）所示；而 1-bit 下

"000100010001…"的时间编码序列会使得各阶谐波能量趋于一致,如图 4.3(c)和(d)所示。

从不同时间编码序列下的频谱分布可以看出,虽然幅度调制编码可以实现对反射系数频谱分量的调控,但其基波分量依然占据着主导地位,无法完全抑制,图 4.3(e)—(h)中给出的 2-bit 时间编码对应的谐波分布也是如此。此外,幅度调制编码调控的频谱幅度都是对称分布的,这是由于受到傅里叶变换中奇偶虚实性的限制。因此,幅度调制编码方式存在一定的缺陷,对反射波频谱的调控能力有限,亟需采用相位调制编码来解决这些问题。

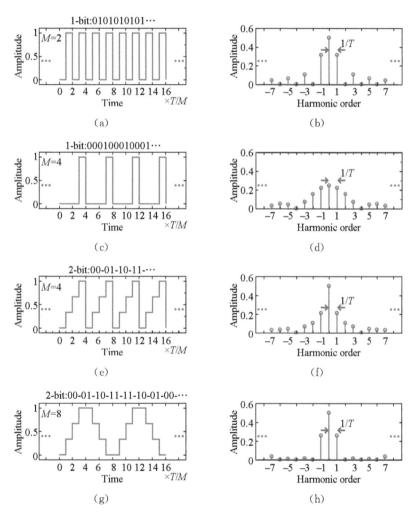

图 4.3　不同幅度调制编码下反射系数时域波形图与各阶谐波幅度图(来自参考文献[5]附录的图 S2)
(a)和(b)编码方式:1-bit;编码序列:0101010101…。(c)和(d)编码方式:1-bit;编码序列:000100010001…。(e)和(f)编码方式:2-bit;编码序列:00-01-10-11-…。(g)和(h)编码方式:2-bit;编码序列:00-01-10-11-11-10-01-00-…。

相位调制编码是指对时间因子 TF 中每个时隙内反射系数 Γ_m 的相位进行数字编码的

方式,当反射系数的相位变化时,其幅度保持不变。对于 1-bit 相位调制编码,"0"代表反射系数相位为 0°,"1"代表反射系数相位为 180°。类似地,2-bit 相位调制编码中,"00""01""10""11"代表反射系数相位分别为 0°、90°、180°、270°;对于更高比特相位编码方式,则以此类推。图4.4展示了一些相位调制编码对反射系数频谱调控的例子,图中左列是时域波形,右列是对应的谐波频谱分布。可以看出,1-bit 下"0101010101…"时间编码序列不仅使得反射系数的频谱只存在奇次谐波分量,还完全抑制了基波分量,使其能量全部被转移至奇次谐波处,如图 4.4(a)和(b)所示;而在 2 bit 下采用"00-01-10-11-…"或"11-10-01-00-…"这类具有一定相位梯度的编码方式,不仅抑制了基波幅度,还产生了非对称的频谱分布,如图 4.4(e)—(h)所示。

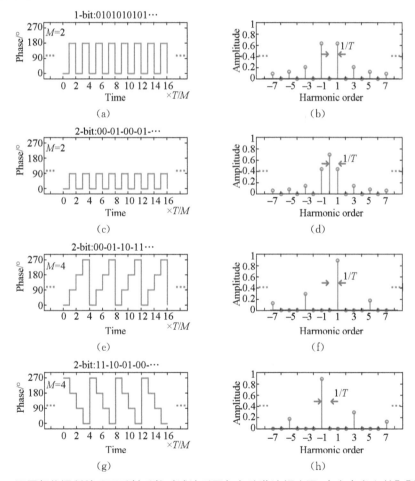

图 4.4　不同相位调制编码下反射系数时域波形图与各阶谐波幅度图(来自参考文献[5]的图 2)

(a)和(b) 编码方式:1-bit;编码序列:0101010101…。(c)和(d) 编码方式:2-bit;编码序列:00−01−00−01−…。(e)和(f) 编码方式:2-bit;编码序列:00−01−10−11−…。(g)和(h) 编码方式:2-bit;编码序列:11−10−01−00−…。

4.2.2 谐波幅相独立调控

本节介绍基于时间编码超表面的谐波幅相独立调控方法[7]。该方法利用相位调制编码对反射波频谱中特定谐波频率处的幅度和相位进行独立调控,进而实现对反射波谐波方向图形状与强度的独立调控,其效果示意图如图 4.5 所示。对反射波谐波方向图的调控,本质上是利用相位编码序列控制谐波相位实现的。

若要对反射波在特定谐波频率处的幅度和相位进行独立调控,需要找出该谐波幅相与编码之间的对应关系。在上一节讨论的时间编码理论的基础上,这里进一步假设反射系数的相位在周期 T 内呈方波变换的形式(如图 4.5 所示),占空比为 50%,而幅度随时间不变,具体表达式为

$$\Gamma(t) = A\mathrm{e}^{\mathrm{j}\left\{\varphi_1 + (\varphi_2 - \varphi_1)\sum_{n=-\infty}^{+\infty}\left[\varepsilon(t-nT) - \varepsilon(t-T/2-nT)\right]\right\}} \tag{4.12}$$

其中,A 为介于 0 到 1 之间的常数,φ_1 和 φ_2 为方波切换的两个相位状态,$\varepsilon(t-nT)$ 为时移 nT 的单位阶跃函数。由式(4.7)经过推导可得周期性反射系数的傅里叶级数系数 a_k 为

$$a_k = \begin{cases} A\cos\dfrac{\varphi_2 - \varphi_1}{2}\mathrm{e}^{\mathrm{j}\frac{\varphi_2+\varphi_1}{2}}, & k = 0 \\[2mm] \dfrac{2A}{k\pi}\sin\dfrac{\varphi_2 - \varphi_1}{2}\mathrm{e}^{\mathrm{j}\frac{\varphi_2+\varphi_1}{2}}, & k = \pm 1, \pm 3, \pm 5, \cdots \\[2mm] 0, & k = \pm 2, \pm 4, \pm 6, \cdots \end{cases} \tag{4.13}$$

因此反射波的频谱可以表示为

$$E_\mathrm{r}(f) = A\cos\frac{\varphi_2 - \varphi_1}{2}\mathrm{e}^{\mathrm{j}\frac{\varphi_2+\varphi_1}{2}}\delta(f - f_\mathrm{c}) + $$

$$\sum_{m=-\infty}^{+\infty}\frac{2A}{(2m-1)\pi}\sin\frac{\varphi_2 - \varphi_1}{2}\mathrm{e}^{\mathrm{j}\frac{\varphi_2+\varphi_1}{2}}\delta\left[f - f_\mathrm{c} - (2m-1)f_0\right] \tag{4.14}$$

上式表明当反射系数的相位按照周期方波进行变化时,反射波的频谱中只存在基波与奇次谐波分量,而偶次谐波分量为 0。更重要的是,各谐波分量的幅度与相位都与 φ_1、φ_2 相关,这意味着可以利用不同 φ_1、φ_2 来调控谐波的幅相;但是谐波的幅度和相位之间存在着固有的耦合,仅改变 φ_1、φ_2 无法实现对谐波幅相的独立调控,因此需要考虑其他可变参数来打破这种限制。当周期函数 $\Gamma(t)$ 经过一段时间延迟 t_0 变为 $\Gamma(t-t_0)$ 时,其傅里叶变换将由 $\Gamma(f)$ 变为 $\mathrm{e}^{-\mathrm{j}2\pi ft_0}\Gamma(f)$,这就在频率 f 处引入了 $-2\pi ft_0$ 的相移,而幅度保持不变。因此,先通过改变 φ_1、φ_2 来调控谐波的幅度,再引入时延 t_0 来调控谐波的相位,就可以实现谐波幅度和相位的独立调控。

这种谐波幅相独立调控方法为时间编码超表面精确调控电磁波的频谱分布提供了新的

理论指导,拓展了时间编码超表面的应用潜力,为之后时间编码超表面在新体制无线通信系统中的应用奠定了理论基础。

4.2.3 高效率频率合成

在特定的应用场景中需要抑制其他谐波来减少频谱污染,为了提高目标谐波的生成效率,本节基于时间编码超表面介绍一种高效率谐波产生方法[8],如图 4.6 所示,引入相位连续线性变化的时变反射系数,可以对电磁波频率进行高效率转换,其中时间编码超表面相当于一个空间频率合成器,它将入射电磁波的能量转换为一个具有全新频率分量的反射波。

图 4.5 利用时间编码超表面对反射波谐波方向图及强度进行独立调控示意图(来自参考文献[7]的图 1)

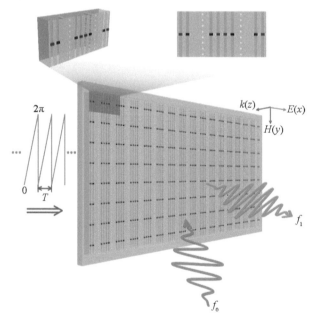

图 4.6 时间超表面对电磁波进行高效率频率转换示意图(来自参考文献[8]的图 1)

周期矩形脉冲函数的频谱中存在很多高次谐波分量,正是这些高次谐波分散了电磁波的能量,降低了频率转换的效率。为了获得 100% 的谐波频率转换效率,需要采用连续的锯齿波时间调制信号,如图 4.7(a)中红色曲线所示,该锯齿波时间调制信号在一个时间周期 T 内,相位从 0 变化到 2π。

　　然而在实际应用中,要实现这种连续相位变化的锯齿波形,往往需要使用数模转换器(Digital-to-Analog Converter,DAC),而产生的实际波形受到 DAC 分辨率位宽的影响,会引入量化误差。图 4.7(a)也展示了 DAC 在不同分辨率位宽(1-bit、2-bit 和 3-bit)拟合出的梯度相位变化波形,从波形图中可以看出较低位宽(如 1-bit)下的拟合波形再次表现出类似矩形脉冲的特征,这将产生不需要的高阶谐波分量,造成频谱污染并降低目标频率的转换效率。图 4.7(b)给出了图 4.7(a)中调制波形所对应的反射波频谱分布,可以看出当 DAC 分辨率位宽大于 3-bit 时,+1 阶谐波能量转换效率将大于 95%,且最大干扰谐波能量占比将低于 1.92%,对应谐波抑制为 16.9 dB。因此,当 DAC 分辨率位宽超过 3-bit 时,就可以获得出色的频率转换效果。这种高效率频率合成方法也得到了实验验证,实测能量转换效率高达 88.81%,同时干扰谐波抑制不低于 21.03 dB。

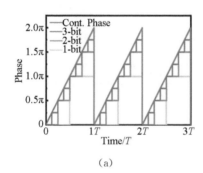
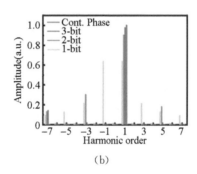

（a）　　　　　　　　　　　　　　（b）

图 4.7　相位调制波形及对应反射波频谱分布（来自参考文献[8]的图 2）
（a）在不同 DAC 分辨率位宽下拟合出的线性相位变化波形；（b）时间编码超表面对应的反射波频谱分布。

4.3　时空编码超材料的概念与理论

　　空间编码超材料在物理空间维度上进行编码,仅在空间域调控电磁波的近场分布和远场的散射或辐射特性[1],而时间编码超材料将数字编码从空间域拓展到时间域,可以调控电磁波的谐波频谱分布[5]。东南大学崔铁军教授团队在 2018 年进一步提出了时空编码数字超材料的理论体系[14],通过在空间域和时间域对电磁波的表征参数(幅度或相位)进行联合编码,可以同时在空间域控制电磁波的传播方向并在频率域控制电磁波的频谱分布,最终实现在时、空、频多个维度内对电磁波进行精确调控[15],具有广阔的应用前景。

4.3.1　时空编码超材料的基本概念

　　近些年来,时空调制超材料与器件引起了国内外研究者的广泛关注[16-18],时空超材料的表征参数(如反射系数、透射系数、表面阻抗、介电常数、电导率等)在空间和时间上均可动态调控,可以产生许多传统空间超材料无法实现的物理现象和应用。但是由于此类时空超材料采用连续的参数调制,属于对电磁参数的模拟调制,在硬件层面实施难度较大,因此目前大多数工作都是基于理论或数值的研究,在一定程度上阻碍了实际应用。而数字可编程超材料凭借相对简单的硬件架构来实现数字编码的调制方式,非常适用于执行时空调制,利用数字调制方式来解决传统时空超材料的应用局限性。

本节所描述的数字超材料均为二维形式的平面型超表面,一款反射式时空编码数字超表面是由 $M \times N$ 个可编程单元构成的二维阵列,如图 4.8 所示,每个可编程单元都具有相同的结构并集成了一个开关二极管,通过 FP-GA 数字模块提供不同的偏置电压来控制每个单元二极管的状态。在不同的控制电压下,每个单元的反射幅度或相位将随时间呈周期性变化。以 1-bit 编码为例,每个单元的反射幅度或相位按照时空编码矩阵中的"0"和"1"序列在时间上切换,图 4.8 右下角给出了一个三维时空编码矩阵的例子,其中红色和绿色的圆点分别表示"1"和"0"两种编码状态。

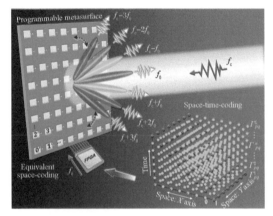

图 4.8　时空编码数字超表面的工作原理示意图
(来自参考文献[14]的图 1)

从图 4.8 的示意图可以看出,数字超表面单元的编码状态不仅可以在空间上按照要求进行排布,并且可以在时间维度上按照相应的三维时空编码矩阵进行周期性循环;当电磁波入射到超表面,其反射波的能量将会同时在空间域和频率域产生新的分布,也就是说时空编码超表面不仅可以在空间域控制反射电磁波的传播方向(空间谱),也能在时间域控制反射电磁波的能量分布,从而改变其频谱分布(频率谱)。时空编码数字超表面的概念与理论不仅适用于反射式超表面,也适用于透射式超表面。

4.3.2　时空编码调制理论

时空编码数字超表面中的每个可编程单元都拥有一组周期为 T_0 的时间编码序列,单元状态在时间维度上周期性循环切换。由傅里叶变换理论可知,时间上周期性变换的函数将在频率域产生离散的谐波频谱分布。当频率为 f_c 的单色平面波入射到时空编码数字超表面上,在时间域上受周期为 T_0 的信号调制后,反射波能量将会分布到基波 f_c 以及各个谐波频率 $f_c + m f_0$ 处,其中 $f_0 = \dfrac{1}{T_0}$。将时间调制信号与空间编码分布二者结合,使得不同谐波频率处反射波的空间分布都可以被独立调控。下面借助空间编码数字超表面的相关理论来进一步阐释时空编码调制理论。

首先假设周期性时间调制的频率 f_0 远小于入射波的频率 f_c，具有 $\mathrm{e}^{(\mathrm{j}2\pi f_c t_c)}$ 形式的单色正弦平面波入射到超表面上，基于物理光学模型近似，时空编码超表面的时域空间散射方向图可以表示为

$$f(\theta,\varphi,t) = \sum_{q=1}^{N}\sum_{p=1}^{M} E_{pq}(\theta,\varphi)\Gamma_{pq}(t)\exp\left\{\mathrm{j}\frac{2\pi\sin\theta}{\lambda_c}\left[(p-1)d_x\cos\varphi + (q-1)d_y\sin\varphi\right]\right\}$$

(4.15)

其中，$E_{pq}(\theta,\varphi)$ 表示第 (p,q) 个编码单元在中心频率 f_c 处的远场方向图；θ 和 φ 分别表示空间中的俯仰角和方位角；d_x 和 d_y 分别表示超表面中单元沿 x 和 y 方向的周期长度（本章理论计算采用半波长）；λ_c 表示中心频率所对应的波长；$\Gamma_{pq}(t)$ 表示第 (p,q) 个编码单元的时间调制反射系数，它是关于时间的周期函数，且在一个周期内被定义为一系列平移脉冲函数的线性组合，如下式表示：

$$\Gamma_{pq}(t) = \sum_{n=1}^{L}\Gamma_{pq}^n U_{pq}^n(t) \qquad (0 < t < T_0)$$

(4.16)

其中，$U_{pq}^n(t)$ 是一个调制周期为 T_0 的周期性脉冲函数，在每个周期内的表达式如下：

$$U_{pq}^n(t) = \begin{cases} 1, & (n-1)\tau \leqslant t \leqslant n\tau \\ 0, & \text{其他} \end{cases}$$

(4.17)

上式中 $\tau = \dfrac{T_0}{L}$ 是 $U_{pq}^n(t)$ 函数的脉冲宽度；L 为正整数，表示时间编码序列的长度；$\Gamma_{pq}^n = A_{pq}^n \mathrm{e}^{\mathrm{j}\varphi_{pq}^n}$ 表示第 (p,q) 个编码单元在时间间隔 $(n-1)\tau \leqslant t \leqslant n\tau$ 内的反射系数，A_{pq}^n 和 φ_{pq}^n 分别表示反射系数的幅度和相位。

接着将 $U_{pq}^n(t)$ 分解成傅里叶级数，其展开式表示如下：

$$U_{pq}^n(t) = \sum_{m=-\infty}^{\infty} c_{pq}^{mn}\exp(\mathrm{j}2\pi m f_0 t)$$

(4.18)

其中，$f_0 = \dfrac{1}{T_0}$ 表示调制频率。上式中 $U_{pq}^n(t)$ 的傅里叶级数系数 c_{pq}^{mn} 表示为

$$c_{pq}^{mn} = \frac{1}{T_0}\int_0^{T_0} U_{pq}^n(t)\exp(-\mathrm{j}2\pi m f_0 t)\mathrm{d}t$$

(4.19)

因此，式（4.16）中周期函数 $\Gamma_{pq}(t)$ 的傅里叶级数系数 a_{pq}^m 可进一步推导如下：

$$a_{pq}^m = \sum_{n=1}^{L}\Gamma_{pq}^n c_{pq}^{mn} = \sum_{n=1}^{L}\frac{\Gamma_{pq}^n}{T_0}\int_{(n-1)\tau}^{n\tau} \mathrm{e}^{-\mathrm{j}2\pi n f_0 t}\mathrm{d}t$$

$$= \sum_{n=1}^{L}\frac{\Gamma_{pq}^n}{L}\mathrm{sinc}\left(\frac{\pi m}{L}\right)\exp\left[\frac{-\mathrm{j}\pi m(2n-1)}{L}\right]$$

(4.20)

最终,时空编码数字超表面在 m 阶谐波频率 f_c+mf_0 处的远场散射方向图可写成如下形式:

$$F_m(\theta,\varphi) = \sum_{q=1}^{N}\sum_{p=1}^{M} E_{pq}(\theta,\varphi)a_{pq}^m \exp\left\{\mathrm{j}\frac{2\pi\sin\theta}{\lambda_c}[(p-1)d_x\cos\varphi+(q-1)d_y\sin\varphi]\right\}$$

(4.21)

在本节的近似模型中,暂不考虑编码单元之间的互耦,且假定所有单元为各向同性(即 $E_{pq}=1$),反射幅度为1。时间编码序列决定每个单元在不同时刻的反射相位,将这种调制称为相位调制(Phase Modulation,PM)。

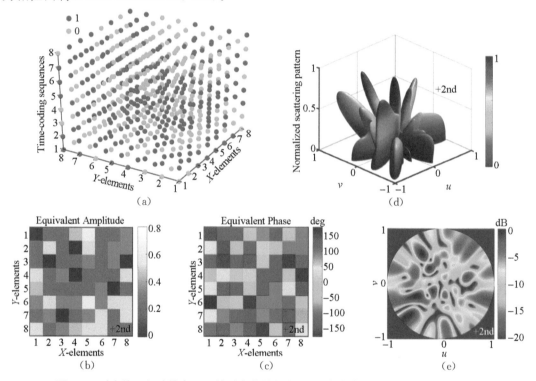

图 4.9 时空编码矩阵的表示及其对应的散射方向图(来自参考文献[14]附录的图 1)

(a) 一组随机生成的三维时空编码矩阵,它的维度是(8,8,8);(b)和(c)该时空编码矩阵在+2 阶谐波频率处对应的等效幅度和相位;(d)该时空编码矩阵在+2 阶谐波频率处对应的三维空间散射方向图;(e)该时空编码矩阵在+2 阶谐波频率处对应的 uv 平面散射方向图。

下面以一个空间尺寸为 8×8 的时空编码超表面为例,展示时空编码调制的机理。数字编码超表面在空间域和时间域的变化规律可以用一个三维时空编码矩阵来表示,该三维矩阵的维度设为 (M,N,L)。M 和 N 表示超表面在空间维度的长度,L 表示其在时间维度的长度。随机生成一个三维时空编码矩阵实例,如图 4.9(a)所示,其维度为(8,8,8),即 L 等于 8,在时间维度上拥有 8 个间隔的周期编码序列,绿色和红色的圆点分别表示"0"和"1"编码,对应 0°和 180°相位。对于任意一个三维时空编码矩阵表征的数字超表面,其在任意谐波频率处的散射方向图都可以由式(4.21)计算得出。图 4.9(b)给出了在+2 阶谐波频率处的三维空间散射方向图,图 4.9(e)给出了对应的 uv 平面散射方向图($u = \sin\theta\cos\varphi$,$v = \sin\theta\sin\varphi$)。此外,时空编码超表面的散射方向图也可以利用快速傅里叶逆变换(Inverse Fast Fourier Transform,IFFT)技术来计算,当超表面阵列规模很大时,采用 IFFT 技术可以很大程度地减少计算和优化时间。

接下来介绍"等效激励"的概念。式(4.20)将超表面单元的周期性反射系数作傅里叶变换,得到的系数 a_p^m 可以看作该单元在特定谐波频率处的等效复反射系数[14-15],包含该谐波频率处的反射幅度和相位。由此说明,通过设计每个单元所对应的时间编码序列,可以综合出该单元在 $f_c + mf_0$ 频率处的等效幅度和等效相位响应。对于按照图 4.9(a)中时空编码矩阵进行调制的超表面,其中每个单元都拥有各自独立的时间编码序列,它们各自的等效幅度和等效相位可以通过式(4.20)计算得出,图 4.9(b)和(c)给出了它在+2 阶谐波频率处的等效幅度和等效相位。从本质上来说,图 4.9(d)和(e)中的散射方向图也可以由图 4.9(b)和(c)中的等效幅度和等效相位计算得出。有趣的是,这种时间编码方案具有一个重要的特点:尽管可编程超表面的单元在物理层只有"0"和"1"编码所对应的 0°和 180°两种相位,但是通过设计合适长度的时间编码序列可以综合出覆盖 360°的等效相位响应。

4.4 时空编码数字超表面的代表性应用

时空编码数字超材料统一了空间域和时间域的编码,大幅提升了调控电磁波的自由度,从而更加精准地调控电磁波的空间谱和频率谱。通过设计三维时空编码矩阵,时空编码超材料可以实现多种不同的电磁功能。经过几年时间的发展,时空编码数字超材料已经成功用于谐波波束扫描与波束成形、散射能量缩减、非互易效应、多比特相位生成、频谱伪装、数学运算、无线通信等领域[15],在无线通信系统、可认知雷达、多输入多输出(Multiple Input Multiple Output,MIMO)通信、涡旋波生成、自适应波束成形、成像、非互易系统、多谐波调控等领域有着重要的应用前景。此外,时空编码超表面还可以解决传统可编程超表面实现高比特可编程相位的困难。仅通过设计每个可编程单元的时间编码序列,可以产生任意高比特的等效相位,简化了控制电路和馈电网络,节约了二极管等可调器件。本节将重点介绍基于时空编码数字超表面的一些代表性应用。

4.4.1 谐波波束扫描

本节首先介绍利用时空编码超表面实现谐波波束扫描的例子。为了更简洁地展示调控过程,假设编码超表面沿空间 x 方向编码状态不变,编码状态仅沿 y 方向变化,因此将三维时空编码矩阵降到二维,使得波束在二维平面内扫描(即波束在 yOz 平面内扫描)。

随机生成的时空编码矩阵难以实现良好的谐波扫描功能,采用幅度调制的超表面存在增益损失、效率较低的问题,而采用相位调制的超表面在基波辐射的能量往往远大于其他谐波处的能量[14]。为了获得更好的谐波波束扫描性能,即更高的散射能量以及更均匀的谐波峰值,可以借助二进制粒子群优化(Binary Particle Swarm Optimization,BPSO)算法来优化时空编码矩阵。下面以一个维度为(8,8,10)的时空编码矩阵作为示例,即一个编码超表面在二维空间上拥有 8×8 个单元,在时间维度上拥有长度为 10 的时间编码序列;并且设置空间上 8×8 个单元中的每列 8 个单元保持相同的编码状态,时空编码矩阵的维度变为(8,10),二维编码矩阵便于优化算法的执行。借助 BPSO 算法和所设定的适应度函数,经过多次优化迭代后得到了如图 4.10(a)所示的时空编码矩阵,其中横坐标表示时间编码序列,纵坐标表示空间方向的单元数;对应计算出的谐波散射方向图如图 4.10(b)所示。可以看出,优化的时空编码矩阵实现了更好性能的谐波波束扫描,不同谐波频率处的能量峰值一致性很好。图 4.10(c)和(d)也展示了在优化的时空编码矩阵调制下,超表面在 uv 平面的二维散射方向图和三维散射方向图,这些结果都验证了谐波波束扫描的出色性能。

图 4.11 给出了用于谐波波束扫描的时空编码超表面样件实物图以及仿真、实验测试结果。如图 4.11(a)所示,时空编码超表面包含 8×8 个单元,每列 8 个单元通过直流偏置线连接,因此控制电压保持一致。图 4.11(b)给出了可编程单元的结构示意图,每个可编程单元包含一个矩形的金属贴片,印刷在背面覆铜的介质基板上,一个开关二极管通过一个金属通孔将矩形的金属贴片与介质基板背面的地板相连接。可编程单元的中心工作频率为 10 GHz,横向尺寸是半波长;单元反射系数在开关二极管"开"和"关"状态下的仿真结果如图4.11(f)和(g)所示,在 10 GHz 附近呈现 180°的反射相位差,反射幅度大于 0.95,单元的两种状态对应的编码状态是"0"和"1"。二极管在仿真时采用等效电路模型表示,如图 4.11(c)所示。

基于以上全波仿真设计,利用 PCB 工艺加工了一块可编程超表面样件,如图 4.11(e)所示。具体的实验场景配置如图 4.11(d)所示,在一个标准的微波暗室中,信号源提供一个固定频率的单色正弦波信号至馈源喇叭天线,该线极化喇叭天线将激励信号垂直入射到超表面;另一个线极化喇叭天线作为接收端,连接到频谱分析仪用于接收超表面的谐波散射方向图;可编程超表面是由一块 FPGA 控制模块来提供动态的时空编码序列。在该实验中,时间编码序列的调制周期采用 2 μs(对应超表面的调制频率为 $f_0=0.5$ MHz),单个编码态的时隙为 0.2 μs(对应开关二极管的切换速率为 5 MHz)。图 4.11(h)和(i)分别展示了在 9.8 GHz 和10.0 GHz 单色正弦波激励下,时空编码超表面的散射方向图测试结果。可以看出在之前优化的时空编码矩阵调制下,不同谐波频率的波束指向不同的空间方向,呈现了很好的谐波波束扫描特性,波束偏折角度与图 4.10(b)中吻合较好。时空编码超表面在 9.8 GHz 和 10.0 GHz 都展示出了良好的谐波波束扫描效果,也反映了时空编码数字超表面具有一定的工作带宽。

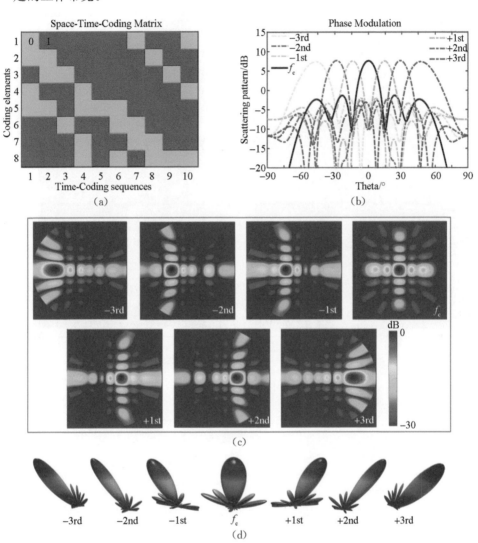

图 4.10　基于优化算法的谐波波束扫描（来自参考文献［14］的图 3）

（a）优化得到的二维时空编码矩阵；（b）超表面在－3～＋3 阶谐波频率的归一化散射方向图；（c）超表面在－3～＋3 阶谐波频率的 uv 平面散射方向图；（d）超表面在－3～＋3 阶谐波频率的三维空间散射方向图。

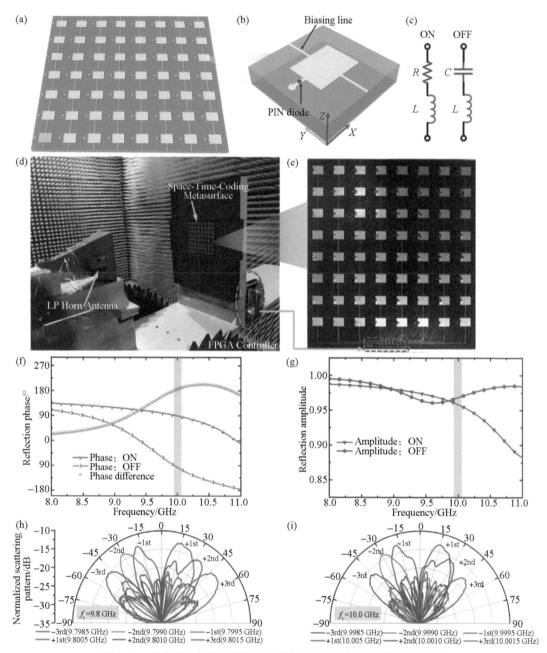

图 4.11 时空编码超表面样件及实验测试(来自参考文献[14]的图 6)

(a) 可编程超表面样件;(b) 可编程单元的结构示意图;(c) 开关二极管的等效电路模型;(d) 微波暗室实验测试环境;
(e) 实际加工的超表面样件;(f)和(g) 可编程单元在编码"0"和"1"状态下的反射相位和幅度仿真结果;(h)和(i) 在
9.8 GHz 和 10.0 GHz 单色正弦波激励下,时空编码超表面的散射方向图测试结果。

4.4.2 波束调控与塑形

在上一小节谐波波束扫描的示例分析中,基波频率 f_c 的波束始终在时空编码超表面边射方向(垂直于超表面),仅有谐波频率处的波束指向其他方向。本节将介绍基于物理层 2-bit 相位编码来在基波频率 f_c 处获得等效的 3-bit 相位编码,从而更精准地调控基波频率的波束。同样假设可编程超表面包含 8×8 个单元,但在时间维度上长度为 8;并且将 2-bit 相位编码标记为"0""1""2"和"3",分别对应的具体相位值为 0°、90°、180°和 270°。

下面首先介绍在基波频率处的波束偏折,所对应的三维时空编码矩阵如图 4.12(a)所示。考虑二维平面内的波束偏折,可将时空编码矩阵简化为二维,如图 4.12(b)所示,横坐标表示空间 y 方向的单元数,纵坐标表示时间编码序列,其中红色圆点(方块)、黄色圆点(方块)、绿色圆点(方块)和蓝色圆点(方块)依次表示编码"0""1""2"和"3"。为了实现最佳的基波能量调控,谐波频率处的能量需要被抑制。因此,选择时空编码矩阵的准则是:① 8 组时间编码序列在基波频率处的等效相位分别符合 3-bit 目标值,且等效幅度尽可能接近 1;② 其余谐波频率处的等效幅度尽可能小,从而抑制边带的谐波能量,提高基波能量效率。基于以上两点准则并在式(4.20)的基础上编写算法程序来搜索符合要求的 8 组时间编码序列,如图 4.12(b)所示。图 4.12(c)和(d)给出了该时空编码矩阵对应的等效幅度和相位,可以看出空间 8 列单元在基波频率处的等效幅度较高,而其他谐波频率处的等效幅度很低,具有很好的谐波抑制效果。同时在基波频率处的等效相位呈现 3-bit 相位梯度分布,标记为等效编码态"0′"($-135°$),"1′"($-90°$),"2′"($-45°$),"3′"($0°$),"4′"($45°$),"5′"($90°$),"6′"($135°$)和"7′"($180°$),如图 4.12(d)所示。因此,仅仅利用物理层 2-bit 的超表面并设计相应的时间编码序列,就可以在基波频率处获得等效 3-bit 相位。

当可编程超表面按照图 4.12(b)中的时空编码矩阵进行切换时,y 方向上的 8 列单元在基波频率处具有等效的 3-bit 相位梯度分布,可以表示为编码"0′−1′−2′−3′−4′−5′−6′−7′"。根据广义斯涅耳定律[19],这个相位梯度会把垂直入射的电磁波偏折到 14.5°的方向上。图 4.12(e)给出了基波频率的 uv 平面二维散射方向图,图 4.12(f)给出了 $-3 \sim +3$ 阶谐波频率的一维散射方向图,可以看出基波频率的主波束指向角度 $\theta = -14.5°$,而其他谐波频率的散射能量很低。另外,图 4.12(g)也给出了原始 2-bit 编码"0−0−1−2−2−2−3−3"和等效 3-bit 编码"0′−1′−2′−3′−4′−5′−6′−7′"实现波束偏折的性能对比,可以发现原始 2-bit 编码也可以实现 14.5°的波束偏折,但是伴随着较大的副瓣,这是由于 2-bit 编码的量化误差要大于 3-bit 编码。等效 3-bit 编码实现波束偏折的副瓣很小,仅波束增益与 2-bit 编码情形相比略微降低,这是由于部分能量从基波转移到了其他谐波频率上。

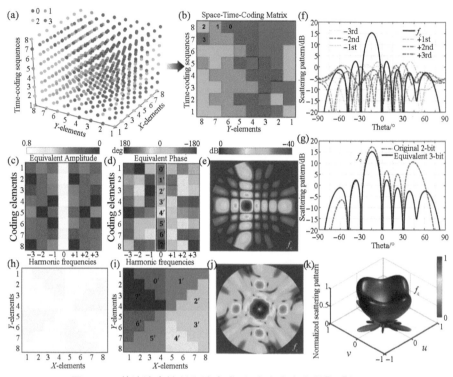

图 4.12　基波波束控制和波束成形(来自参考文献[14]的图 5)

(a)和(b)用于实现等效 3-bit 基波波束偏折的 2-bit 三维时空编码矩阵及其简化的二维时空编码矩阵;(c)和(d) 8 列单元在−3~+3 阶谐波频率的等效幅度和相位分布;(e)超表面在基波频率处的 uv 平面散射方向图;(f)超表面在−3~+3 阶谐波频率的归一化散射方向图;(g)等效 3-bit 与原始 2-bit 编码实现波束偏折的效果对比;(h)和(i)编码排布用于实现涡旋波束时,超表面 8×8 个单元在基波频率的等效幅度和相位分布;(j)对应在基波频率的 uv 平面散射方向图;(k)对应在基波频率的三维空间散射方向图。

　　根据同样的原理,时空超表面还可以用于生成涡旋波束。本示例中超表面被分为 8 个扇区,每个扇区在对应时空编码矩阵调制下,在基波频率处所对应的等效幅度和等效相位如图 4.12(h)和(i)所示,可以看出各个扇区的等效 3-bit 相位呈现螺旋梯度分布,可用于产生涡旋波束,图 4.12(j)和(k)分别展示了超表面在基波频率的 uv 平面和三维空间的散射方向图。总的来说,利用物理层 2-bit 时空编码在基波频率处获得了多比特的等效相位,可以实现更佳性能的波束偏折和波束成形。

4.4.3　散射能量缩减

　　时空编码数字超表面不仅能够有效地提高散射能量来实现波束调控,也可以对散射能量进行多维度缩减[14]。在雷达和隐身技术领域,目标散射大小通常用雷达散射截面(Radar Cross - Section,RCS)来衡量,如何缩减目标 RCS 是一个关键的问题。传统的雷达吸波材料可以吸收电磁波,转化为欧姆损耗,而一些基于相位对消原理的低散射超表面也可以将入射波分散到空间其他方向,这些手段都可以在一定程度上减少目标 RCS。与传统技术不同的是,时空编码超表面可以将入射电磁波同时分散到空间域和频率域,从而实现更好的 RCS 缩减效果。

图 4.13(a)表示一块相位分布均匀的超表面,可以模拟一块金属平板,当入射平面波照射到这块超表面上,它的归一化散射方向图如图 4.13(f)所示,可以看出边射方向(垂直于超表面)存在一个很强的散射峰。如果把超表面的相位分布变成如图 4.13(b)所示的棋盘格形式空间编码,边射方向的散射能量大幅度降低,但是在其他四个方向依然存在很强的散射峰,如图 4.13(g)所示。如果在图 4.13(b)中棋盘格形式空间编码的基础上引入时间维度上的编码"01"来构成时空编码矩阵,如图 4.13(c)所示,可以通过计算得出对应的谐波散射方向图;从图 4.13(h)可以看出入射波能量不仅仅在空间域被分散到四个方向上,也在频率域被扩散了,整个空间域和频率域上的最大散射能量相比于图 4.13(f)中的散射峰值要低约 9.55 dB。在时间编码"01"的周期调制下,由于周期函数的傅里叶变换特性,能量仅存在于奇次谐波频率且散射方向图形状相同;偶次谐波频率和基波频率没有能量分布。所以当超表面采用图 4.13(c)中时空编码矩阵进行调制时,频率为 f_c 的入射波能量将不会在频率 f_c 处存在散射能量,入射波能量都被分散到奇次谐波频率上,在频率域实现了对散射能量的再次缩减。

利用优化算法来设计时空编码矩阵,可以在频率域和空间域获得更好的散射缩减性能。图 4.13(d)展示了一组优化得到的空间编码,它对应的空间散射方向图如图 4.13(i)所示,可以看出在这组空间编码的作用下,入射波能量被更均匀地分散到整个空间域。进一步在图 4.13(d)中空间编码的基础上引入优化的时间编码序列"10011010"之后可得到如图 4.13(e)所示的时空编码矩阵,入射波能量将会更均匀地扩散到空间域和频率域。图 4.13(j)展示了 +1～+5 阶谐波频率处的空间散射方向图,散射能量不仅仅在整个上半空间被缩减,也进一步扩散到几乎所有谐波频率。在该时空编码矩阵的调制下,散射能量在基波频率处为 0,同时在其他谐波频率的散射峰值也比图 4.13(f)中的散射峰值低 21.52 dB 左右。总的来说,通过设计合适的时空编码矩阵,入射电磁波能量可以被很好地扩散到空间域和频率域,进一步缩减 RCS。

4.4.4　可编程非互易效应

打破互易性一直是电磁学、物理学、信息科学领域学者们关心的问题,解决这一问题可以在通信、能量收集、热辐射等方面发挥重要作用。例如,在无线通信系统中,一个非互易的天线发射机可以辐射一个高定向性波束,而不会在相应方向接收到反射回波。在微波频段,通常借助磁性材料(如铁氧体)来打破时间反演对称性,以产生非互易效应。但这些磁性材料通常比较笨重、成本昂贵,并且难以集成和扩展到光学频段。因此,也有研究者采用非磁

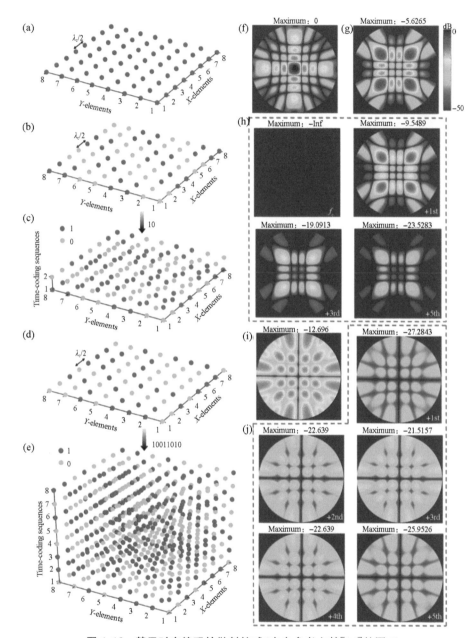

图 4.13 基于时空编码的散射缩减（来自参考文献[14]的图 5）

（a）均匀相位分布的空间编码矩阵；（b）棋盘格形式的空间编码矩阵；（c）在图（b）中空间编码的基础上引入时间编码"10"构成的时空编码矩阵；（d）一组算法优化得到的空间编码矩阵；（e）在图（d）中空间编码的基础上引入时间编码"10011010"构成的时空编码矩阵；（f）图（a）中空间编码对应的散射方向图；（g）图（b）中空间编码对应的散射方向图；（h）图（c）中时空编码对应的散射方向图；（i）图（d）中空间编码对应的散射方向图；（j）图（e）中时空编码对应的散射方向图。

性的方法来打破互易性,例如使用非线性材料。这种材料本身不受洛伦兹互易性的约束,但通常具有功率依赖性且需要足够大的信号强度来激发。还有研究者基于三极管器件或移动媒质来实现非互易效应,但是这些手段也受限于工作频率,且很难拓展到光学频段。

本节在时空编码调制理论的基础上进行拓展,利用时空编码超表面来打破互易性[20]。这里使用一款 2-bit 可编程超表面,设计合适的时空梯度编码矩阵,在时间反演体系下可以实现非互易的异常反射,同时伴随着高效率的频率转换。同样考虑二维平面内的非互易反射,每列单元具有相同的编码状态。第 p 列可编程单元的时变反射系数按照对应的时间编码序列进行周期切换,可以表示为时变的周期函数 $\Gamma_p(t) = \sum_{n=1}^{L} \Gamma_p^n U_p^n(t)$,其中 $U_p^n(t)$ 代表一个周期为 T_0 的周期脉冲函数。当具有 $e^{j2\pi f_c t_c}$ 形式的单色平面正弦波以入射角 θ_i 倾斜照射到超表面上,其时域的远场散射方向图可以表示如下:

$$f(\theta,t) = \sum_{p=1}^{N} E_p(\theta)\Gamma_p(t)\exp\left[j\frac{2\pi}{\lambda_c}(p-1)d(\sin\theta + \sin\theta_i)\right] \tag{4.22}$$

其中,$E_p(\theta) = \cos\theta$ 是第 p 列单元在中心频率 f_c 处的散射方向图,$\lambda_c = c/f_c$ 是中心频率对应的波长,d 是超表面单元的周期长度。通过将周期函数 $\Gamma_p(t)$ 展开成傅里叶级数,超表面在 m 阶谐波频率 $f_c + mf_0$ 处的频域散射方向图可以表示为

$$F_m(\theta) = \sum_{p=1}^{N} E_p(\theta)a_p^m\exp\left[j2\pi(p-1)d\left(\frac{\sin\theta}{\lambda_r} + \frac{\sin\theta_i}{\lambda_c}\right)\right] \tag{4.23}$$

其中,$\lambda_r = c/(f_c + mf_0)$ 代表 m 阶谐波频率对应的波长;a_p^m 是时变反射系数 $\Gamma_p(t)$ 的傅里叶级数系数,可表示为

$$a_p^m = \sum_{n=1}^{L} \frac{\Gamma_p^n\sin(\pi m/L)}{\pi m}\exp[-j\pi m(2n-1)/L] \tag{4.24}$$

图 4.14(a)展示了基于时空编码数字超表面的非互易反射原理示意图。在前向反射情形下,平面波频率为 f_1(红色光束表示),斜入射到超表面上,入射角为 θ_1,在特定时空编码矩阵的调制下,其反射波(绿色光束表示)的偏折方向为 θ_2 且频率为 f_2;在时间反演情形下,入射波频率为 f_2 且入射角为 θ_2,此时反射波(紫色光束表示)的偏折方向为 θ_3 且频率为 f_3。这里 $\theta_3 \neq \theta_1$、$f_3 \neq f_1$,表明时间反演情形下反射波的频率和偏折角与前向反射情形下的入射波均不相同,打破了时间反演对称性和洛伦兹互易性。

为了实现图 4.14(a)中的非互易反射效应,这里采用一款 2-bit 时空编码超表面,加工的实物样件如图 4.14(b)所示,共有 16×8 个单元。图 4.14(c)给出了一种实现非互易反射效应的时空编码矩阵,其维度是 16×4,表示包含 16 列单元,每列单元的时间编码序列长度为 4;红色、黄色、绿色和蓝色方块分别代表"0""1""2"和"3"编码。从第 1 列到第 16 列单元之

间的时间编码序列都可以看成同一个时间编码序列,但依次时移 $T_0/4$,因此相邻列单元依次保持 90° 相位梯度。图 4.14(d) 给出了时空编码矩阵所对应的等效幅度分布,可以看出入射波能量主要转化为 +1 阶谐波能量,可以将中心频率为 f_c 的入射波转换为频率为 $f_c + f_0$ 的反射波,且在 +1 阶谐波频率处的等效相位分布呈现梯度递增的趋势,因此反射波可以被偏折到特定方向上,实现异常反射。

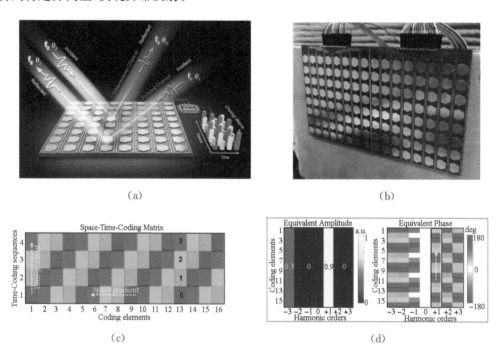

(a)　　　　　　　　　　　　　　(b)

(c)　　　　　　　　　　　　　　(d)

图 4.14　基于时空编码超表面的非互易效应

(a) 基于时空编码数字超表面实现非互易反射效应的原理示意图(来自参考文献[20]的图 1);(b) 2-bit 可编程超表面实物加工图(来自参考文献[20]的图 6);(c) 用于实现非互易反射效应的时空梯度编码矩阵:包含 16 列空间编码单元,每列单元的时间编码序列长度为 4(来自参考文献[20]的图 2);(d) 该时空编码矩阵所对应的等效幅度和等效相位分布(来自参考文献[20]的图 2)。

下面分析图 4.14(c) 中时空编码矩阵实现非互易反射效应和频率转换的原理,第 p 列单元的时间编码序列可以看作一个具有不同时移 $t_p = (p-1)T_0/4$ 的周期函数 $\Gamma_p(t)$,依据傅里叶变换理论中的时移定理,超表面相邻列单元之间在 m 阶谐波频率 $f_c + mf_0$ 处的相位差可以表示为

$$\Delta\psi_m = -2\pi mf_0(t_{p+1} - t_p) = -\frac{m\pi}{2} \qquad (4.25)$$

因此在 +1 阶谐波频率处的等效空间梯度可以写作

$$\frac{\partial \psi}{\partial x} = \frac{\Delta \psi_1}{d} = -\frac{\pi}{2d} \tag{4.26}$$

对于图 4.14(a)中的前向反射情形，入射波的频率为 f_c，对应波数为 $k = 2\pi f_c/c$；而主要的反射波为 $+1$ 阶谐波，频率为 $f_c + f_0$，对应波数为 $k + \Delta k = 2\pi(f_c + f_0)/c$。这时入射角 θ_1 和反射角 θ_2 的关系表示如下：

$$(k + \Delta k)\sin\theta_2 = k\sin\theta_1 + \frac{\partial \psi}{\partial x} \tag{4.27}$$

对于图 4.14(a)中的时间反演情形，入射波的频率为 $f_c + f_0$，对应波数为 $k + \Delta k = 2\pi(f_c + f_0)/c$；而此时反射波频率主要为 $f_c + 2f_0$，对应波数为 $k + 2\Delta k = 2\pi(f_c + 2f_0)/c$。这时入射角 θ_2 和反射角 θ_3 之间的关系写作

$$(k + 2\Delta k)\sin\theta_3 = (k + \Delta k)\sin\theta_2 - \frac{\partial \psi}{\partial x} \tag{4.28}$$

由式(4.27)和式(4.28)可以得出前向反射情形下的反射角 θ_2、时间反演情形下的反射角 θ_3 与初始入射角 θ_1 之间的关系如下：

$$\sin\theta_2 = \frac{k\sin\theta_1 + \dfrac{\partial \psi}{\partial x}}{k + \Delta k} = \frac{\sin\theta_1 - \dfrac{\lambda_c}{4d}}{1 + \dfrac{f_0}{f_c}} \tag{4.29}$$

$$\sin\theta_3 = \frac{k}{k + 2\Delta k}\sin\theta_1 = \frac{\sin\theta_1}{1 + \dfrac{2f_0}{f_c}} \tag{4.30}$$

为了更好地衡量时间反演情形下的反射波与初始入射波之间的角度偏差，这里定义了一个偏离系数 δ，表示为

$$\delta = |\sin\theta_3 - \sin\theta_1| = \frac{\sin\theta_1}{1 + \dfrac{f_c}{2f_0}} \tag{4.31}$$

在初始入射波为斜入射，即 $\theta_1 \neq 0$ 时，偏离系数 δ 也不为 0。总之，引入时空编码调制之后，在时间反演情形下的反射波不会沿着初始倾斜入射波的方向传播，并伴随着 $2f_0$ 的频移，因此在空间域和频率域都打破了时间反演对称性和洛伦兹互易性。由式(4.31)中定义的偏离系数可知，时间反演情形下的反射波和初始入射波之间的角度差与相对调制速率 f_0/f_c 及斜入射角度 θ_1 成正比。如果调制频率 f_0 相比于入射波频率 f_c 小很多，角度偏差将会非常小，难以在实验中分辨。通过提高相对调制速率 f_0/f_c 及斜入射角 θ_1，可以增大角度差。

第一个示例假设入射波频率为 $f_c=5\ \mathrm{GHz}$，调制频率 $f_0=250\ \mathrm{MHz}$，单元周期长度 $d=\lambda_c/2$，初始入射角 $\theta_1=60°$。在图 4.14(c) 中时空编码矩阵的调制下，计算前向反射和时间反演情形下的散射方向图，如图 4.15(a) 所示。在前向反射情形下，端口 1 的入射波 f_c 以 $\theta_1=$

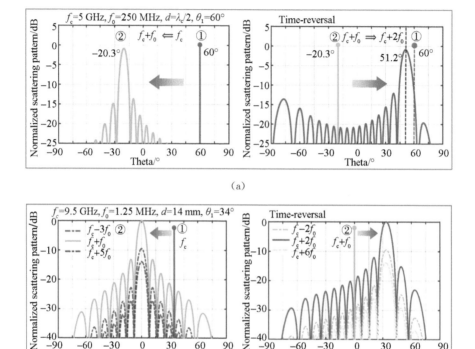

(a)

(b)

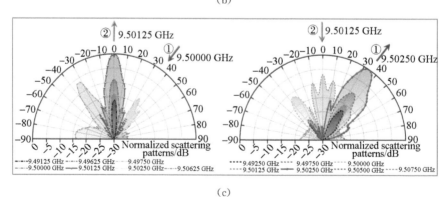

(c)

图 4.15 不同条件设置下的非互易反射结果

(a) 第一个示例中前向反射和时间反演情形下不同谐波频率处的散射方向图(来自参考文献[20]的图 3)；(b) 第二个示例中前向反射和时间反演情形下不同谐波频率处的散射方向图(来自参考文献[20]的图 4)；(c) 第二个示例中前向反射和时间反演情形下，在不同谐波频率处的散射方向图测试结果(来自参考文献[20]的图 6)。

$60°$的角度倾斜照射到超表面上,反射波束主要集中在谐波频率 f_c+f_0 处,波峰指向 $-20.3°$ 的方向(定义为端口 2 的方向);在时间反演情形下,入射波频率为 f_c+f_0,角度为 $\theta_2=20.3°$,从端口 2 出发照射到超表面上,反射波束主要集中在谐波频率 f_c+2f_0 处,波峰指向 $\theta_3=51.2°$ 的方向。结果表明时间反演情形下的反射波与初始入射波传播方向存在明显的角度偏差,也伴随着 $2f_0$ 的频率转换,从而实现了非互易反射效应,可以用于同时在空间域和频率域隔离电磁波的传输。

考虑到二极管的实际调制速率,为了方便实验测试,第二个示例中时空编码超表面设置如下:入射波频率 $f_c=9.5$ GHz,调制频率 $f_0=1.25$ MHz,单元周期长度 $d=14$ mm,初始入射角 $\theta_1=34°$。图 4.15(b)分别展示了在前向反射情形和时间反演情形下的散射方向图,在前向反射情形下,端口 1 的入射波 f_c 以 $\theta_1=34°$ 的角度倾斜照射到超表面上,反射波束主要集中在谐波频率 $f_c+f_0=9.50125$ GHz 处,波峰指向 $\theta_2=0.27°$ 的方向;在时间反演情形下,入射波频率为 f_c+f_0,角度为 $\theta_2=0.27°$,从端口 2 照射到超表面上,反射波束主要集中在谐波频率 $f_c+2f_0=9.5025$ GHz 处,波峰指向 $\theta_3=33.7°$ 的方向,而在 $f_c=9.5$ GHz 频率处没有散射能量。在这个示例中,由于调制速率和入射波频率相比较小,使得时间反演后的反射角度偏差 $|\theta_3-\theta_1|=0.3°$ 非常小,在空间域难以分辨,但是在频率域可以利用频谱分析仪分辨出 $f_c=9.5$ GHz 与 $f_c+2f_0=9.5025$ GHz,图 4.15(c)展示了该示例的实验测试结果,波束偏折角度和谐波能量分布都比较吻合,因此证明了时空编码方案实现非互易反射效应的可行性。

此外,还可以利用时空编码超表面实现可编程非互易效应,可以通过实时切换编码矩阵来实现可编程的非互易反射。之前的示例中分析了利用图 4.14(a)中的时空编码矩阵来实现非互易反射和 +1 阶谐波频率转换,如果将编码矩阵切换到图 4.16(a)所示的时空编码矩阵,可以实现不同的非互易效果。图 4.16(a)的编码矩阵采用的时间编码序列长度为 $L=10$,对应在不同谐波频率处的等效幅度和相位分别如图 4.16(b)和(c)所示。可以看出在此时空编码矩阵的作用下,超表面将频率为 f_c 的入射波主要转换到 +2 阶谐波频率 f_c+2f_0 上,等效幅度为 0.84,且在 +2 阶谐波频率处第 16 列至第 1 列单元的等效相位呈现不一样的相位梯度,可以实现不同角度的异常反射。假定入射波频率 $f_c=5$ GHz,调制频率 $f_0=100$ MHz,单元周期长度 $d=\lambda_c/2$,初始入射角 $\theta_1=60°$。图 4.16(d)和(e)给出了时空编码超表面的散射方向图。在前向反射情形下,端口 1 的入射波 f_c 以 $\theta_1=60°$ 的角度倾斜照射到超表面上,反射波束主要集中在谐波频率 f_c+2f_0 处,波峰指向 $-26.5°$ 的方向(定义为端口 2 的方向);在时间反演情形下,入射波频率变为 f_c+2f_0,角度为 $\theta_2=26.5°$,从端口 2 照射到超表面上,反射波束主要集中在谐波频率 f_c+4f_0 处,波峰指向 $\theta_3=52.5°$ 的方向。时间反演情形下的反射波角度 $52.5°$ 与初始入射波的角度具有足够的偏差,伴随着 $4f_0$ 的频率偏移。这些结果表明通过切换时空编码矩阵,时间反演情形下反射波的角度和频率可以实时动态调控,从而实现可编程非互易效应,这在未来的隔离器、混频器、双工器、单向传输、无线通信和雷达系统中将发挥重要作用。

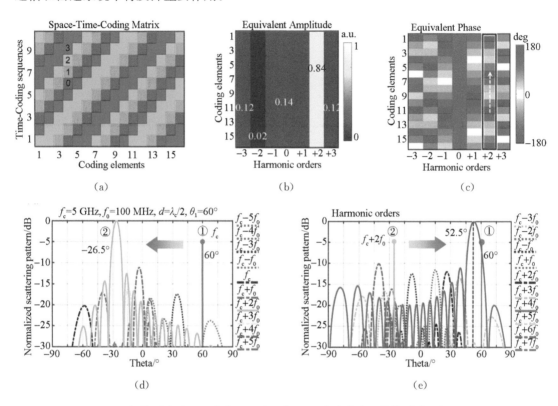

图 4.16 切换时空编码矩阵实现可编程非互易（来自参考文献[20]附录的图 S6）

(a) 用于实现可编程非互易反射效应的时空梯度编码矩阵：包含 16 列空间编码单元，每列单元的时间编码序列长度为 10；(b) 和 (c) 该时空编码矩阵所对应的等效幅度和等效相位分布；(d) 和 (e) 前向反射情形下和时间反演情形下不同谐波频率处的散射方向图。

4.4.5 任意多比特相位生成

一般来说，可编程超表面的比特数越高，相位量化误差就越小，就可以更精准地操控电磁波。但是，基于开关二极管的多比特（大于 2-bit）可编程超表面设计非常具有挑战性，一款 n-bit 可编程超表面的单元需要集成 n 个开关二极管来实现 2^n 种编码态。因此基于开关二极管的多比特可编程超表面的拓扑结构设计、直流偏置电路和控制系统都将非常复杂。在微波频段来实现多比特可编程超表面设计的另一种方法是利用变容二极管，但通常损耗较大，且驱动变容二极管需要较大的反向偏置电压，需要精心设计额外的驱动电路，切换速率也受限。现有公开的工作中还有利用其他调控手段来设计可编程超表面，例如 MEMS、石墨烯、液晶、二维电子气等[21]，但是这些手段所实现的相位覆盖受限，不能实现 360°相位分布,离实际应用也比较远。

在之前提出的时空编码理论基础上,本节介绍一种基于 2-bit 时空编码超表面来实现多比特相位覆盖的方法,并利用矢量合成分析法来设计任意比特的可编程相位[22]。图4.17(a)给出了时空编码超表面调制入射电磁波的示意图,其中每个单元都加载了两个开关二极管,在不同的控制电压下,2-bit 可编程单元的反射系数可以动态地按照离散的 4 种相位(φ_{00}、φ_{01}、φ_{10} 和 φ_{11})进行切换。超表面单元反射系数的等效幅度 A_{rn} 和相位 ψ_{rn} 可以用复平面的矢量合成分析法来得到。基本的 4 种 2-bit 反射系数矢量 $e^{j\varphi_{00}}$、$e^{j\varphi_{01}}$、$e^{j\varphi_{10}}$ 和 $e^{j\varphi_{11}}$ 绘制在图 4.17(b)中,用红色箭头表示。以时间编码序列"00-01-01-01"为例,其在基波频率处的等效反射系数是由两个矢量 $e^{j\varphi_{00}}/4$ 和 $3e^{j\varphi_{01}}/4$ 相加而成,合成一个新矢量 $0.79e^{j71.57°}$,也就是等效反射相位为 71.57°;而时间编码序列"10-10-10-10-10-11-11-11"在基波频率处所对应的等效反射系数是由两个矢量 $5e^{j\varphi_{10}}/8$ 和 $3e^{j\varphi_{11}}/8$ 相加而成,合成一个新矢量 $0.73e^{j(-149°)}$,等效反射相位为 $-149°$。可以看出,尽管 2-bit 可编程超表面的基础相位只有 4 种,但如果适当组合 4 种基本矢量,可以得到一个新的等效反射系数矢量 $A_{rn}e^{j\psi_{rn}}$(如图 4.17(b)中绿色箭头所示),而且等效反射相位 ψ_{rn} 可以覆盖 360°相位区间。其他谐波频率处的等效复反射系数矢量也可以用类似的矢量合成法来分析。

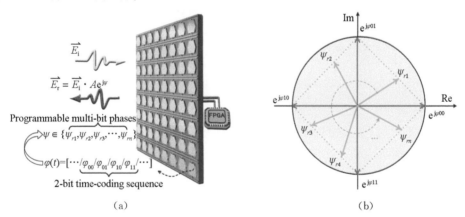

图 4.17 基于时空编码超表面的任意可编程相位生成

(a) 基于时空编码超表面实现任意多比特可编程相位的示意图(来自参考文献[22]的图 1);(b) 矢量合成分析法:复平面表示方法(来自参考文献[22]的图 2)。

图 4.18(a)给出了 16 种长度为 8 的 2-bit 时间编码序列,对应在基波频率 ω_c 处的等效幅度和相位如图 4.18(b)所示,该编码序列在基波角频率处产生了 4-bit 相位,等效幅度均大于 0.7。类似地,图 4.18(d)给出了另外 16 种长度为 8 的 2-bit 时间编码序列,对应在 $+1$ 阶谐波频率 $\omega_c+\omega_0$ 处的等效幅度和相位如图 4.18(e)所示,等效相位呈现 4-bit 分布且等效幅度均大于 0.83。此外,还可以设计更多的时间编码序列组合,在基波频率和 $+1$ 阶谐波频率处的等效相位实现 360°准连续覆盖,且保持较高的等效幅度,如图 4.18(c)和(f)所示。时空

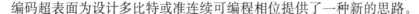

编码超表面为设计多比特或准连续可编程相位提供了一种新的思路。

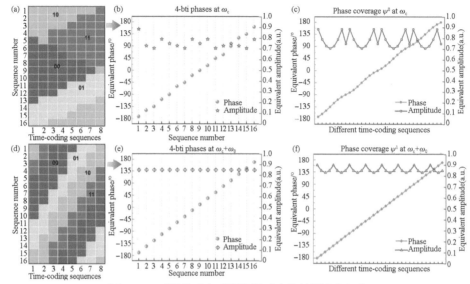

图 4.18 时间编码序列设计及对应等效幅度和相位

(a) 用于在基波频率处产生 4-bit 等效相位的一组 2-bit 时间编码序列(来自参考文献[22]的图 3);(b) 图(a)中时间编码序列对应在基波频率处的等效幅度和相位值(来自参考文献[22]的图 3);(c) 不同的时间编码序列组合在基波频率处实现准连续的等效相位覆盖(来自参考文献[22]的图 5);(d) 用于在+1 阶谐波频率处产生 4-bit 等效相位的一组 2-bit 时间编码序列(来自参考文献[22]的图 4);(e) 图(d)中时间编码序列对应在+1 阶谐波频率处的等效幅度和相位值(来自参考文献[22]的图 4);(f) 不同的时间编码序列组合在+1 阶谐波频率处实现准连续的等效相位覆盖(来自参考文献[22]的图 6)。

下面利用图 4.18(a)和(d)中的两组时间编码序列来展示高比特编码在波束偏折中的应用。首先分析在基波频率 ω_c 处的波束偏折,16 列超表面单元依次应用图 4.18(a)中的 16 种时间编码序列进行调制,在基波频率处具有等效 4-bit 的梯度相位分布;图 4.19(a)中的红色曲线展示了在基波频率处的一维空间散射方向图,等效 4-bit 相位分布下的基波波束偏折方向为 $\theta=-8.1°$。作为对比,图 4.19(a)和(c)也给出了超表面的 16 列单元按照原始 1-bit、原始 2-bit 以及等效 3-bit、等效 4-bit 梯度编码分布时的散射方向图,可以看出原始 1-bit 和 2-bit 相位对应的散射方向图具有较大的副瓣,而利用等效 4-bit 相位产生的波束偏折性能很好,具有很低的副瓣电平,这也体现了高比特编码具有低相位量化误差的优势。时空编码超表面也可以在谐波频率处实现等效高比特编码,16 列超表面单元依次应用图 4.18(d)中的16 种时间编码序列进行调制,在+1 阶谐波频率处呈现等效 4-bit 的梯度相位分布,图 4.19(b)给出了+1 阶谐波频率 $\omega_c+\omega_0$ 处的波束偏折效果,+1 阶谐波的主波束指向 $\theta=-8.1°$,而其他谐波分量都被抑制得很低,从而保证了所设计频率处的波束偏折效率。

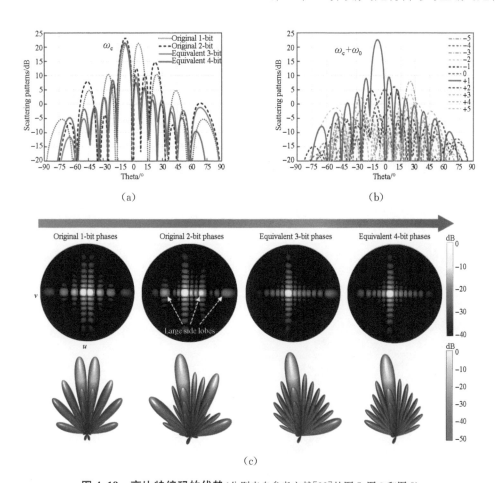

图 4.19 高比特编码的优势（分别来自参考文献[22]的图 7、图 9 和图 8）

（a）不同比特编码在基波频率处实现波束偏折的一维方向图对比；（b）4-bit 编码等效相位在＋1 阶谐波频率处实现波束偏折的方向图；（c）原始 1-bit、2-bit 和等效 3-bit、4-bit 编码下实现波束偏折的二维和三维方向图。

　　总之，等效 4-bit 或更高比特的可编程超表面在波束调控上提供了更大的自由度，可以更加精准地调控电磁波。实际上，在传统相控阵天线领域，为了减小量化副瓣电平和波束指向误差，通常需要昂贵的高比特数字移相器和复杂的馈电系统。因此，未来利用时间编码实现高比特可编程相位可以用于设计基于可编程超表面的新型相控阵天线，可以减小量化误差，并且无需传统的高比特移相器，从而节约了成本，降低了系统的复杂度。

4.4.6　多谐波联合独立调控

　　时空编码数字超表面产生的多个谐波之间存在固有的纠缠特性，之前的时空编码方案无法同时实现对多谐波的联合独立调控。虽然可以利用优化算法来实现在多个谐波处的波束控制[14]，但是这种方法复杂度高，需要耗费较多的计算资源和时间。本节介绍一种更通用的多谐波联合独立调控方法[23]，通过精心设计时间交织编码序列，可以有效地对多个谐波进行解耦，从而在多个频率处（包括基波频率）实现独立的波束控制与成形。图4.20(a)给出了时空编码超表面实现多谐波联合独立调控的示意图，在入射波的照射下，+1～+3阶谐波频率处的反射波均能被独立调控，可以在多个频率处实现不同的功能。

时空编码数字超表面的反射相位在360°区间内被离散的量化数量设为S，对于1-bit情形，$S=2$，编码状态为"0"和"1"；对于2-bit情形，$S=4$，编码状态为"0""1""2"和"3"；对于更高比特情形，则以此类推。图4.20(b)给出了时间交织编码序列的基本构造。下面介绍多谐波调控方法的编码思路：若要实现对Q个频率（包括基波和谐波，阶数$\nu=0,1,\cdots,Q-1$）进行独立控制，需构造由Q组长度为P的编码子序列交织排列组成的时间编码序列，图4.20(b)中相同颜色方块表示的子序列用于控制ν阶谐波频率处的幅度和相位；时间编码序列在周期T_0内的长度$L=PQ$，可表示如下：

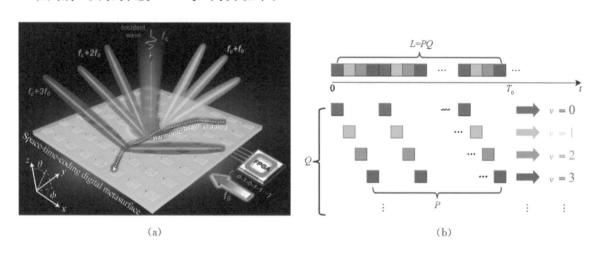

(a)   (b)

图4.20 基于时空编码超表面的多谐波联合独立调控

(a) 时空编码数字超表面实现多谐波联合独立波束调控的示意图（来自参考文献[23]的图1）；(b) 基于交织编码子序列进行联合多谐波综合的示意图，相同颜色表示的编码子序列只影响一个特定的谐波频率（来自参考文献[23]的图2）。

$$\Gamma_{q+1+pQ} = \Omega_{pq}\Gamma_{q+1}, \quad p=0,\cdots,P-1, \quad q=0,\cdots,Q-1 \qquad (4.32)$$

其中，Ω_{pq}为相移因子，Γ_{q+1}为单元的反射相位编码。将式(4.32)代入式(4.20)可得

$$a_\nu = c_\nu \sum_{q=0}^{Q-1} \Gamma_{q+1}\alpha_{q\nu} \exp\left(-\frac{\mathrm{j}2\pi q}{L}\right) \qquad (4.33)$$

其中，$c_\nu = \dfrac{1}{L}\mathrm{sinc}\left(\dfrac{\pi\nu}{L}\right)\exp\left(\dfrac{-\mathrm{j}\pi\nu}{L}\right)$表示$\nu$阶谐波频谱的衰减规律；$\alpha_{q\nu}$可以被看作数字滤波项，表示如下[23]：

$$\alpha_{q\nu} = \sum_{p=0}^{P-1} \Omega_{pq} \exp\left(-\frac{\mathrm{i}2\pi\nu p}{P}\right) \tag{4.34}$$

为了对多个频率进行解耦,需要严格挑选相移因子 Ω_{pq} 来设计 $\alpha_{q\nu}$。若要实现第 q 组编码子序列只影响第 ν 阶谐波频率,需要满足 $\alpha_{q\nu} \propto \widetilde{\delta}_{q\nu}$,其中 $\widetilde{\delta}_{q\nu}$ 为一个简化的克罗内克函数(Kronecker delta),表示如下:

$$\widetilde{\delta}_{q\nu} = \begin{cases} 1, & q = \nu \\ 0, & q \neq \nu \end{cases}, \quad q, \nu = 0, \cdots, Q-1 \tag{4.35}$$

当目标频率数量 Q 不大于编码量化数量 S 时,选取 $P=S$, $\Omega_{pq} = \exp\left(\frac{\mathrm{i}2\pi pq}{S}\right)$,上述问题将得到简化。

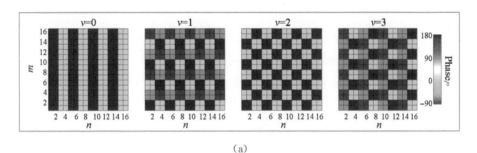

(a)

(b)

图 4.21　多谐波频率进行联合波束调控的数值示例(来自参考文献[23]的图 3)

(a) 分别对应于谐波阶数 $\nu=0$、1、2、3 的编码相位分布图;(b) 对应的远场散射方向图,分别实现了:沿 x 方向对称分布的双波束,沿 x 方向对称分布且沿 y 方向偏转的双波束,对称分布的四波束,沿 y 方向对称分布且沿 x 方向偏转的双波束。

为了展示这种多个频率的解耦方法,本节选取一块规格为 16×16 个单元的 2-bit 时空编码超表面。对于 2-bit 编码,编码量化数量 $S=4$,为了实现严格的封闭解,这里选取目标频率数量 $Q=4$,对应谐波阶数 $\nu=0,1,2,3$;每个子序列的长度 $P=S=4$,因此时间交织子序列在一个周期内的总长度为 $L=PQ=16$。根据前面的理论分析,时空编码超表面在一组时间交织编码序列的作用下,可以在 $0 \sim +3$ 阶谐波频率处分别产生 4 种独立的相位分布,如图 4.21(a)所示。图 4.21(b)给出了对应频率处的二维空间散射方向图,可以明显看出在 4 个频率处的散射方向图可以被独立控制,包括主波束的数量和方向。此外,这种方法还可以在多个频率处实现不同的漫散射、涡旋波束合成等电磁功能。

这种时间交织编码序列的设计方法无需耗时的算法优化过程,采用完备的数学分析来实现对不同谐波频率的解耦,最终在多个频率处实现完全不同的电磁功能;也可以进一步采用数字滤波理论来提高目标谐波频率的转换效率。基于时空编码超表面的多谐波联合独立调控,成功实现了在多个频率处同时产生多个独立的散射图案,交织编码子序列的调制方案提升了时空编码数字超表面在多维度调控电磁波的能力,为新体制无线通信、雷达、成像等信息系统的发展提供了更大的潜力。

4.5　小结

时间编码和时空编码数字超表面的概念自 2018 年提出以来引起了国内外学者的广泛关注和深入研究,数字可编程超表面为实现对电磁波的时间和时空调制提供了一个功能强大且通用的超材料平台。时空联合编码方法能够同时在时间域、空间域和频率域进行电磁波调控和信息处理,拓宽了可编程超表面的应用范围。目前时间编码与时空编码数字超表面已经成功用于非线性频谱调控、谐波幅相独立调控、谐波波束扫描、波束成形、多域散射能量缩减、可编程非互易效应、任意多比特相位生成、多谐波独立调控、智能反射表面(Reconfigurable Intelligent Surface,RIS)、无线通信复用技术、新架构无线发射机等方面[21, 24-26]。时间编码和时空编码数字超表面在未来新体制无线通信、雷达、计算成像、自适应波束成形等领域具有重要应用前景[6, 15]。

4.6　参考文献

[1]　Cui T J, Qi M Q, Wan X, et al. Coding metamaterials, digital metamaterials and programmable metamaterials[J]. Light: Science & Applications, 2014, 3(10): e218.

[2]　Kummer W, Villeneuve A, Fong T, et al. Ultra-low sidelobes from time-modulated arrays[J]. IEEE Transactions on Antennas and Propagation, 1963, 11(6): 633 – 639.

[3]　Tennant A, Chambers B. Time-switched array analysis of phase-switched screens[J]. IEEE Transactions on Antennas and Propagation, 2009, 57(3): 808 – 812.

[4]　Felsen L, Whitman G. Wave propagation in time-varying media[J]. IEEE Transactions on Antennas and Propagation, 1970, 18(2): 242 – 253.

[5]　Zhao J, Yang X, Dai J Y, et al. Programmable time-domain digital-coding metasurface for nonlinear harmonic manipulation and new wireless communication systems[J]. National Science Re-

view，2018，6(2)：231-238.

[6] 戴俊彦. 时域超表面理论研究与应用[D]. 南京：东南大学，2019.

[7] Dai J Y，Zhao J，Cheng Q，et al. Independent control of harmonic amplitudes and phases via a time-domain digital coding metasurface[J]. Light：Science & Applications，2018，7：90.

[8] Dai J Y，Yang L X，Ke J C，et al. High-efficiency synthesizer for spatial waves based on space-time-coding digital metasurface[J]. Laser & Photonics Review，2020，14(6)：1900133 (1-8).

[9] Ke J C，Dai J Y，Chen M Z，et al. Linear and nonlinear polarization syntheses and their programmable controls based on anisotropic time-domain digital coding metasurface[J]. Small Structures，2021，2(1)：2000060.

[10] Zhang C，Yang J，Yang L X，et al. Convolution operations on time-domain digital coding metasurface for beam manipulations of harmonics[J]. Nanophotonics，2020，9(9)：2771-2781.

[11] Dai J Y，Yang J，Tang W K，et al. Arbitrary manipulations of dual harmonics and their wave behaviors based on space-time-coding digital metasurface[J]. Applied Physics Reviews，2020，7(4)：041408.

[12] Dai J Y，Tang W K，Zhao J，et al. Wireless communications through a simplified architecture based on time-domain digital coding metasurface[J]. Advanced Materials Technologies，2019，4(7)：1900044.

[13] Dai J Y，Tang W K，Yang L X，et al. Realization of multi-modulation schemes for wireless communication by time-domain digital coding metasurface[J]. IEEE Transactions on Antennas and Propagation，2020，68(3)：1618-1627.

[14] Zhang L，Chen X Q，Liu S，et al. Space-time-coding digital metasurfaces[J]. Nature Communications，2018，9(1)：4334.

[15] 张磊. 时空编码数字超表面及应用[D]. 南京：东南大学，2020.

[16] Shaltout A，Kildishev A，Shalaev V. Time-varying metasurfaces and Lorentz non-reciprocity[J]. Optical Materials Express，2015，5(11)：2459.

[17] Yu Z F，Fan S H. Complete optical isolation created by indirect interband photonic transitions[J]. Nature Photonics，2009，3(2)：91-94.

[18] Hadad Y，Sounas D L，Alù A. Space-time gradient metasurfaces[J]. Physical Review B，2015，92(10)：100304.

[19] Yu N F，Genevet P，Kats M A，et al. Light propagation with phase discontinuities：Generalized laws of reflection and refraction[J]. Science，2011，334(6054)：333-337.

[20] Zhang L，Chen X Q，Shao R W，et al. Breaking reciprocity with space-time-coding digital metasurfaces[J]. Advanced Materials，2019，31(41)：e1904069.

[21] Zhang L，Cui T J. Space-time-coding digital metasurfaces：Principles and applications[J]. Research (Washington，D C)，2021，2021：9802673.

[22] Zhang L，Wang Z X，Shao R W，et al. Dynamically realizing arbitrary multi-bit programmable

phases using a 2-bit time-domain coding metasurface[J]. IEEE Transactions on Antennas and Propagation, 2020, 68(4): 2984 - 2992.

[23] Castaldi G, Zhang L, Moccia M, et al. Joint multi-frequency beam shaping and steering via space-time-coding digital metasurfaces [J]. Advanced Functional Materials, 2021, 31 (6): 2007620.

[24] di Renzo M, Zappone A, Debbah M, et al. Smart radio environments empowered by reconfigurable intelligent surfaces: How it works, state of research, and the road ahead[J]. IEEE Journal on Selected Areas in Communications, 2020, 38(11): 2450 - 2525.

[25] Dai J Y, Tang W K, Chen M Z, et al. Wireless communication based on information metasurfaces[J]. IEEE Transactions on Microwave Theory and Techniques, 2021, 69(3): 1493 - 1510.

[26] Zhang L, Chen M Z, Tang W K, et al. A wireless communication scheme base on space-and frequency-division multiplexing using digital metasurfaces[J]. Nature Electronics, 2021, 4(3): 218 - 227.

第五章　超材料在无线通信中的应用

　　根据前面几章节的介绍可以知晓,在数字编码与可编程超表面中,具有不同电磁响应的单元被表征成二进制编码"0"或"1"。通过在空间上[1-2]或时间上[3-5]对其进行编码操作,超表面就可以具备不同的电磁功能。近年来,数字编码与可编程超表面凭借其独特的电磁操控能力以及低成本、低能耗等特点,引起了学术界与工业界的广泛关注,被认为是新一代移动通信变革性技术之一。本章分别从超材料的基本原理、简化架构系统和自由空间模型三个方面展现超材料在无线通信中的应用潜力。第一部分,介绍超材料在无线通信中的两个重要的基本原理,即波束调控原理与信息调制原理。第二部分,着重展示各类集成超表面的简化架构发射机与无线通信系统原型,实现了包括频移键控(FSK)、相移键控(PSK)、正交幅度调制(QAM)、方向图调制等调制体制,以及多输入多输出(MIMO)的通信架构。第三部分,先简要介绍超表面对无线信道环境的调控能力,再详述其自由空间路径损耗模型的理论建模与实验测量过程。最后,对超材料在无线通信领域中的应用进行了总结与展望。

5.1　无线通信中超材料的基本原理

在基于数字编码与可编程超表面实现的众多电磁功能中,波束调控与信息调制被认为能够打破传统无线信道随机不可控的局限性,构建一个可以主动、智能控制的无线传播环境,因而可以为新一代移动通信提供新的调控维度与调制范式。本节将对基于数字编码与可编程超表面的波束调控与信息调制基本原理分别进行介绍。

5.1.1　波束调控原理

作为数字编码与可编程超表面实现的一个基本功能,波束调控已被广泛地应用于包括无线通信[6]、雷达隐身[7-8]在内的众多领域。一般而言,波束调控功能是通过在空间上对电磁单元的反射/透射相位进行编码而实现的,可以灵活控制自由空间电磁波的传播行为,如聚焦、散射、偏转等[9-11]。以具有 $M \times N$ 个电磁单元的 1-bit 相位编码超表面为例,该超表面上的单元具有两种反射相位状态:0°和180°,分别对应编码"0"和"1",在平面电磁波垂直入射超表面的条件下,其反射波的远场方向图可以表示为

$$F(\theta,\varphi) = \sum_{m=1}^{M} \sum_{n=1}^{N} f_{m,n}(\theta,\varphi) \left| \Gamma_{m,n} \right| \mathrm{e}^{\mathrm{j}\varphi_{mn}} \mathrm{e}^{\mathrm{j}\left[kd_x \left(m-\frac{1}{2} \right) \sin\theta\cos\varphi + kd_y \left(n-\frac{1}{2} \right) \sin\theta\cos\varphi \right]} \tag{5.1}$$

其中,$f_{m,n}(\theta,\varphi)$、$\left| \Gamma_{m,n} \right|$ 和 φ_{mn} 分别为第 m 行第 n 列电磁单元对应的归一化辐射方向图、反射系数的幅度和相位,k 为入射波的波数,d_x 和 d_y 分别为单个电磁单元沿 x 轴和沿 y 轴的长度,θ 和 φ 分别表示俯仰角和方位角。从式(5.1)可以看出,通过对超表面单元状态进行空间编码,即可对空间波束进行有效调控。图 5.1 给出了 1-bit 相位编码超表面的 3 种典型的排布示例以及对应的全波仿真结果,其中绿色单元和黄色单元分别代表编码"0"和"1"。如图 5.1(a)—(c)所示,不同的空间编码序列会形成不同的远场方向图。

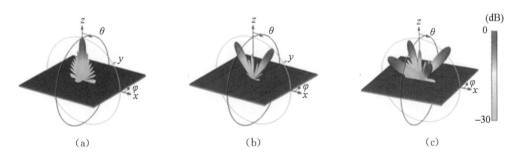

图 5.1　对具有不同编码序列的超表面的全波仿真结果(来自参考文献[1]的图 2)

(a) 编码序列:000000…/000000…;(b) 编码序列:101010…/101010…;(c) 编码序列:010101…/101010…。

值得注意的是,关于波束调控,不仅局限于使用反射型编码超表面,也可以使用透射型

编码超表面[12]和辐射型编码超表面[13-14];不仅局限于使用相位编码策略,也可以使用幅度编码、幅相联合编码[15]等编码策略;不仅局限于 1-bit 编码单元,也可以使用 2-bit 或多比特编码单元[9, 16]。由于它们只是在调控精度、方式以及参数等方面有区别,而其本质机理皆源于公式(5.1),因此这里不做赘述。

在无线通信领域,超表面的波束调控功能被认为在突破信道环境的不可控性,提供人为可控的无线信道方面具有巨大的潜力,并已涌现出很多优秀的研究成果[17-19]。具体而言,在无线通信系统中,传统上认为无线信道是不可控的,且由其导致的电磁波多径效应会加速信号的衰减,降低通信服务质量。而利用超表面的波束调控功能,可以打破无线信道环境不可控的限制,人为定义新型无线环境。如图 5.2 所示,将编码超表面布置在通信环境中,利用其对空间电磁波的二次调制,可以达到增强信号质量、丰富信道散射特性、增强无线通信系统的空间复用增益等目的。此外,这种基于超表面辅助的新型无线通信系统能够在不引入自干扰的情况下实现全双工模式传输[20],其潜在应用场景包括:

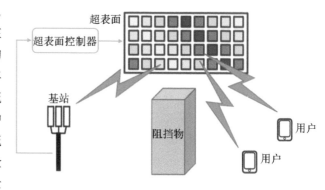

图 5.2　基于编码超表面的新型无线环境

(1) 克服非视距传输:在传统的无线通信系统中,由于传播环境中的地形起伏、建筑物及其他障碍物对电波的遮蔽,会引起传输信号的衰落。在这种情况下,部署与基站和用户相互连接的编码超表面有助于通过对传输信号进行调制,使其绕过障碍物,从而在它们之间创建虚拟视距路径。

(2) 增强通信安全:通过在无线环境中部署编码超表面,可以实现反射信号在特定方向的消除,从而达到减小信息泄露的目的。此外具有吸波性能的超表面还可以主动吸收电磁波,在减小电磁污染的同时阻断窃听链路。

(3) 提升信号覆盖:利用编码超表面可以实现对信号的偏折和聚焦,对基站信号盲区进行补盲,消除局部覆盖空洞,提升系统容量。

(4) 服务边缘用户:对于受困于服务基站信号衰减严重且相邻基站同频信号干扰严重的边缘用户,在小区边缘部署编码超表面,可以在提高所需信号的同时有效地抑制同频干扰,从而提高通信质量。

(5) 促进感知定位:编码超表面拥有大量的电磁单元,可以大幅提高空间分辨率,实现高精度定位和辅助电磁环境感知,从而促进通信感知一体化的实现。

5.1.2 信息调制原理

在上一节中,介绍了基于空间编码超表面实现波束调控的原理,并进一步提出了其在无线信道操控方面的潜在应用。接下来,本节将介绍基于时间编码超表面实现信息调制的原理,并基于这一调制方式提出一种新型无线通信发射机架构。

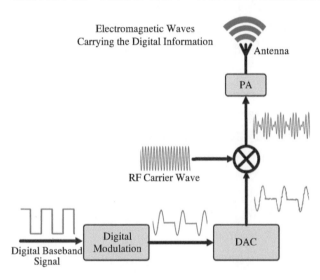

图 5.3 数字通信系统发射机框架图(来自参考文献[27]的图 8.1)

首先,我们简要介绍传统无线通信系统的信息调制原理。如图 5.3 所示为系统发射机的框架图,其工作原理如下:首先将所需要传递的信息转换为二进制码流,以便电子设备进行储存及后处理。为了将信息有效地传输到接收端,需要对信息进行编码和调制,常用的数字调制方式包括振幅键控(ASK)、频移键控(FSK)、相移键控(PSK)等[21]。通过这些调制方式,信号被分别调制到参考载波的幅度、频率和相位上,并通过一个数模转换器将数字信号转换为模拟波形。由于基带信号的频率太低,无法直接辐射到自由空间,因此需要通过混频器将

频率变换至载波频率。最后信号经过射频链路被天线辐射到自由空间。

然而,这类传统的发射机架构若应用于具有超宽带宽、高处理能力的无线通信系统中,由于需要大量高性能射频链路和天线,将会导致成本和能耗急剧增加。虽然模拟波束成形[22]和混合波束成形[23]等技术架构减小了发射机对射频链路的需求,但是仍不能从根本上解决硬件限制。因此,开发更加灵活的硬件架构对无线通信系统的发展具有重大的研究意义。

由前几章的介绍可知,数字编码与可编程超表面对自由空间电磁波的幅度、相位、方向图[1, 3-5]等参数进行实时调控的原理,与信息调制十分类似,因此可以作为一种新的信息调制手段。不失一般性,以反射型编码超表面为例,对其信息调制原理进行讨论。假设整个数字编码超表面的所有单元具有同一反射系数 $\Gamma(t)$,其具有以下形式[24]:

$$\Gamma(t) = A(t)e^{j\left[2\pi\int_0^t f(\tau)\mathrm{d}\tau+\varphi(t)\right]} \tag{5.2}$$

其中,$A(t)$、$f(t)$、$\varphi(t)$ 分别表示反射系数的幅度、频率和相位。当一个幅度为 1,频率为 f_c 的单频信号正入射到超表面上,所产生的反射波可以表示为

$$E_r(t) = E_i(t) \cdot \Gamma(t) = A(t)e^{j\left\{2\pi\left[f_c t + \int_0^t f(\tau)d\tau\right] + \varphi(t)\right\}} \tag{5.3}$$

从式(5.3)可以看出,通过调控反射系数可以控制反射波的幅度、频率和相位,相当于实现了模拟调制中的幅度调制(AM)、频率调制(FM)或相位调(PM)。这可以被视为一种新型发射机范式,与传统的发射机通过传输线将载波信号提供给混频器以达到变频的方式不同的是,这种基于数字编码超表面的调制方法是通过将一个单频载波信号空馈给超表面来直接实现变频与调制的。经过调制的反射波被直接辐射到自由空间,并通过接收机接收。由于超表面调制的反射波信号与传统发射机辐射的电磁波信号是完全相同的,因此信息可以被顺利地解调出来。

在基于数字编码超表面的发射机架构中,信息数据由反射系数 $\Gamma(t)$ 承载。因此如何将信息数据映射为反射系数波形成为信息调制的关键。图5.4为基于数字编码超表面发射机的无线通信系统框图。如图5.4(a)所示,首先将要发送的信源比特映射为控制信号,通过控制信号可以对反射波进行实时调制和发射。为不失一般性,将携带信源数据的数字编码超表面的反射系数写成以下形式:

$$\Gamma(t) = \Gamma_m(t)g(t), \, 0 \leqslant t \leqslant T, \, \Gamma_m(t) \in M \tag{5.4}$$

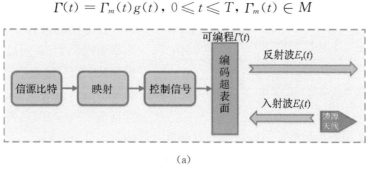

(a)

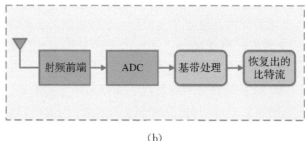

(b)

图 5.4 基于数字编码超表面的无线通信系统框图(来自参考文献[26]的图3.3)

(a) 发射机;(b) 接收机。

其中,$\Gamma_m(t)$ 是传输信号映射形成的复反射系数,$g(t)$ 为基本脉冲成形函数,T 为信息符号持续的时间,M 为一组基为 $|M|$ 的星座点集。每一个信息符号 $\Gamma_m(t)$ 包含 $\log_2 |M|$ 个信息比

特。例如,以 QPSK 调制为例,其星座点集可以写为

$$\Gamma_m(t) \in M = \{00, 01, 10, 11\}, \ |M| = 4, \ m = 0, 1, 2, 3 \tag{5.5}$$

其中,反射系数有 4 种取值 Γ_0、Γ_1、Γ_2 和 Γ_3,它们分别代表编码"00""01""10"和"11"。如果需要发射的消息是"00100111",则应当通过设置编码超表面的相应控制信号序列,使其反射系数的顺序为"$\Gamma_0\Gamma_2\Gamma_1\Gamma_3$"。当信息符号与反射系数的映射关系建立完成,便可以实现信息调制,构建出一种基于数字编码超表面的发射机架构。

这种新型发射机架构颠覆了传统发射机的硬件架构。在传统发射机中,本地载波源通过传输线将载波信号传递给混频器以实现变频[25];而在基于数字编码超表面的新型发射机中,载波源通过空馈的方式直接将载波信号提供给超表面,从而直接实现变频与调制。基于数字编码超表面的发射机架构突破了传统发射机对混频器、滤波器以及功率放大器组成的射频链路的需求限制,同时具有低复杂度、低成本、低功耗、低散热等优点[26],其潜在应用场景包括:

(1) 大规模发射机:通过多路控制信号可以独立地控制每个电磁单元的反射系数,在对其进行时间编码的同时也对其进行空间编码,从而可以在信息调制的同时实现波束调控。结合 MIMO 技术,利用超表面的大规模阵列结构和灵活调控电磁波的特性,有望构建一种低成本、低复杂度、多通道和多维度的新型发射机构架,实现支持毫米波和太赫兹信号的大功率生成与发送。

(2) 无源物联网:数字编码超表面与反向散射通信技术相结合,允许物联设备以无源的方式报告感知数据。以零能源成本将感知数据加载到反射信号中,同时还具有能量收集的作用,通过波束调控补偿远距离传输损耗。

5.2　集成超表面的简化架构发射机与无线通信系统

基于前文介绍的超表面在无线通信中的基本原理,本节将分别介绍几款集成超表面的简化架构发射机与无线通信系统原型,包括频移键控(FSK)发射机、相移键控(PSK)发射机、正交幅度调制(QAM)发射机、方向图调制发射机以及多输入多输出(MIMO)系统,以展示数字编码与可编程超表面在该类应用中的关键性作用与天然优势。

5.2.1　频移键控(FSK)发射机

第一款基于数字编码超表面实现的简化架构发射机原型,使用的是一块反射型 2-bit 相位编码超表面,最终采用二进制 FSK(BFSK)调制方案进行了原理验证实验[24]。

根据前文的理论分析,数字编码超表面实现信息调制的关键在于能否建立消息符号与反射系数波形的映射关系。与公式(5.4)类似,基于 BFSK 调制方式的星座点集可以表示为

$$\Gamma_m(t) = \mathrm{e}^{\mathrm{j}2\pi f_m t}, \ f_m \in M = \{f_0, f_1\} \tag{5.6}$$

其中，f_0 和 f_1 代表反射系数波形频率的两种取值。因此，可以将二进制数据 0 和 1 分别映射为 $\Gamma_0(t)$ 和 $\Gamma_1(t)$。

从公式(5.6)中可以看出，当使用 BFSK 调制时，基带数据需要使用两个不同的频率来表示。当超表面的 2-bit 时间编码序列分别为"00-01-10-11-…"与"11-10-01-00-…"时，其反射波会分别产生较强的 +1 阶与 -1 阶谐波频率分量。因此可以将 -1 阶谐波频率作为 f_0，+1 阶谐波频率作为 f_1，使用这两个频率实现 BFSK 调制。在实现调制的过程中，除了需要两个不同的频率之外，消息符号的持续时间 T 是另一个重要的参数，它决定了信息传递的速度。具体而言，时间编码序列需要持续一定周期 T' 才能生成稳定的 ±1 阶谐波频率。并且消息符号的持续时间必须为编码序列周期的整数倍，才能保证生成的谐波具有一定的强度同时降低截断效应带来的影响。在图 5.5 中给出了当传输二进制信息"001"时需要的反射系数相位的时域波形，从中也可以清楚地看到编码序列周期与消息符号周期之间的联系。为了保证传输的速度与质量，这里的持续时间 $T = 4T'$。

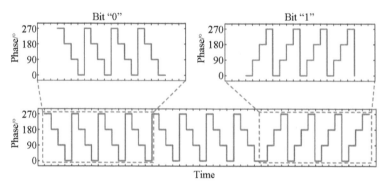

图 5.5　传输二进制信息"001"时所需的反射系数相位时域波形(来自参考文献[24]的图 5.2)

图 5.6(a)所示为整个超表面简化架构发射机的系统框图，根据前文的理论指导，该发射机调制信息的具体步骤如下：

（1）信源编码：将需要传递的信息，如语音、图片、视频等，编码为二进制数据流（…11001001…）。

（2）数据映射：将步骤(1)中得到的二进制数据流映射为星座点 $\Gamma_m(t)$，从而得到反射系数波形。

（3）控制信号生成：从步骤(2)中得到的反射系数波形生成相应的控制信号，而后将控制信号加载至时间编码超表面，当单音载波入射时，其反射波即为携带信息的已调制波。

在接收端，为了对已调制的反射波进行接收与解调，使用的是一款商用软件无线电平台(SDR)作为接收机。图 5.6(b)给出了接收机在解调过程中的具体步骤，第一步，通过射频模块对天线接收的已调制的反射波进行下变频操作；第二步，通过快速傅里叶变换(FFT)将经过模数转换器(ADC)的时域基带信号转变为频域信号并送入判决模块;第三步,根据对应谐波的强度判断并恢复接收到的二进制数据流。在整个解调过程中射频模块工作在零中频接收机模式。

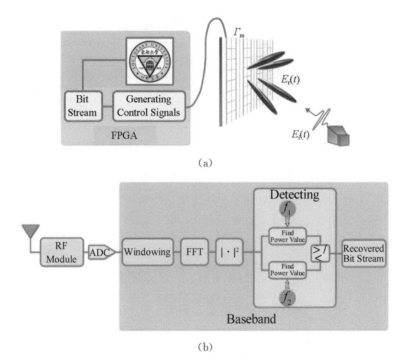

(a)

(b)

图 5.6　系统框图(来自参考文献[24]的图 5.3)

(a) BFSK 调制时间编码超表面无线通信发射机的系统框图;(b) USRP-2943R 接收机 BFSK 解调过程的系统框图。

　　为了能够准确地衡量发射机的性能,原型系统的信息传输原理验证实验选择在微波暗室中进行,具体的实验环境如图 5.7(a)所示。根据时间编码超表面工作频率,实验中载波频率设定为 3.6 GHz,由信号源提供。使用宽带双脊波导喇叭作为馈源,工作频率 3.6 GHz 的偶极子天线作为接收天线。其中喇叭和偶极子天线分别与信号源和接收机相连。实验过程中,±1 阶谐波的频率分别设为 3.6 GHz±312.5 kHz,其对应编码序列周期为 3.2 μs,消息符号持续时间为 12.8 μs。控制电路,将传输信息生成的反射系数波形转变成相应的控制信号加载至超表面从而完成信息调制。如图 5.7(a)所示,接收机位于样品正前方 6.25 m 处。图 5.7(b)中给出了超表面发射机传输二进制数据 0 时接收机接收到的反射波经过下变频后的频谱分布。与纯粹周期性时间编码下的频谱分布相比,可以发现接收机接收的载波频率(下变频后为 0 Hz)非常高。造成这种现象的原因主要有三个,分别是:(1) 接收机性能较频谱分析仪差;(2) 零中频接收机存在直流偏移现象;(3) 混频器处的载波泄露导致 0 Hz 处的频率分量变高。然而这种现象并不影响消息符号的解调,接收机依然可以准确判断出发射机发送的二进制数据。

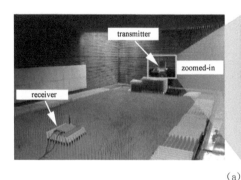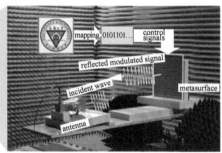

(a)

(b)

图 5.7 实验环境与测试结果(来自参考文献[24]的图 5.4)

(a) 时间编码超表面信息传输暗室测试图;(b) 接收机接收二进制数据 0 时对应的频谱图。

上面的单个二进制数据的传输实验已经证明了发射机具有传输信息的能力,为了进一步验证发射机的性能,系统进行了图片传输的实验:首先将一张图片编码为二进制数据流并使用发射机进行信息传输,之后通过接收机将接收的数据重新恢复成图片。图 5.8(a)给出了实验结果,图片可以被完整地接收与恢复,并且与原图具有相同的质量。图 5.8(b) 展示了接收机与发射机在夹角为 30°时的图片传输结果,图 5.8(c)和(d)则是在不同干扰频率信号存在时接收机接收图片的结果。从这些实验结果中可以看出,不管是在发射机和接收机存在夹角还是有其他频率信号干扰的情况下,接收机均实现了信息的无损传输,说明发射机具有较强的稳定性。

为了进一步衡量发射机的通信质量,在不同通信距离、夹角以及馈源天线发射功率下分别测量了无线通信链路的误比特率(Bit Error Rate,BER)。如图 5.9 所示,结果与传统通信系统发射机类似,当通信距离越小、夹角越小、发射功率越大时,误比特率越小,反之误比特率会增大。

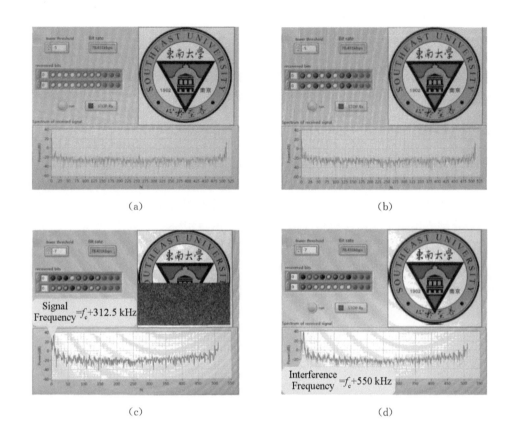

图 5.8 系统实时通信结果(来自参考文献[24]的图 5.5)

(a)和(b) 接收机与发射机夹角分别为 0°和 30°时的图片传输结果;(c)和(d) 在有一干扰频率信号 f_c+550 kHz 存在时接收机接收图片的结果。

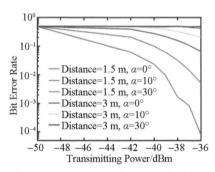

图 5.9 在不同通信距离、夹角下 BFSK 调制时间编码超表面发射机的信息传输误比特率与馈源天线发射功率关系图(来自参考文献[25]的图 5.6)

表 5.1 BFSK 调制时间编码超表面无线通信发射机的性能参数表

载波频率	3.6 GHz
＋1 阶频率(比特'1')	＋312.5 kHz
一1 阶频率(比特'0')	一312.5 kHz
消息符号持续时间	12.8 μs
传输比特速率	78.125 Kb/s

表 5.1 中给出了发射机的各项参数指标,发射机的载频为 3.6 GHz,通信速率为 78.125 Kb/s。相比于传统的通信发射机,基于数字编码超表面的无线通信发射机没有使用额外的射频模块,简化了发射机的架构。并且,后续通过提升超表面带宽、升级控制电路以及改进通信算法等方式,可以进一步提升通信速率与通信质量。

5.2.2 相移键控(PSK)发射机

本节将利用时间编码策略实现 PSK 调制无线通信发射机,其硬件架构依然是基于数字编码超表面,可以通过调控超表面的反射系数来实现对反射电磁波的直接相位调制,具有硬件成本低、能耗低、结构简单的优点。为了验证所设计发射机架构的可行性、可靠性以及稳定性,本节分别采用了正交相移键控(Quadrature PSK,QPSK)与 8PSK 调制方案来实现无线通信[24, 26]。

与上一节 FSK 发射机的设计步骤一样,首先需要对新的发射机建立消息符号与反射系数波形的映射关系。以 QPSK 为例,其反射波的相位被调制为 4 个不同的状态。此时,数字编码超表面反射系数(调制的星座点集)的设计可以表示为[24]

$$\Gamma_m(t) \in M = \{ e^{j(-225°)}, e^{j(-135°)}, e^{j(-45°)}, e^{j(45°)} \},\ |M| = 4,\ m = 0,1,2,3 \quad (5.7)$$

其中,反射系数相位有 4 种取值,分别为 $-225°$、$-135°$、$-45°$ 和 $45°$,具体的二进制数据与反射系数波形的映射关系如表 5.2 所示。由于 8PSK 的映射关系可由 QPSK 进一步细分得出,因此这里不再赘述。

表 5.2 QPSK 调制方案下二进制数据与反射系数波形之间映射关系表

消息符号	反射系数	二进制数据
$\Gamma_0(t)$	$e^{j(-225°)}$	00
$\Gamma_1(t)$	$e^{j(-135°)}$	01
$\Gamma_2(t)$	$e^{j(-45°)}$	11
$\Gamma_3(t)$	$e^{j(45°)}$	10

为了满足 QPSK 与 8PSK 调制的需求,原型系统分别使用了两款加载变容二极管的数字编码超表面(超表面 1 和 2),其工作频率分别为 4 GHz 和 4.25 GHz。在不同的控制电压下,变容二极管的等效电容值将会发生改变,从而通过改变单元谐振效应来改变单元的反射系数相位。在工作中,超表面背后的控制电路会将相同的控制电压分配给所有电磁单元上的变容二极管。

在微波暗室环境中,两个数字编码超表面实测的反射波相位与控制电压的关系分别如图 5.10(a)和(b)所示。可以观察到控制电压和反射波相位具有非线性关系。具体而言,随着控制电压变大,变容二极管逐渐到达饱和区,在该饱和区其电容值几乎保持恒定。因此,在大电压下反射波的相位值也逐渐趋于不变。

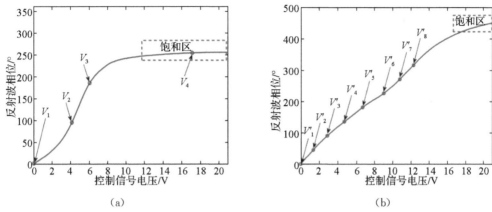

（a）　　　　　　　　　　　　　　（b）

图 5.10　反射波相位与控制电压的关系（来自参考文献[26]的图 3.4）

基于图 5.10 所测得的相位-电压关系与数字编码 PSK 调制方案设计规则，可分别使用数字编码超表面 1 和 2 来实现 QPSK 调制和 8PSK 调制。以图 5.10(a)中的超表面为例，电压 V_1、V_2、V_3 和 V_4 是为了实现 QPSK 的 4 个相位状态所需的相应控制电压信号，其中，V_1 代表"00"，V_2 代表"01"，V_3 代表"11"，V_4 代表"10"。基于数字编码超表面的 PSK 发射机的信息调制过程与之前的 FSK 发射机很相似，但由于 PSK 调制对无线信道的要求更高，因此需要引入特定的同步序列和导频来保证传输成功，具体步骤为[26]：

（1）数据流生成：将诸如图片或视频之类的信源映射为数据比特流。

（2）数据流映射：将数据比特流映射至 PSK 星座图中的符号。

（3）同步和导频映射：将同步序列和导频映射至 PSK 星座图中的符号。

（4）组帧和反射系数映射：组成无线物理帧（将在下一小节介绍），并映射得到对应的 Γ_n 序列。

（5）控制信号映射：根据实际测得的 Γ_n 与数字编码超表面控制信号之间的关系，映射得到控制信号序列。

（6）实施调制：使用步骤（5）确定的控制信号序列对数字编码超表面进行时域编码来调控其反射系数，一旦入射单音载波到达超表面，即产生由信源消息调制后的反射电磁波。

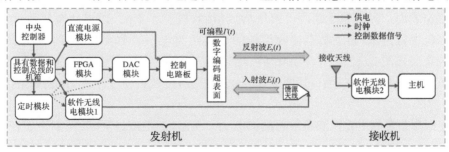

图 5.11　基于数字编码超表面的无线通信系统框图（来自参考文献[26]的图 3.8）

基于数字编码超表面的 PSK 无线通信系统的系统框图如图 5.11 所示,分别使用了数字编码超表面、控制电路板、若干板卡硬件模块、软件定义无线电模块和天线模块,其中的各模块具体信息和作用如下:

(1) 数字编码超表面:整个超表面上所有单元内的变容二极管均由同一个外部电压信号控制,超表面 1 和 2 分别用于实现 QPSK 调制方案和 8PSK 调制方案。

(2) 现场可编程阵列(FPGA)和数模转换器(DAC)板卡模块:将数字基带序列转换为模拟电压控制信号,提供给超表面的控制电路板,从而实现对超表面反射系数相位的实时操控。

(3) 中央控制器:为参数配置、仪器模块控制和文件下载提供用户界面和开发环境。此外,中央控制器还可以读取本地视频文件以形成数据比特流,作为系统发射机的视频流信源。

(4) 具有数据和控制总线的机箱:为中央控制器和所有硬件模块提供高速稳定的数据接口,实现对所有硬件模块的控制和数据交换。

(5) 控制电路板:将由 DAC 模块输入的控制电压信号放大至变容二极管工作所需的电压范围,再将其输出至超表面。

(6) 直流电源模块:为控制电路板提供 ±12 V 稳定供电电压。

(7) SDR 模块:在基于数字编码超表面的发射机中,入射超表面的载波信号是通过 SDR 模块 1 生成的单音射频信号。值得注意的是,在实际应用中,只需要低成本的单音射频信号源即可,而无需昂贵的 SDR 模块。此处使用 SDR 模块提供空馈载波信号的目的是为了方便在后续实验中与传统发射机进行对比实验。在系统接收端,使用的是另一个 SDR 模块 2 作为接收机,负责对接收到的已调射频信号进行下变频,并将获得的基带信号传输至主机进行同步和解调处理,最终还原出原始信息。

(8) 定时模块:具有板载高精度恒温晶体振荡器,可为所有模块提供稳定的时钟源,方便信号同步。

在构建好原型系统之后,便可以通过其测量结果来验证基于数字编码超表面的 PSK 发射机方案的可行性,包括接收端的星座图和解调出的视频流。实验环境为室内环境,实验内容为视频流空口实时传输。基于数字编码超表面发射机的 QPSK 无线通信原型系统如图5.12(a)所示,图中对主要模块均进行了标注。系统发射机位于图 5.12(a)上方,由数字编码超表面 1 和其他配套硬件模块构成;接收机位于下方,由接收喇叭天线、SDR 模块和计算机主机组成;超表面至接收天线的距离约为 4 m。实验中均衡后的星座图和恢复出的视频流如图 5.12(a)左下方所示。基于数字编码超表面发射机的 8PSK 无线通信原型系统则如图5.12(b)所示,其中发射机位于上方,接收机位于下方,超表面至接收天线的距离约为 3 m。

上述原型系统的主要性能参数总结如表 5.3 所示,包括载波频率、调制方案、符号速率与传输速率。其中,两款无线通信原型系统分别使用数字编码超表面1和2,以1.25 Mbaud的 QPSK 符号速率和 2.5 Mbaud 的 8PSK 符号速率,实现了 2.048 Mb/s 和 6.144 Mb/s 的实时空口传输速率。由数字编码超表面信息调制理论可知,通过增加系统的符号速率以及调制阶数,可以在未来进一步提高其传输速率。

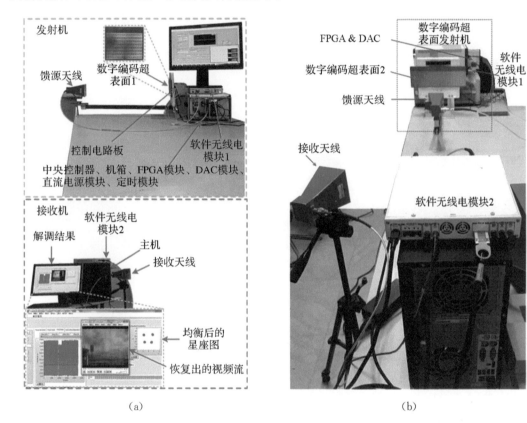

(a)　　　　　　　　　　　　　(b)

图 5.12　基于数字编码超表面的 QPSK(a)与 8PSK 无线通信原型系统(b)

(来自参考文献[26]的图 3.9)

表 5.3　基于数字编码超表面的 PSK 无线通信原型系统主要参数

系统编号	载波频率	调制方案	符号速率	传输速率
原型 1	4 GHz	QPSK	1.25 Mbaud	2.048 Mb/s
原型 2	4.25 GHz	8PSK	2.5 Mbaud	6.144 Mb/s

从以上一系列实验结果中可以发现,均衡后的星座图清晰稳定,表明即使没有信道编码也能流畅清晰地实现视频流空口传输。这有力地证明了所设计的 PSK 发射机硬件架构的可行性。图 5.13 分别为 QPSK 与 8PSK 原型系统在不同发射功率下测得的星座图。从中

可以看出,随着发射功率的提高,星座点越来越集中,误差向量幅度(EVM)越来越小,表明了更加稳定的解调符号幅相以及更好的 BER 性能。此外,可以观察到星座点不是完全标准的分布。这是因为超表面电磁单元的幅度响应与相位响应是互相耦合的,其幅度响应在不同的相位响应下并不是恒定不变的,即非恒包络,因此需要根据所使用的数字编码超表面的幅相特性来制定相应的星座图解调策略。

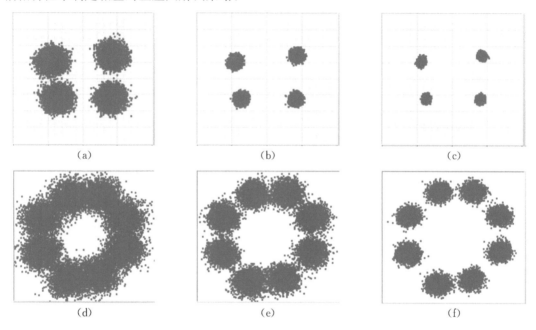

(a)　　　　　　　　　　(b)　　　　　　　　　　(c)

(d)　　　　　　　　　　(e)　　　　　　　　　　(f)

图 5.13　PSK 系统星座图结果

(a—c) 基于数字编码超表面的 QPSK 发射机原型系统在不同发射功率下测得的星座图(来自参考文献[26]的图 3.10);

(d)—(f) 基于数字编码超表面的 8PSK 发射机原型系统在不同发射功率下测得的星座图(来自参考文献[26]的图 3.11)。

为了比较基于数字编码超表面的发射机与传统发射机的 BER 性能,在设计原型系统时为其定义了两种工作模式:基于数字编码超表面的发射机模式和传统发射机模式。在基于数字编码超表面的发射机模式下,如前文所述,发射端的 SDR 模块 1 只负责提供单音载波信号,随后通过超表面实现 PSK 调制。在传统发射机模式下,发射端的 SDR 模块 1 生成的是经过 PSK 调制后的射频信号,而不是载波信号,并且超表面的控制信号保持不变,即超表面此时仅充当固定的反射器。通过

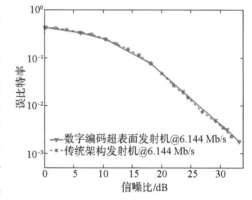

图 5.14　基于数字编码超表面的发射机与传统发射机的误比特率性能比较(来自参考文献[26]的图 3.9)

在上述两种模式下进行实验,可以对两种发射机架构下的 BER 性能进行较为公平的比较。以 8PSK 调制为例,在原型系统上测量了不同接收信噪比(SNR)下对应的 BER,如图 5.14 所示。结果表明,基于数字编码超表面的发射机的 BER 曲线与基于 SDR 的传统发射机的 BER 曲线几乎重合。由于在对比实验中,两个系统使用了相同的无线帧结构、传输速率和基带解调算法,并经过相同的无线信道,因此可以合理地推断出,基于数字编码超表面的新型发射机架构具有和传统发射机一样的传输性能。此外,基于数字编码超表面的发射机架构仅需要一个对线性度几乎无要求的功率放大器即可操控载波信号的功率,且无需混频器和滤波器,与传统发射机架构相比,具有成本效益优势,这一优势对于需要大量射频链路的通信系统而言尤为明显。

5.2.3　正交幅度调制(QAM)发射机

QAM 是对 ASK、FSK 和 PSK 等方法进行改进并组合后的一种数字调制技术,是一种基于两个正交载波上进行幅度调制的方式。由于 QAM 具有更多的调制状态,在相同的消息符号持续时间内,QAM 调制信息速率可以达到 ASK、FSK 等调制方式的许多倍,因而具有更快的传输速率与更高的调制效率。虽然根据前面基于数字编码超表面的 FSK 与 PSK 发射机的设计经验,只要建立消息符号与可调电磁波参数之间的映射关系,理论上能够实现任意调制方案。然而像 QAM 这样的高阶调制方案需要数字编码超表面可以对载波的幅度、相位、频率进行任意独立调控,而目前研究人员还未能设计出满足以上各种要求的电磁单元,因此在实际过程中无法实现。

为了克服以上困难,本节将介绍一种新的数字编码超表面信息调制方法:通过将基带数字信息调制在谐波频率上,建立消息符号与反射系数相位波形间的映射关系,从而最终实现高阶调制无线通信[24]。

不失一般性地,以实现 16QAM 调制为例,首先需要建立 16QAM 调制方案下消息符号与反射系数波形的映射关系。根据前文介绍的 FSK、PSK 无线通信发射机的设计方法,使用 16QAM 调制方案的星座点集可写为

$$\Gamma_m(t) \in M = \begin{cases} e^{j(-0.75\pi)}, & e^{j(-0.25\pi)}, & e^{j(0.25\pi)}, & e^{j(0.75\pi)}, \\ \dfrac{1}{3}e^{j(-0.75\pi)}, & \dfrac{1}{3}e^{j(-0.25\pi)}, & \dfrac{1}{3}e^{j(0.25\pi)}, & \dfrac{1}{3}e^{j(0.75\pi)}, \\ \dfrac{\sqrt{5}}{3}e^{j(0.9\pi)}, & \dfrac{\sqrt{5}}{3}e^{j(0.6\pi)}, & \dfrac{\sqrt{5}}{3}e^{j(0.4\pi)}, & \dfrac{\sqrt{5}}{3}e^{j(0.1\pi)}, \\ \dfrac{\sqrt{5}}{3}e^{j(-0.9\pi)}, & \dfrac{\sqrt{5}}{3}e^{j(-0.6\pi)}, & \dfrac{\sqrt{5}}{3}e^{j(-0.4\pi)}, & \dfrac{\sqrt{5}}{3}e^{j(-0.1\pi)} \end{cases}$$

$$|M| = 16, m = 0, 1, \cdots, 14, 15 \tag{5.8}$$

该调制方案的标准星座图分布如图 5.15 所示。其中,二进制数据与反射系数波形的映射关系如表 5.4 所示。从图 5.15 与表 5.4 中可以得出,在单个消息符号持续时间内,16QAM 调制方案下星座点对应反射系数波形可写为

$$\Gamma_m(t) = A e^{j\Phi}, 0 \leqslant t \leqslant T \tag{5.9}$$

其中,A 与 Φ 分别代表反射系数的幅度与相位。从式(5.9)可以看出,16QAM 调制需要对反射系数的幅度及相位同时进行调控。因此,只有幅度调控或者相位调控功能的数字编码超表面是难以完全满足设计要求的。

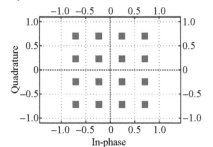

图 5.15　16QAM 调制方案的标准星座图分布

（来自参考文献[24]的图 3.12）

表 5.4　16QAM 调制方案下二进制数据与反射系数波形之间映射关系表

调制方案	16QAM			
反射系数	$\Gamma_0(t)$	$\Gamma_1(t)$	$\Gamma_2(t)$	$\Gamma_3(t)$
	$e^{j(-0.75\pi)}$	$e^{j(-0.25\pi)}$	$e^{j(0.25\pi)}$	$e^{j(0.75\pi)}$
传输信息	0000	0010	1010	1000
反射系数	$\Gamma_4(t)$	$\Gamma_5(t)$	$\Gamma_6(t)$	$\Gamma_7(t)$
	$e^{j(-0.75\pi)}/3$	$e^{j(-0.25\pi)}/3$	$e^{j(0.25\pi)}/3$	$e^{j(0.75\pi)}/3$
传输信息	0101	0111	1111	1101
反射系数	$\Gamma_8(t)$	$\Gamma_9(t)$	$\Gamma_{10}(t)$	$\Gamma_{11}(t)$
	$\sqrt{5}\,e^{j(0.9\pi)}/3$	$\sqrt{5}\,e^{j(0.6\pi)}/3$	$\sqrt{5}\,e^{j(0.4\pi)}/3$	$\sqrt{5}\,e^{j(0.1\pi)}/3$
传输信息	1100	1001	1011	1110
反射系数	$\Gamma_{12}(t)$	$\Gamma_{13}(t)$	$\Gamma_{14}(t)$	$\Gamma_{15}(t)$
	$\sqrt{5}\,e^{j(-0.9\pi)}/3$	$\sqrt{5}\,e^{j(-0.6\pi)}/3$	$\sqrt{5}\,e^{j(-0.4\pi)}/3$	$\sqrt{5}\,e^{j(-0.1\pi)}/3$
传输信息	0100	0001	0011	0110

为了实现 16QAM 调制,可以考虑如下反射系数波形:

$$\Gamma_m(t) = A e^{j\left(\frac{\Phi}{T}t\right)}, 0 \leqslant t \leqslant T \tag{5.10}$$

其中,反射系数相位在消息符号持续时间内将由 0 线性变化到 Φ,幅度则保持不变,为常数 A。为了方便计算,这里可以令 $A=1$。对式(5.10)进行傅里叶变换可得

$$\Gamma_m(f) = \int_{-\infty}^{+\infty} \Gamma_m(t) e^{-j2\pi ft} dt$$

$$= TSa\left(\frac{\Phi}{2} - \pi fT\right) e^{j\left(\frac{\Phi}{2} - \pi fT\right)}$$

$$\xrightarrow{f=1/T} = TSa\left(\frac{\Phi}{2} - \pi\right) e^{j\left(\frac{\Phi}{2} - \pi\right)} \tag{5.11}$$

$$= \left| TSa\left(\frac{\Phi}{2} - \pi\right) \right| e^{j\left[\frac{\Phi}{2} - \pi + \mathrm{mod}\left(\lfloor\frac{\Phi}{2\pi}-1\rfloor, 2\right) \cdot \pi + \varepsilon(2\pi - \Phi) \cdot \pi\right]}$$

其中,mod(·,2)表示模 2 运算,⌊·⌋表示向负无穷方向取整,ε(·)代表阶跃函数。

　　式(5.11)表明反射系数频谱的幅度/相位分布与 Φ 之间存在一定程度的依赖关系。不同 Φ 下反射系数在 $f = 1/T$ 处的归一化幅度与相位的理论计算值如图 5.16(a)所示。从结果可以看出,通过改变 Φ 的值,就可以达到调控反射系数在 $f = 1/T$ 处幅度的目的。注意,当 $\Phi = 2\pi$ 时,反射系数在 $f = 1/T$ 处的归一化幅度为 1,这意味着反射系数频谱中所有能量都完全转化到该频率处。这一特性证明了该方法具有高效的电磁波能量转化率,这对于降低设备功耗以及提高信噪比等方面具有较大的优势。

　　通过分析式(5.11)以及图 5.16(a),可以分别看出反射系数频谱幅度与相位之间存在一定的耦合效应。考虑到对幅相的独立调控,可以在反射系数相位波形中引入循环时移 t_0,具体为

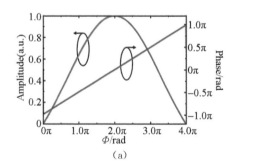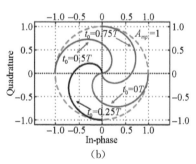

(a)　　　　　　　　　　　　　　(b)

图 5.16　谐波调制原理(来自参考文献[24]的图 6.3)

(a) 不同 Φ 下反射系数在 $f = 1/T$ 处的归一化幅度与相位值;(b) 当 Φ 从 0 逐渐变化到 2π,t_0 分别取 $0T$、$0.25T$、$0.5T$、$0.75T$ 时,同相/正交平面内反射系数在 $f = 1/T$ 处对应的轨迹图。

$$\Gamma'_m(t) = \begin{cases} \Gamma_m(t - t_0), & t_0 < t \leqslant T \\ \Gamma_m(t + T - t_0), & 0 \leqslant t \leqslant t_0 \end{cases} \tag{5.12}$$

将式(5.10)代入式(5.12)并进行傅里叶变换可以得到

$$\Gamma'_m(f) = \int_0^{t_0} \Gamma_m(t+T-t_0)\mathrm{e}^{-\mathrm{j}2\pi ft}\,\mathrm{d}t + \int_{t_0}^{T} \Gamma_m(t-t_0)\mathrm{e}^{-\mathrm{j}2\pi ft}\,\mathrm{d}t$$

$$= \mathrm{e}^{\mathrm{j}2\pi f(T-t_0)}\int_{T-t_0}^{T} \Gamma_m(t)\mathrm{e}^{-\mathrm{j}2\pi ft}\,\mathrm{d}t + \mathrm{e}^{-\mathrm{j}2\pi ft_0}\int_0^{T-t_0} \Gamma_m(t)\mathrm{e}^{-\mathrm{j}2\pi ft}\,\mathrm{d}t \quad (5.13)$$

$$\xrightarrow{f=1/T} = \mathrm{e}^{-\mathrm{j}2\pi\frac{t_0}{T}}\int_0^{T} \Gamma_m(t)\mathrm{e}^{-\mathrm{j}2\pi ft}\,\mathrm{d}t = \mathrm{e}^{-\mathrm{j}2\pi\frac{t_0}{T}}\Gamma_m(f).$$

式(5.13)中引入的循环时移 t_0 给反射系数在 $f=1/T$ 处带来了额外 $-2\pi t_0/T$ 的相移量,同时反射系数的幅度保持恒定,说明循环时移能够很好地解除反射系数幅度与相位之间的耦合。因此,可以利用不同 Φ 与 t_0 的组合对反射系数在 $f=1/T$ 处的幅度与相位进行独立调控。当 Φ 从 0 逐渐变化到 2π,t_0 分别取 $0T$、$0.25T$、$0.5T$、$0.75T$ 时,可以在同相/正交 (I/Q) 平面内画出反射系数在 $f=1/T$ 处对应的轨迹图,如图 5.16(b) 所示。通过对比图 5.15 与图 5.16(b) 可以发现,只需选择合适的 Φ 与 t_0,即可在 I/Q 平面幅度为 1 的圈内综合出任意分布的星座点。

根据前面章节的分析,并结合式(5.11)和式(5.13)的理论推导,可以将在 $f=1/T$ 处综合任意星座点的步骤列举如下[24]:

(1) 幅度合成:通过式(5.11)找出目标星座点幅度对应的 Φ 值。例如,设所需合成星座点为 $\mathrm{e}^{\mathrm{j}(-0.75\pi)}/3$,对应 Φ 为 0.549π。

(2) 耦合相位计算:通过步骤(1)得到所需幅度的同时也常常伴随着耦合相位的出现,需要预先计算以便后续补偿。例如,对于 $\Phi=0.549\pi$,耦合相位为 -0.726π,对应的初始星座点为 $\mathrm{e}^{\mathrm{j}(-0.726\pi)}/3$。

(3) 相位合成:首先计算初始星座点与目标星座点之间的相位差,再通过式(5.13)计算出相应 t_0 的值以完成星座点综合。例如,初始点 $\mathrm{e}^{\mathrm{j}(-0.726\pi)}/3$ 与目标点 $\mathrm{e}^{\mathrm{j}(-0.75\pi)}/3$ 之间相位差为 -0.024π,因此根据式(5.13)可得 $t_0=0.012T$。

这里可以提出一个参量 $\gamma_{t_0}^{\Phi}$,具体定义为

$$\gamma_{t_0}^{\Phi} = \begin{cases} \mathrm{e}^{\mathrm{j}\frac{\Phi}{T}(t+T-t_0)}, & 0 \leqslant t \leqslant t_0 \\ \mathrm{e}^{\mathrm{j}\frac{\Phi}{T}(t-t_0)}, & t_0 < t \leqslant T \end{cases} \quad (5.14)$$

依据上面给出的详细步骤,在 $f=1/T$ 处用以实现 16QAM 调制所对应的星座点集为

$$\Gamma_m(t) \in M = \begin{cases} \gamma_{0.375T}^{2\pi}, & \gamma_{0.125T}^{2\pi}, & \gamma_{0.875T}^{2\pi}, & \gamma_{0.625T}^{2\pi}, \\ \gamma_{0.012T}^{0.549\pi}, & \gamma_{0.762T}^{0.549\pi}, & \gamma_{0.512T}^{0.549\pi}, & \gamma_{0.262T}^{0.549\pi}, \\ \gamma_{0.345T}^{1.180\pi}, & \gamma_{0.495T}^{1.180\pi}, & \gamma_{0.595T}^{1.180\pi}, & \gamma_{0.745T}^{1.180\pi}, \\ \gamma_{0.245T}^{1.180\pi}, & \gamma_{0.095T}^{1.180\pi}, & \gamma_{0.995T}^{1.180\pi}, & \gamma_{0.845T}^{1.180\pi} \end{cases}$$

$$|M|=16, m=0,1,\cdots,14,15 \quad (5.15)$$

对比式(5.8)与式(5.15),可以看出星座点集的不同是由调控的频率不一样所致。前者是在 $f=0$ 处,而后者则是在 $f=1/T$ 处。此外,不难看出该方法只需要常见的相位编码超表面即可,不再需要对幅度、相位同时进行调控,因而一定程度上缓解了高阶调制对数字编码超表面的性能要求。

接下来,为了验证这一方法,一块反射相位可调范围达到 2π 的数字编码超表面被用来构建发射机原型,以进行无线通信实验验证和分析。首先,通过测量超表面反射相位与控制电压的关系,并将实测结果代入式(5.15),得到综合 16QAM 各星座点所需的控制信号。之后,使用大量随机数据组成二进制数据流并映射成相应的控制信号加载至超表面,在接收端使用 SDR 模块对反射波进行解调。经过快速傅里叶变换后,提取 $f=f_c+1/T$ 处的幅度相位并在 I/Q 平面上生成相应的星座点。在实验中,共选取了 4 种不同的消息符号持续时间 T,分别为 10 μs、1 μs、0.5 μs 以及 0.4 μs,对应谐波频率依次为 100 kHz、1 MHz、2 MHz 和 2.5 MHz。在这些频率处解调后所得的星座图结果以及不同发射功率下发射机的 BER 性能分别如图 5.17 和图 5.18 所示。对比图 5.15 与图 5.17 可知,系统实测星座图的分布与标准理论分布十分吻合。此外,不同消息符号速率下对应的谐波频率与信息传输速率总结如表 5.5 所示,其中最高信息传输速率达到了 10 Mb/s。

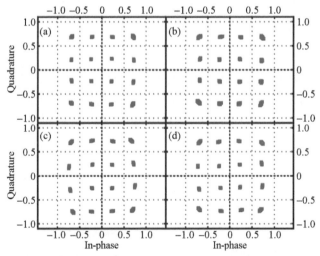

图 5.17　消息符号持续时间分别为 10 μs(a)、1 μs(b)、0.5 μs(c)和 0.4 μs(d)时采用 16QAM 调制方案所测得的星座图(来自参考文献[24]的图 6.7)

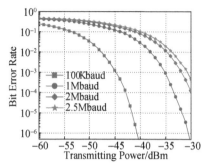

图 5.18 不同发射功率与消息符号速率下16QAM发射机的 BER 性能测量结果

（来自参考文献[24]的图 6.11）

表 5.5 不同消息符号速率下对应的谐波频率与信息传输速率

调制方案	符号速率	谐波频率	传输速率
16QAM	100 Kbaud	100 kHz	400 Kb/s
	1 Mbaud	1 MHz	4 Mb/s
	2 Mbaud	2 MHz	8 Mb/s
	2.5 Mbaud	2.5 MHz	10 Mb/s

相比于前文所设计的数字编码超表面发射机而言,QAM 发射机在传输速率、星座图分布、EVM 与 BER 特性等无线通信的关键性能上有了长足的进步。更重要的是,该发射机所采用的谐波调制方法巧妙地避免了对载波幅相同时调控的苛刻要求,使得常用的相位编码超表面也能实现高阶调制方案,为数字编码超表面无线通信发射机的发展提供了新的思路。

5.2.4　方向图调制发射机

传输速率和数据保密性一直是无线通信系统中的两个关键技术,然而传统的信息调制方式决定了无法在窄带内实现物理层的加密,传输速率也一直受限于传播距离和背景噪声。因此,如何提高系统的保密性能和传输速率始终是一个研究热点。在这一节中,将提出一种基于数字编码超表面的方向图调制发射机。不同于传统的数字/模拟调制技术,这种新型发射机通过现场可编程超表面直接对信号进行调制,并将信息加载到远场方向图上。这种调制方式不仅为数据提供了物理层面的保护,还可以有效提高调制阶数,增大传输速率[6]。

在前述章节中,通过实时调控数字编码超表面的反射系数,成功地将数据信息直接调制到载波/谐波的频率、相位和幅度上进行传播。由于数字编码超表面不仅可以实时调控其反射系数,也可以对其远场方向图进行调控。因此有望采用超表面的远场方向图来调制信息。如图 5.19 所示,类似于振幅键控

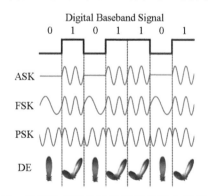

图 5.19 现代数字通信系统常用的数字调制方式,振幅键控(ASK)、频幅键控(FSK)、相移键控(PSK)以及远场方向图(DE)调制方案

（来自参考文献[6]附录的图 S1)

（ASK）、频幅键控（FSK）和相移键控（PSK）等调制方法，方向图调制发射机将信号加载到远场方向图上。例如，采用一个单波束远场方向图和一个双波束远场方向图来分别表示二进制码0和1。因此，一段二进制编码可以通过切换可编程超表面远场方向图为单波束或双波束来传输。

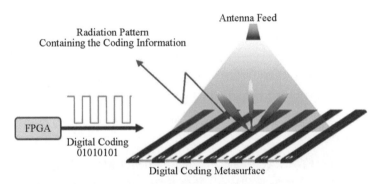

图 5.20　方向图调制发射机的架构图（来自参考文献[6]的图1）

方向图调制发射机的基本架构如图5.20所示，此发射机主要包含了一个FPGA模块和一个数字编码超表面[27]。这里，通过一个使用1-bit相位编码超表面的实例来说明这种方向图发射机的工作流程。首先将所传递的信息转换为一段二进制编码，如"01011111…"，可将其称为信息码，每个信息码随后被映射为长度为N的二进制编码；如"010101"，可将其称为硬件码，其中"0"和"1"分别代表电磁单元的两种编码状态。在每个码元周期中根据硬件码，控制具有N个控制列的编码超表面，从而将对应的远场方向图辐射到空间中。由于硬件码与信息码一一对应，因此原始信息可以成功地传达至接收端。

和前文所述的数字编码超表面发射机类似，这种方向图调制发射机由于直接将信息调制在超表面的远场方向图上，因此系统架构得到了简化。此外，该类发射机在频域所需的带宽极窄，因此若采用具有多频段的数字编码超表面，便可以使发射机工作在多个独立的频点上，从而提升传输速率。更重要的是，它还具有天然的保密性，这是由于所传递的信息被加载在远场方向图的不同角度上，只有同时并完整地获取指定采样点上的数据，才能恢复出所发送的数据信息。并且由于窃听者不知道当前的信道状态，以及信息码与硬件码之间的映射关系，所以即使窃听者同时完整地获取了各个采样点的数据信息，也无法复原原始信息。因此，这种基于方向图调制发射机构建的无线通信系统在保密通信、窄带通信方面具有独特优势。

5.2.5　多输入多输出（MIMO）系统

为了满足日益增长的网络容量需求，5G基站使用了全数字大规模MIMO技术，同时提升工作频段（如毫米波段）来应对当前频谱资源短缺的问题。这些新型技术使得5G被期望为诸如虚拟现实、增强现实、全息投影和触觉互联网等提供数据传输支持。但目前的技术还无法完全实现这些应用愿景。而全面实现预计需要未来 6G 相关技术的部署,其关键使能技术将通信频段扩展至太赫兹频段并进一步提升 MIMO 规模至超大规模 MIMO 是一个自然的潜在演进方向。然而,太赫兹极高的工作频率和实现超大规模 MIMO 所需的大量射频链路也使得硬件成本极速上升且功耗剧增。根据前几节的介绍,基于数字编码超表面的发射机可以直接实现对电磁波的调制,而不需要传统的射频链路,即在保持低硬件复杂度的同时,突破现有方案存在的低调制阶数和调制速率的问题。因此,在实现太赫兹通信和超大规模 MIMO 技术方面具有很大的潜力。但目前关于数字编码超表面发射机的相关研究工作大多仅限于单输入单输出(SISO)传输,对于 MIMO 传输的可行性并未进行探究。基于此,本节将提出基于数字编码超表面发射机的 MIMO-QAM 无线传输的系统模型并进行实验验证。

考虑如图 5.21 所示的基于数字编码超表面的 MIMO 无线通信系统。其中超表面的每个电磁单元由一个专用的数模转换器控制,并由共计 N 行 M 列的电磁单元组成。位于第 n 行和第 m 列的电磁单元 $U_{n,m}$ 的反射系数为 $\Gamma_{n,m}$,$n \in [1,N]$ 且 $m \in [1,M]$。分别记电磁单元 $U_{n,m}$ 的长度、宽度、散射增益以及归一化功率辐射方向图为 d_x、d_y、G 和 $F(\theta,\varphi)$[28]。假设入射至超表面的单频点载波信号为平面波,其频率为 f,在电磁单元 $U_{n,m}$ 上的能流密度为 S,且接收端有 K 根天线。令 $d_{n,m}^k$、$\theta_{n,m}^{AOD,k}$、$\varphi_{n,m}^{AOD,k}$、$\theta_{n,m}^{AOA,k}$ 和 $\varphi_{n,m}^{AOA,k}$ 分别表示电磁单元 $U_{n,m}$ 至第 k 根接收天线的距离、电磁单元 $U_{n,m}$ 至第 k 根接收天线的仰角和方位角以及第 k 根接收天线至电磁单元 $U_{n,m}$ 的仰角和方位角。即 $(\theta_{n,m}^{AOD,k}, \varphi_{n,m}^{AOD,k})$ 和 $(\theta_{n,m}^{AOA,k}, \varphi_{n,m}^{AOA,k})$ 分别是由电磁单元 $U_{n,m}$ 传输至第 k 根接收天线的信号的离开角(AoD)和到达角(AoA),其中,$k \in [1,K]$。接收天线具有相同的归一化功率辐射方向图 $F^{rx}(\theta,\varphi)$ 和天线增益 G_r。

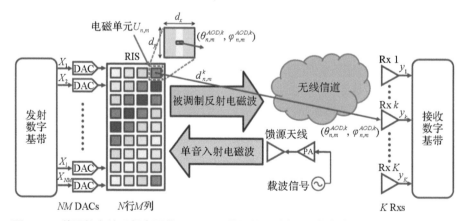

图 5.21 基于数字编码超表面的 MIMO 无线通信系统框图(来自参考文献[26]的图 4.3)

基于数字编码超表面发射机的 MIMO 无线通信系统的基带表达式可以写为[26]

$$y = \sqrt{p}\boldsymbol{H}\boldsymbol{x} + \boldsymbol{n} \tag{5.16}$$

式中,$\boldsymbol{y} = [y_1, \cdots, y_K]^{\mathrm{T}} \in \mathbb{C}^{K \times 1}$ 为图 5.21 中所示接收机的接收信号向量,$\boldsymbol{H} = [\boldsymbol{h}_1, \cdots, \boldsymbol{h}_K]^{\mathrm{T}} \in \mathbb{C}^{K \times NM}$ 为超表面和接收机之间的无线信道,$\boldsymbol{n} \in \mathbb{C}^{K \times 1}$ 为接收机的噪声向量。从式(5.16)能够看出,基于数字编码超表面的 MIMO 无线通信系统的基本原理与传统系统相同。均为对多通道发射机中载波信号进行调制,然后将调制后的射频信号通过无线信道辐射至多通道接收机。图 5.21 中还能看出,虽然该类发射机与传统 MIMO 发射机在硬件架构上有所不同,但其本质原理和基本数学表达式是相同的。因此,本节提出的 MIMO 系统具有与传统系统相同的分集和编码增益,并与具体的传输方案有关。已被广泛研究的 MIMO 传输方案和算法都可以应用于基于数字编码超表面的 MIMO 系统中。另一方面,这类系统具有无需射频链路和低能耗的优势,使其成为有潜力支持太赫兹通信和超大规模 MIMO 的新型硬件架构,而传统发射机由于硬件成本和散热问题难以实现这些新兴无线技术。

为了讨论方便,这里假设数字编码超表面电磁单元的反射幅度响应恒定(即 $A_{n,m} = 1$)且反射相位可以灵活调控。此时基于数字编码超表面的 MIMO 传输的基带信号模型可以转换为恒包络 MIMO 传输模型。式(5.16)中的发射基带信号则可以重写为

$$\boldsymbol{x} = [e^{j\varphi_{1,1}}, \cdots, e^{j\varphi_{1,m}}, \cdots, e^{j\varphi_{n,m}}, \cdots, e^{j\varphi_{N,M}}]^{\mathrm{T}} \tag{5.17}$$

由前文关于 QAM 发射机的介绍可知,当引入循环时移 t_0 后,其基带符号可以写为

$$s_{n,m} = e^{j\varphi_{n,m}(t)} = \begin{cases} e^{j\frac{\Delta\varphi}{T_S}(t+T_s-t_0)}, & t \in [0, t_0] \\ e^{j\frac{\Delta\varphi}{T_S}(t-t_0)}, & t \in (t_0, T_S] \end{cases} \tag{5.18}$$

在所提出的谐波调制技术下,基于数字编码超表面的发射机也可以实现波束成形。具体而言,式(5.17)中的发射基带信号可以进一步表示为

$$\boldsymbol{x} = [e^{j\varphi_{1,1}^{\text{beam}}} s_{1,1}, e^{j\varphi_{1,2}^{\text{beam}}} s_{1,2}, \cdots, e^{j\varphi_{1,M}^{\text{beam}}} s_{1,M}, \cdots, e^{j\varphi_{N,M}^{\text{beam}}} s_{N,M}]^{\mathrm{T}} = \boldsymbol{\Phi}_{\text{beam}} \boldsymbol{S} \tag{5.19}$$

代入式(5.16)可得

$$\boldsymbol{x}\boldsymbol{y} = \sqrt{p}\boldsymbol{\Phi}_{\text{beam}}\boldsymbol{S} + \boldsymbol{n} \tag{5.20}$$

上式表明在恒包络约束下基于数字编码超表面的发射机可同时实现高阶调制和波束成形。

为了方便实验验证,本节使用了 5.2.3 节介绍的 QAM 发射机中的数字编码超表面构建原型系统。与之前不同的是,在此次实验中数字编码超表面被分为了两个部分,其中每一部分分别受一个 DAC 模块独立控制。发射机共包含两路基带数据比特流,一路比特流通过数字编码超表面的一半电磁单元传输,另一路比特流则通过超表面的另一半电磁单元传输。因此,所设计的发射机对应了一个 2×2 MIMO-QAM 无线通信系统。整个原型验证系统

如图5.22所示,基于数字编码超表面的 MIMO 发射机位于图 5.22 的左侧,接收机位于右侧。

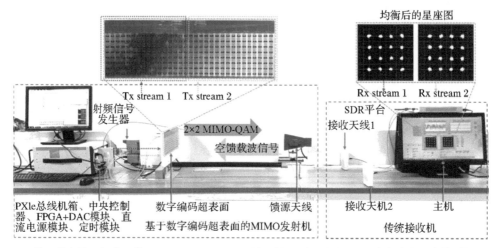

图 5.22　基于数字编码超表面的 2×2MIMO‐QAM 无线通信原型系统实物图(来自参考文献[26]的图 4.11)

　　该系统的空口实时传输实验在室内进行,超表面与两根接收天线之间的距离约为1.5 m。图 5.22 中右上角显示了接收机恢复出的两个比特流的星座图,充分说明原型系统实现了 16QAM 调制和 2×2MIMO 传输。此外,经接收机恢复出的星座图清晰、密集,说明此时具有很好的 BER 性能。该系统的主要参数详见表 5.6,其中数字编码超表面及其控制电路板的功耗约为 0.7 W。在考虑同步子帧和导频子帧开销的情况下,原型系统的实际数据传输速率为 19.05 Mb/s,接近 5.2.3 节中 QAM 发射机系统的 2 倍,但发射机的硬件结构几乎没有变化。尽管该原型系统只实现了最简单的一种 MIMO 传输形式,但已足以证明通过数字编码超表面实现超大规模 MIMO 技术的可行性。未来可以通过提高 MIMO 规模、调制阶数和符号速率来进一步提高传输速率。

表 5.6　基于数字编码超表面的 2×2MIMO‐QAM 无线通信系统主要参数

载波频率	传输方案	调制方案	符号速率	传输速度
4.25 GHz	2×2 MIMO	16QAM	2.5 Mbaud	19.05 Mb/s

5.3　超表面自由空间路径损耗模型

　　在无线通信系统中,无线信道环境是指电磁波传播的物理环境。在传统的认识中,无线信道环境是不可控的,并且会对无线信号的传播产生负面效应。比如,物体对无线信号的反射和折射会产生无法控制的多径效应,进而导致无线信号的快速衰落。超表面因其对电磁波强大的操控能力,可以人为定义空间电磁环境。因此,引入了超表面的无线通信系统,将打破无线信道不可控制的限制,通过主动地控制无线传播环境,在三维空间中实现信号传播方向调控,抑制干扰并增强信号。可以预见,基于超表面辅助的无线通信新系统将成为构建6G智能无线环境的新范式[17],将为未来的无线通信系统带来新的机遇。

近些年来,已有不少有创新、有价值的研究工作为这一新范式的构建提供了具体的思路和方案[29-37]。然而,目前的研究工作都是基于简化的数学模型,具体而言,在该模型中超表面被建模成包含电磁单元相移值的对角矩阵。这一简化的数学模型将直接导致后续算法设计的简单性和不全面性,同时也将影响对系统性能的准确预测。换句话说,在缺少简单易用且可靠的超表面物理电磁模型的前提下,在超表面对无线通信信号的响应尚未得到进一步研究的条件下,理想的数学模型不能准确地指导无线通信系统新架构的具体落实,并且随着设计的深入,由理想数学模型带来的弊端将日益凸显。针对这一问题,本节提出了可以用于基于超表面辅助的无线通信系统分析的可靠路径损耗模型。该模型充分考虑了超表面的电磁特性和其他相关物理因素,其中包括超表面的大小以及近远场效应等等。该模型的建立一方面可以为今后超表面的设计提供更加精准的技术指导,另一方面也将加速未来无线通信新系统建设的实际进程。

5.3.1　超表面自由空间路径损耗理论建模

基于超表面辅助的无线通信系统如图 5.23 所示,由于收发机之间的直接链路信道模型已经得到了很好的研究,因此这里主要考虑在收发机之间的直接路径被完全阻挡的条件下,由超表面提供的反射辅助路径的自由空间路径损耗模型。在图 5.23 中,超表面位于直角坐标系 xOy 平面上,且其几何中心与坐标系原点重合。超表面由规则排布的电磁响应可配置的电磁单元组成,共有 N 行 M 列。为了方便后续建模和推导且不失一般性,假设 N 和 M 均为偶数。每个电磁单元沿着 x 轴的长度是 d_x,沿着 y 轴的长度是 d_y,其大小通常在亚波长尺度(十分之一波长至二分之一波长)。电磁单元的归一化功率辐射方向图为 $F(\theta, \varphi)$,其表征了单个电磁单元感应和反射信号功率强度与入射角和反射角的关系。G 为电磁单元的散射增益。位于第 n 行、第 m 列的电磁单元 $U_{n,m}$ 的坐标为 $(x_{n,m}, y_{n,m}, 0) = \left(\left(m - \frac{1}{2} \right) d_x, \left(n - \frac{1}{2} \right) d_y, 0 \right)$,其中 $n \in \left[1 - \frac{N}{2}, \frac{N}{2} \right]$,$m \in \left[1 - \frac{M}{2}, \frac{M}{2} \right]$。电磁单元距离超表面中心的距离为 $d_{n,m}$,对应的反射系数为 $\Gamma_{m,n}$。此外,d_1、d_2、θ_t、φ_t、θ_r 和 φ_r 分别表示发射机至超表面中心的距离、接收机至超表面中心的距离、超表面中心至发射机的仰角和方位角以及超表面中心至接收机的仰角和方位角。而 $r^t_{n,m}$、$r^r_{n,m}$、$\theta^t_{n,m}$、$\varphi^t_{n,m}$、$\theta^r_{n,m}$ 和 $\varphi^r_{n,m}$ 分别表示发射机至电磁单元的距离、接收机至电磁单元的距离、电磁单元至发射机的仰角和方位角以及电磁单元至接收机的仰角和方位角。

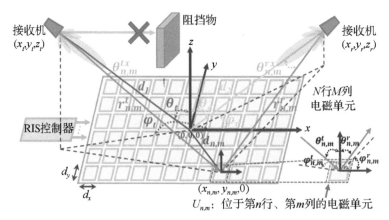

图 5.23 基于超表面辅助的无线通信系统(来自参考文献[26]的图 5.2)

如图 5.23 所示,位于 (x_t, y_t, z_t) 的发射机向超表面发射功率为 P_t 且波长为 λ 的信号。发射天线的归一化功率辐射方向图为 $F^{tx}(\theta, \varphi)$,增益为 G_t。信号经超表面反射后被位于 (x_r, y_r, z_r) 的接收机接收,接收天线的归一化功率辐射方向图为 $F^{rx}(\theta, \varphi)$,增益为 G_r。其中,$\theta_{n,m}^{tx}$、$\varphi_{n,m}^{tx}$、$\theta_{n,m}^{rx}$、$\varphi_{n,m}^{rx}$ 分别表示发射天线至电磁单元的仰角和方位角以及接收天线至电磁单元的仰角和方位角。

在明确各个物理电磁参数的表示形式、具体意义以及其与自由空间路径损耗基本关系的基础上,下面给出基于超表面辅助的无线通信系统的路径损耗通用模型[26]:

$$
\begin{aligned}
PL_{\text{general}} &= \frac{P_t}{P_r} \\[2mm]
&= \frac{16\pi^2}{G_r G_t (d_x d_y)^2 \left| \displaystyle\sum_{m=1-\frac{M}{2}}^{\frac{M}{2}} \sum_{n=1-\frac{N}{2}}^{\frac{N}{2}} \frac{\sqrt{F_{n,m}^{\text{combine}}} \Gamma_{n,m}}{r_{n,m}^t r_{n,m}^r} e^{\frac{-j2\pi(r_{n,m}^t + r_{n,m}^r)}{\lambda}} \right|^2}
\end{aligned}
\tag{5.21}
$$

其中,$F_{n,m}^{\text{combine}}$ 为发射天线、超表面电磁单元、接收天线的联合归一化功率辐射方向图,是一个角度相关因子,可进一步表达为

$$
F_{n,m}^{\text{combine}} = F^{tx}(\theta_{n,m}^{tx}, \varphi_{n,m}^{tx}) F(\theta_{n,m}^t, \varphi_{n,m}^t) F(\theta_{n,m}^r, \varphi_{n,m}^r) F^{rx}(\theta_{n,m}^{rx}, \varphi_{n,m}^{rx})
\tag{5.22}
$$

式(5.21)揭示了超表面反射辅助路径的自由空间路径损耗与收发天线增益、电磁单元面积的平方成反比。由于电磁单元往往为亚波长尺寸,其面积与频率的平方成反比。因此,它还隐含说明了路径损耗与无线信号频率的四次方成正比。此外,模型还表明路径损耗与发射/接收天线以及电磁单元的联合归一化功率辐射方向图、电磁单元的数量、电磁单元的反射系数设计以及发射机/接收机与各电磁单元之间的距离有关。需要注意的是,式(5.21)还揭示了当电磁单元的反射系数是收发互易的,则由超表面辅助的时分双工

（TDD）无线通信系统的上下行信道是互易的。而这一性质也将在 TDD 无线通信系统中起到关键性作用。

进一步地，由式(5.21)给出的基于超表面整体提供反射辅助链路的自由空间路径损耗通用模型，可以根据叠加原理（逆向使用）推得单个电磁单元的路径损耗模型为

$$PL_{\text{general}} = \frac{P_t}{P_{n,m}^r} = \frac{16\pi^2 \, (r_{n,m}^t r_{n,m}^r)^2}{G_r G_t \, (d_x d_y)^2 F_{n,m}^{\text{combine}} \, |\Gamma_{n,m}|} \tag{5.23}$$

式中 $P_{n,m}^r$ 为由电磁单元反射至接收机处的信号功率。根据式(5.23)，单个电磁单元提供的自由空间路径损耗与其至发射机和接收机的两段距离的乘积的平方成正比，与电磁单元的面积平方和联合归一化功率辐射方向图成反比。在式(5.21)和式(5.23)中都出现了与发射天线、电磁单元、接收天线的功率辐射方向图相关的角度损耗因子 $F_{n,m}^{\text{combine}}$。考虑到实际应用场景，可以假设发射天线和接收天线的峰值辐射方向都指向超表面的中心，则损耗因子 $F_{n,m}^{\text{combine}}$ 可进一步表示为

$$F_{n,m}^{\text{combine}} = (\cos\theta_{n,m}^{tx})^{\left(\frac{G_t}{2}-1\right)} (\cos\theta_{n,m}^t)^{\alpha} (\cos\theta_{n,m})^{\alpha} (\cos\theta_{n,m}^{rx})^{\left(\frac{G_r}{2}-1\right)} \tag{5.24}$$

其中，α 用于拟合电磁单元的实际方向图，与电磁单元的具体设计有关。更进一步地，$F_{n,m}^{\text{combine}}$ 可表示为

$$F_{n,m}^{\text{combine}} = \left[\frac{d_1^2 + (r_{n,m}^t)^2 - (d_{n,m})^2}{2d_1 r_{n,m}^t}\right]^{\left(\frac{G_t}{2}-1\right)} \left(\frac{z_t}{r_{n,m}^t}\right)^{\alpha} \left(\frac{z_r}{r_{n,m}^r}\right)^{\alpha} \left[\frac{d_2^2 + (r_{n,m}^r)^2 - (d_{n,m})^2}{2d_2 r_{n,m}^r}\right]^{\left(\frac{G_r}{2}-1\right)} \tag{5.25}$$

其中，d_1、d_2、$r_{n,m}^t$、$r_{n,m}^r$、$d_{n,m}$ 可根据发射机、电磁单元和接收机的相对位置具体计算得到。式(5.25)给出了联合归一化辐射方向图 $F_{n,m}^{\text{combine}}$ 的显式表达式，综合考虑了发射天线、电磁单元和接收天线的辐射方向图对路径损耗的影响，揭示了联合归一化辐射方向图是与角度有关的损耗因子。值得注意的是，在收发天线全部指向超表面中心时，电磁单元接收、反射信号的功率与其对应的功率有关，具体关系为：距离超表面中心越近的单元，接收并反射信号的功率越大。

如图 5.24 所示，超表面的典型应用场景可分为两类：超表面辅助的波束成形以及超表面辅助的信号广播。在超表面辅助波束成形应用中，其反射信号将使单个特定用户的接收功率最大。在超表面辅助的信号广播应用下，其反射信号将均匀覆盖特定区域内的所有用户。需要注意的是，以上两种典型场景的具体实现主要依赖两方面的因素：电磁单元的反射系数以及收发机与超表面的近远场关系。

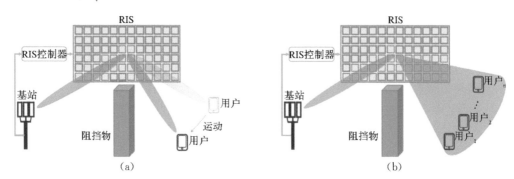

图 5.24 超表面辅助无线通信的典型应用场景（来自参考文献[26]的图 5.3）

(a) 波束成形；(b) 信号广播。

5.3.2 超表面自由空间路径损耗测量验证

在这一小节,将通过实验验证理论部分给出的基于超表面辅助的无线通信系统自由空间路径损耗模型。为了验证理论模型的鲁棒性,测量实验选用了 4 块对应不同工作频段的超表面,分别为 X 波段、sub-6 GHz 频段以及毫米波段,如图 5.25(a)—(d)所示。

图 5.25 超表面样品图片（来自参考文献[26]的图 6.1）

(a) X 波段超表面；(b) sub-6 GHz 频段超表面；(c) 毫米波段超表面 1；(d) 毫米波段超表面 2。

为了验证理论模型的准确性,实验中搭建了路径损耗测量系统,测量了路径损耗与传输距离 d_1 和 d_2 的关系,并与理论值进行对比。路径损耗测量系统如图 5.26 所示,其中发射喇叭天线与信号发生器相连,用于发射电磁波;接收喇叭天线与射频信号分析仪相连,用于测量反射波功率;超表面样品则被放置在稳定的三脚架上。通过灵活地移动发送和接收天线,便可以对不同 d_1、d_2、θ_t 和 θ_r 配置下的路径损耗进行测量。

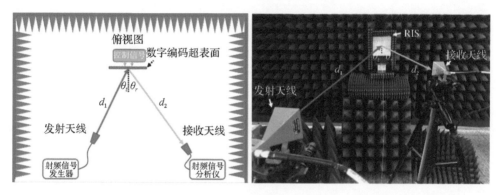

图 5.26 路径损耗测量系统示意图(左)与照片(右)(来自参考文献[26]的图 6.3)

整个验证实验共配置了 4 种测试条件,并分别使用一个超表面样品进行测试,具体为:

(1) 对于 X 波段超表面,具体实验设置为:$P_t = 0$ dBm,$f = 10.5$ GHz,$\theta_r = \theta_t = 45°$,$d_1 = 1$ m;d_2 的变化区间为 $[1\text{ m}, 5\text{ m}]$。测量结果如图 5.27(a)所示。

(2) 对于 sub - 6 GHz 频段超表面,具体实验设置为:$P_t = 0$ dBm,$f = 4.25$ GHz,$\theta_r = \theta_t = 45°$,$d_1 = 1$ m 或 2 m;d_2 的变化区间为 $[1\text{ m}, 5\text{ m}]$。测量结果如图 5.27(b)所示。

(3) 对于毫米波段超表面 1,具体实验设置为:$P_t = 20$ dBm,$f = 27$ GHz,$d_1 = 1$ m,$\theta_r = \theta_t = 10°$ 或 $\theta_r = \theta_t = 45°$;$d_2$ 的变化区间为 $[1\text{ m}, 5\text{ m}]$。测量结果如图 5.27(c)所示。

(4) 对于毫米波段超表面 2,具体实验设置为:$P_t = 20$ dBm,$f = 33$ GHz,$\theta_r = \theta_t = 10°$,$d_1 = 5$ m;d_2 的变化区间为 $[5\text{ m}, 8\text{ m}]$。测量结果如图 5.27(d)所示。

从结果中可以看出,在这 4 种不同的测试条件下,路径损耗的测量值与通用模型的计算值均具有很好的一致性,充分说明了该模型的鲁棒性与正确性。

不同于现有的数学模型,本节建立的基于超表面辅助的无线通信系统自由空间路径损耗模型兼顾了超表面的电磁特性和无线通信系统的物理背景。该工作可以帮助研究人员了解基于超表面辅助的无线通信系统中大尺度衰落的基础特征,可用于链路预算计算和系统性能极限分析。

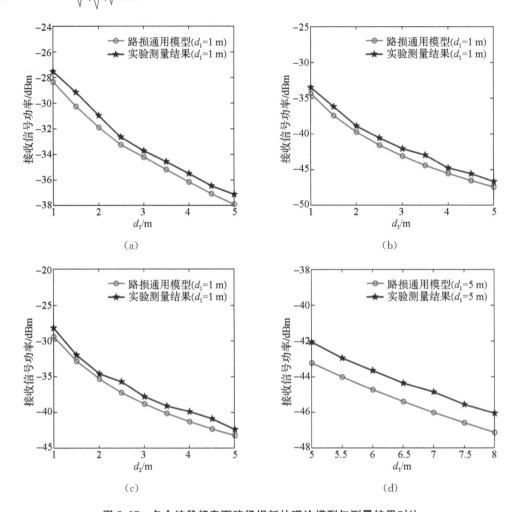

图 5.27　各个波段超表面路径损耗的理论模型与测量结果对比

(a) X 波段超表面(来自参考文献[26]的图 6.6);(b) sub-6 GHz 频段超表面(来自参考文献[26]的图 6.7);(c) 毫米波超表面 1(来自参考文献[26]的图 6.8);(d) 毫米波超表面 2(来自参考文献[26]的图 6.10)。

5.4　小结

　　超表面凭借其出色的电磁调控功能与低成本、低能耗、易部署等特点,近年来引起了无线通信领域内越来越多学者的关注。基于数字编码超表面的发射机架构,结合了信息科学中的信号处理算法和由可编程电磁单元构成的硬件资源,已开发出包括 FSK、PSK、QAM 在内的多种调制方案的原型系统,并且实现了 MIMO 传输,为未来无线通信的发展提供了一种极具潜力的硬件架构。此外,超表面自由空间路径损耗模型的提出,为人们在超表面辅助的无线通信系统中的研究提供了全新的、准确的理论指导，推进了超表面在无线通信中的工程应用。可以预见，超表面在未来将发挥更多的作用，为无线通信系统的发展带来前所未有的新机遇。

5.5　参考文献

［1］　Cui T J, Qi M Q, Wan X, et al. Coding metamaterials, digital metamaterials and programmable metamaterials[J]. Light: Science & Applications, 2014, 3(10): e218.

［2］　Wan X, Qi M Q, Chen T Y, et al. Field-programmable beam reconfiguring based on digitally-controlled coding metasurface[J]. Scientific Reports, 2016, 6: 20663.

［3］　Zhao J, Yang X, Dai J Y, et al. Programmable time-domain digital-coding metasurface for non-linear harmonic manipulation and new wireless communication systems[J]. National Science Review, 2018, 6(2): 231 - 238.

［4］　Dai J Y, Zhao J, Cheng Q, et al. Independent control of harmonic amplitudes and phases via a time-domain digital coding metasurface[J]. Light: Science & Applications, 2018, 7: 90.

［5］　Zhang L, Chen X Q, Liu S, et al. Space-time-coding digital metasurfaces[J]. Nature Communications, 2018, 9(1): 4334.

［6］　Cui T J, Liu S, Bai G D, et al. Direct transmission of digital message via programmable coding metasurface[J]. Research, 2019, 2019: 1 - 12.

［7］　Zhao J, Cheng Q, Wang X K, et al. Controlling the bandwidth of terahertz low-scattering meta-surfaces[J]. Advanced Optical Materials, 2016, 4(11): 1773 - 1779.

［8］　Chen J, Cheng Q, Zhao J, et al. Reduction of radar cross section based on a metasurface[J]. Progress in Electromagnetics Research, 2014, 146: 71 - 76.

［9］　Huang C, Sun B, Pan W B, et al. Dynamical beam manipulation based on 2-bit digitally-controlled coding metasurface[J]. Scientific Reports, 2017, 7: 42302.

［10］　Tran N M, Amri M M, Park J H, et al. A novel coding metasurface for wireless power transfer applications[J]. Energies, 2019, 12(23): 4488.

［11］　Iqbal S, Liu S, Bai G D, et al. Dual-band 2-bit coding metasurface for multifunctional control of both spatial waves and surface waves[J]. Journal of the Optical Society of America B, 2019, 36 (2): 293.

［12］　Shen Z, Jin B B, Zhao J M, et al. Design of transmission-type coding metasurface and its application of beam forming[J]. Applied Physics Letters, 2016, 109(12): 121103.

［13］　Yang W C, Gu L Z, Che W Q, et al. A novel steerable dual-beam metasurface antenna based on controllable feeding mechanism[J]. IEEE Transactions on Antennas and Propagation, 2019, 67(2): 784 - 793.

［14］　Singh A K, Abegaonkar M P, Koul S K. Wide angle beam steerable high gain flat top beam antenna using graded index metasurface lens[J]. IEEE Transactions on Antennas and Propagation, 2019, 67(10): 6334 – 6343.

[15] Han S J, Kim S, Kim S, et al. Complete complex amplitude modulation with electronically tunable graphene plasmonic metamolecules[J]. ACS Nano, 2020, 14(1): 1166 – 1175.

[16] Gao L H, Cheng Q, Yang J, et al. Broadband diffusion of terahertz waves by multi-bit coding metasurfaces[J]. Light: Science & Applications, 2015, 4(9): e324.

[17] Renzo M D, Debbah M, Phan-Huy D T, et al. Smart radio environments empowered by reconfigurable AI meta-surfaces: An idea whose time has come[J]. EURASIP Journal on Wireless Communications and Networking, 2019, 2019: 129.

[18] Liaskos C, Nie S, Tsioliaridou A, et al. A new wireless communication paradigm through software-controlled metasurfaces[J]. IEEE Communications Magazine, 2018, 56(9): 162 – 169.

[19] Liang Y C, Long R Z, Zhang Q Q, et al. Large intelligent surface/antennas (LISA): Making reflective radios smart[J]. Journal of Communications and Information Networks, 2019, 4(2): 40 – 50.

[20] Wu Q Q, Zhang R. Towards smart and reconfigurable environment: Intelligent reflecting surface aided wireless network[J]. IEEE Communications Magazine, 2020, 58(1): 106 – 112.

[21] Haykin S. Communication systems[M]. 4th Edition. New York: John Wiley & Sons, 2003.

[22] Venkateswaran V, van der Veen A J. Analog beamforming in MIMO communications with phase shift networks and online channel estimation[J]. IEEE Transactions on Signal Processing, 2010, 58(8): 4131 – 4143.

[23] Alkhateeb A, El Ayach O, Leus G, et al. Channel estimation and hybrid precoding for millimeter wave cellular systems[J]. IEEE Journal of Selected Topics in Signal Processing, 2014, 8(5): 831 – 846.

[24] 戴俊彦. 时域超表面理论研究与应用[D]. 南京: 东南大学, 2019.

[25] Razavi B. A 900-MHz/1.8-GHz CMOS transmitter for dual-band applications[J]. IEEE Journal of Solid-State Circuits, 1999, 34(5): 573 – 579.

[26] 唐万恺. 基于智能超表面的无线通信系统设计与信道特性研究[D]. 南京: 东南大学, 2021.

[27] 刘硕. 基于数字表征的编码超表面及其应用[D]. 南京: 东南大学, 2017.

[28] Huang Y, Boyle K. Antennas: from theory to practice[M]. Chichester, UK: John Wiley & Sons, 2008.

[29] Chen J, Liang Y C, Pei Y Y, et al. Intelligent reflecting surface: A programmable wireless environment for physical layer security[J]. IEEE Access, 2019, 7: 82599 – 82612.

[30] Cui M, Zhang G C, Zhang R. Secure wireless communication via intelligent reflecting surface[J]. IEEE Wireless Communications Letters, 2019, 8(5): 1410 – 1414.

[31] Han Y, Tang W K, Jin S, et al. Large intelligent surface-assisted wireless communication exploiting statistical CSI[J]. IEEE Transactions on Vehicular Technology, 2019, 68(8): 8238

$-8242.$

［32］ He Z Q，Yuan X J. Cascaded channel estimation for large intelligent metasurface assisted massive MIMO[J]. IEEE Wireless Communications Letters，2020，9(2)：210-214.

［33］ Huang C W，Zappone A，Alexandropoulos G C，et al. Reconfigurable intelligent surfaces for energy efficiency in wireless communication[J]. IEEE Transactions on Wireless Communications，2019，18(8)：4157-4170.

［34］ Jung M，Saad W，Jang Y，et al. Reliability analysis of large intelligent surfaces (LISs)：Rate distribution and outage probability[J]. IEEE Wireless Communications Letters，2019，8(6)：1662-1666.

［35］ Pan C H，Ren H，Wang K Z，et al. Intelligent reflecting surface aided MIMO broadcasting for simultaneous wireless information and power transfer[J]. IEEE Journal on Selected Areas in Communications，2020，38(8)：1719-1734.

［36］ Subrt L，Pechac P. Intelligent walls as autonomous parts of smart indoor environments[J]. IET Communications，2012，6(8)：1004.

［37］ Wu Q Q，Zhang R. Intelligent reflecting surface enhanced wireless network via joint active and passive beamforming[J]. IEEE Transactions on Wireless Communications，2019，18(11)：5394-5409.

第六章　超材料前沿进展：非互易超材料

互易性的英文 reciprocity 源于拉丁文 reciprocus，其基本意思为"反向传输与正向传输一致"。非互易性（nonreciprocity）意为将这种传输对称性打破，使反向传输性能与正向传输性能不相同。此时，若互换激励输入端和接收端的位置，系统将呈现不同的传输性能。也就是说，所谓的非互易性就是对时间反演对称性的破坏[1]。作为电磁物理学中一个重要概念，非互易性材料同样受到大量关注，并且在热力学、力学、电磁学、光学等众多物理分支中都得到了广泛的应用。在文献[1]中，Caloz 和 Alù 就电磁非互易的广义定义和分类进行了详细论述，对于传统的电磁学来说，不可逆的设备主要基于磁性材料[2-3]，例如铁氧体，通常由氧化铁和其他元素（Al，Ni，Co）组成[4]，环形器之类的经典不可逆设备是雷达[5]和通信系统[6]中必不可少的组件。一般而言，基于所采用的技术路线，我们可将电磁非互易系统分为两大类——线性系统和非线性系统。相比而言，线性系统的非互易性能较好，端口间的隔离性较高，但系统相对复杂；非线性系统的结构相对简单，但非互易性和隔离性较弱，对入射波强度要求较高，响应迟滞，且作为无源系统不具备可调谐特性。

作为一种电磁设备，普通超表面的电磁性能遵循互易定律，电磁波的入射方向无论是正向还是反向，超表面所呈现的电磁性能都是相同的。以用于波束调控的信息超表面研究为例，它们大多是通过无源导电结构或 PIN 二极管加载的导电结构设计来实现相位或者幅度的调控设计。显然，若反转入射端和出射端的能量传输方向，这类结构的透射或反射性能是不变的。然而在一些非对称的应用场景中，例如在需要发射和传输隔离的环境下，要求正向和反向电磁波经历不同的传输系数，因此非互易超表面成为近年来的研究热点。

6.1　非互易超表面研究进展

　　要实现非互易超表面,很容易想到的方案是在静磁场中使用磁旋材料。但是,这类材料通常体积较大、笨重、成本较高,且损耗严重,并不适用于超表面。为了克服这些缺点,Caloz等团队提出了无磁非互易超表面[7-11]。通过将类似晶体管的放大器或隔离器集成到超表面结构中,无磁非互易超表面可以轻松实现更小的尺寸和更好的可集成性。Alù等人也提出了基于时间调制的非对称超材料[12],但是这种方案大大增加了控制系统的复杂性。

　　目前,非互易超表面从技术路线上来看可以分为以下三类:线性时变方法、线性时不变方法以及非线性方法[1]。

6.1.1　线性时变方法

　　通过对超表面上相位、表面阻抗等特性的时间调制可实现超表面的非互易性,实现方式包括机械调谐和电调谐,其最重要的特征是产生了谐波频率。2015年,Shaltout在空间相位调制超表面对入射波的切向动量调控的基础上,提出了基于时间相位梯度不连续的超表面,通过引入法向动量调控打破了时间反演对称性和洛伦兹互易定律的限制,如图 6.1(a)所示[13]。Hadad等人通过对表面阻抗的时间梯度调制实现了空时梯度超表面,获得了非互易电磁感应透明现象[14]。2019年,张磊利用空时编码数字超表面实现了对表面上相位梯度的时间调制,并通过实验验证了这项技术的可行性,测得了电磁波的非互易反射现象,示意图显示于图 6.1(b)[15]。

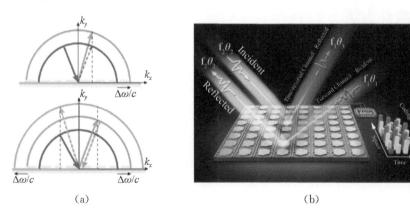

| (a) | (b) |

图 6.1　基于时间调制技术的两种非互易超表面(来自参考文献[13]的图 2 和参考文献[15]的图 1)

6.1.2　线性时不变方法

　　线性时不变非互易系统的主要特点在于不产生谐波,传统方法是利用外界偏置(如静磁场)配合铁磁材料产生法拉第旋转效应,进而获得非互易性能。如上文所述,在超表面结构中使用静磁场是不现实的,因此研究者们通过在超表面上集成单向有源电子元件,例如场效应管、放大器等,在亚波长单元级尺度上模拟了法拉第旋转效应,实现了非互易现象,如图 6.2(a)所示[7, 10, 16]。2017 年,Taravati 等人将放大器芯片集成到双层超表面结构中,如图 6.2(b)所示,利用放大器的单向导通特性实现了线极化电磁波的非互易传输性能,除了抑制反向透射,其优点还体现在正向传输信号的放大[11]。除了单向有源器件的使用,Pfeiffer 发现空间色散超表面在斜入射波或垂直入射涡旋波的横向动量的自偏置作用下可模仿产生非互易现象,因而不需要依赖非互易的材料[17]。

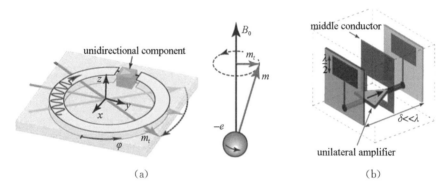

图 6.2　基于单向器件加载技术的两种非互易超表面(来自参考文献[16]的图 1 和参考文献[11]的图 3)

6.1.3　非线性方法

与上述线性方法不同,非线性的非互易效应依赖于超材料结构的不对称性和入射波引起的自偏置。目前,绝大部分非线性非互易超表面都基于 Fano 谐振,结构相对简单是其优点,但缺点也较为明显,即较弱的非互易性,响应迟滞,较窄的带宽,且不支持双向同时激励[1]。典型工作是 Shadrivov 利用所提出的非对称手性单元结构对左旋圆极化空间波实现了非线性"电磁二极管"性能[18]。测试结果显示,在 5.9~6.0 GHz 频带内,该超材料对正向入射波的透射率随入射强度的增大而升高,而对反向入射波的透射率保持较低水平且不随强度变化,如图 6.3(a)所示;在 6.0~6.3 GHz 频带内,"二极管"的极性反向。Fernandes 从理论和仿真的角度研究了非对称的蘑菇型单元在非线性元件加载条件下的电磁性能,如图 6.3(b)所示[19]。研究者发现这种结构在线极化入射波激励下表现出强烈的非线性响应,且具有迟滞现象。在此基础上,研究者证明了这种结构在入射波强度变化条件下呈现出非互易性能,并分析了其局限性,即不能从两个方向上同时激励[20],这与文献[21]中的结论不谋而合。

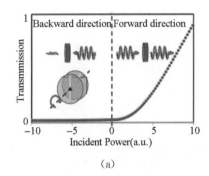
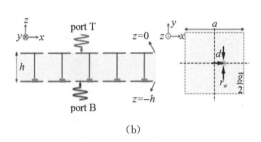

(a)　　　　　　　　　　　　　　　(b)

图 6.3　基于非线性方法的两种非互易超表面（来自参考文献［18］的图 1 和参考文献［19］的图 1）

6.2　功能可定制非互易超表面设计

本节将介绍一种透射型非互易超表面设计，该设计采用有源模拟和数字控制模块完成超表面的非线性响应机制，不仅验证了包括电磁二极管、单向限幅在内的多种现场可定制的非互易功能，还实现了非互易方向反转和响应阈值调控，并展宽了非线性响应带宽，规避了响应迟滞问题。因此，该超表面有望在空间电磁能量非对称防护、脉冲信号隔离等场景中发挥应用价值[22]。

如图 6.4 所示，该超表面由可调谐透射表面、电磁信号感应模块以及数字控制模块组成。数字模块包含一个 FPGA 和两个"模拟-数字-模拟"（ADA）模块，每个 ADA 模块含有一个"模拟-数字"（AD）子模块和一个"数字-模拟"（DA）子模块。图 6.4(f)给出了该超表面的工作流程图，由若干个有源操作和数字操作级联而成。首先，电磁信号感应器接收到正向或反向入射电磁波，将其强度信息转换为直流信号，两路直流信号分别进入正向 AD 和反向 AD 子模块，得到携带强度信息的数字信号。FPGA 中预加载了所需要实现的非互易功能，它读取来自 AD 子模块的数字信号，获得电磁波的方向和强度信息，生成数字控制信号。DA 子模块将数字控制信号转换为直流控制信号，用于调控透射表面的电磁性能。

由于电磁性能依赖于入射电磁波的强度，该超表面可归类为非线性非互易超材料，但相较于此前的无源非线性非互易研究有两个不同之处。首先，变容二极管并不与入射波电磁场直接发生非线性作用，而是利用有源模拟电路和数字电路实现非线性过程，因此非线性响应更敏感；其次，得益于有源电路和数字电路的使用，其非互易功能可以数字化定制，且易于实时调控，因此可以满足多种应用场景需要。我们还将看到，该超表面有效避免了已有非线性非互易超表面的窄带和迟滞特点，因而增大了其应用稳定性。

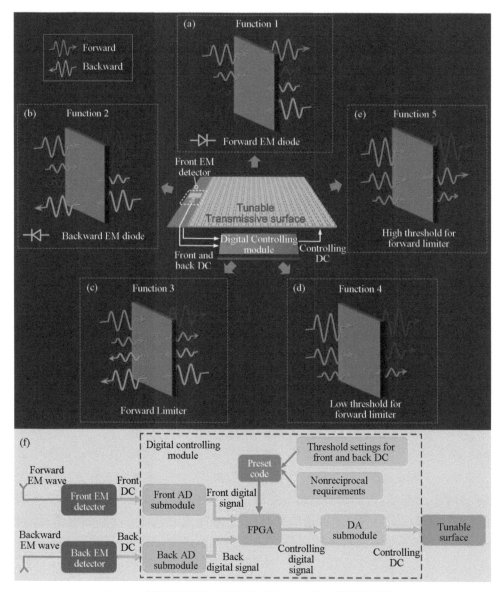

图 6.4 功能可定制非互易超表面(来自参考文献[22]的图 1)

接下来，我们将详细介绍该超表面的设计、仿真以及样件测试。在测试环节，我们将使用同一个超表面样件展示 5 种实时可切换的非互易传输功能，即电磁二极管功能(如图 6.4(a)和(b)所示)、单向限幅功能(如图 6.4(c)所示)以及响应强度阈值调控功能(如图 6.4(d)(e)所示)。

电调谐透射表面由基于 PCB 结构的亚波长单元呈周期性排列而成，介质基板为 F4B，其介电常数为 2.65,损耗角正切为 0.001。图 6.5(a)给出了一个单元的三维结构示意图,其中包含 4 个金属层:第一金属层包含位于单元中间的正方形贴片和它外围的方形环贴片,两个金属贴片之间沿 x 方向放置变容二极管,阳极与方形环贴片连接,阴极与正方形贴片连接;第二金属层包含一条贴片导线,方向为 y 方向;第三和第四金属层分别为尺寸不相同的正方形贴片;每个单元包含一个金属盲孔,将第一金属层中心和第二金属层上导线连接在一起。结构参数如下:$p=8$ mm,$g=0.4$ mm,$L_1=5.7$ mm,$L_3=4$ mm,$L_4=4.5$ mm,$W=0.3$ mm,$h_1=h_3=1$ mm,$h_2=0.2$ mm,盲孔直径为 0.3 mm。当若干单元按周期性排列成为阵列时,第一金属层上所有的方形环贴片连成了整体,第二金属层上所有的贴片导线连成了整体,并通过盲孔与第一金属层上所有的正方形贴片相连,因此表面上所有的变容二极管呈并联连接。通过调节变容二极管两端的反偏电压可调控阵列的传输系数。

利用场路联合仿真技术,我们研究了单元阵列在 x 极化波照射下随变容管偏置电压 V_b 变化的传输系数,结果如图 6.5(b)所示。在 V_b 从 0 V 增大到 10 V 的过程中,传输系数在 5.5 GHz 到 6.5 GHz 频带内逐渐增大。我们还加工测试了一个由 29×29 个单元组成的阵列,得到的传输系数结果如图 6.5(c)所示。从图中可以看到,测试结果与仿真结果吻合良好,在 5.75 GHz,$V_b=0$ V 和 10 V 条件下的传输系数相差 16.2 dB。这里,我们定义 $V_b=10$ V 为表面的"传输"模式,$V_b=0$ V 为"截止"模式。具体测试系统将在后文介绍。

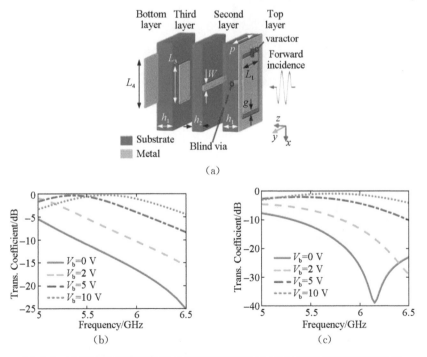

图 6.5　电调谐透射表面单元结构及其传输性能(来自参考文献[22]的图 2)

对于传统的非线性超材料,变容二极管与电磁场直接相互作用,可以理解为变容管既是入射强度感应元件,又是非线性效应的产生元件。这种无源非线性机制的缺点在于非线性较弱,需要较强的入射波,且性能固定。本研究采用两个电磁信号感应模块分别监测正向和反向入射波强度。如图 6.6(a)所示,两个感应模块同样是四层金属的 PCB 结构,每个模块包含一个天线和一个整流电路,根据入射强度输出相应的直流电压信号。图 6.6(b)显示了正反模块天线的三维示意图,正向天线包含位于第一金属层的一个长方形贴片、一个半波振子、一根微带线以及位于第二层的金属地,天线参数为 $L_p = 20.5$ mm,$W_p = 15.5$ mm,半波振子长度 $L_r = 19.2$ mm,$d = 1.6$ mm,$L_s = 6.5$ mm,$W_s = 6.9$ mm,一个直径为 1.6 mm 的金属盲孔连接振子和金属地。反向天线的结构与正向天线相同,位于第三和第四金属层。由于两个金属地的存在,两个天线具有较强的定向性。我们利用 CST 对两个天线的远场方向图进行了仿真,5.6 GHz 至 5.8 GHz 的结果显示在图 6.7 中。整流电路使用 Linear Technology 的 LTC5530 芯片,外围电路参数为:$R_1 = 82$ kΩ,$R_2 = 10$ kΩ,$C_1 = 0.1$ μF,$C_2 = 100$ pF,$C_3 = 39$ pF,$V_{cc} = 5$ V。

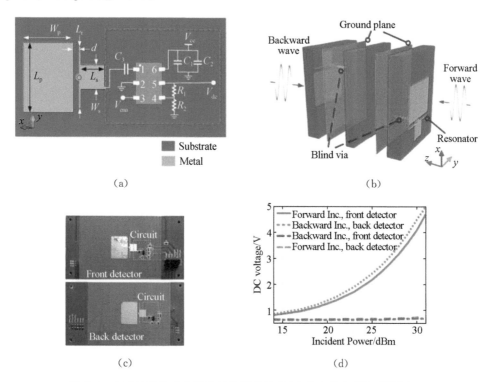

图 6.6　电磁波强度感应模块结构及其性能(来自参考文献[22]的图 3)

为了验证模块的性能,我们加工测试了它们在电磁波照射下的直流电压输出,测试样品显示在图 6.6(c)中。当没有电磁波激励时,两个电路的输出分别 0.63 V 和 0.62 V。图

6.6(d)显示了模块在 5.75 GHz 电磁波照射下的性能。当只有正向入射波且发射功率从 14 dBm 增大到 31 dBm 时,正向模块的输出电压从 0.8 V 增大到 4.7 V,而反向模块的输出电压始终低于 0.75 V;在反向电磁波照射下,反向模块的输出电压从 0.85 V 增大到4.95 V,而正向模块的输出电压始终低于 0.70 V。在 5.6 GHz、5.65 GHz、5.7 GHz、5.8 GHz,由于天线增益和阻抗匹配的变化,两个模块的直流电压输出比 5.75 GHz 时的输出稍低。

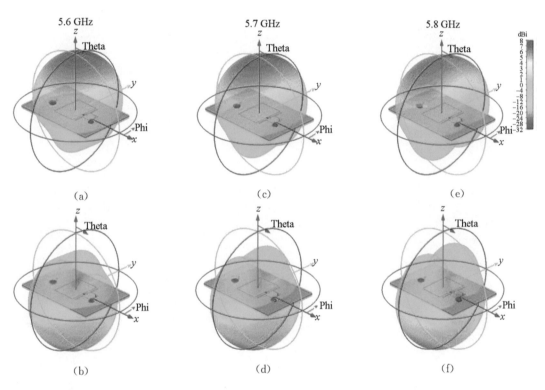

图 6.7 两个电磁信号感应模块天线的仿真远场方向图(来自参考文献[22]附录的图 S3)

(a)(c)(e) 正向天线方向图;(b)(d)(f) 反向天线方向图。

如图 6.8(d)所示,数字控制模块由一个 FPGA 开发板和两个 ADA 模块构成,ADA 模块分别安装于 FPGA 板的两个 I/O 扩展口。FPGA 板的型号是黑金 LATERA 系列的 AX515,基于 Cyclone IV E(EP4CE15F23C8)芯片,每个 ADA 模块包含一个 AD 子模块和一个 DA 子模块。AD 子模块由 Analog AD9280 芯片和外围电路构成,当输入直流电压在 −5 V 和 +5 V 之间变化时,输出数字信号 0 至 255,精度为 0.0392 V/bit。电磁感应模块的典型输出是 0.85 V 至 4.95 V,那么 AD 子模块的输出在 150 到 254 之间。DA 子模块基于 Analog AD9708 芯片,集成了低通滤波电路和运算放大电路,在输入 0 至 255 的数字信号时可输出直流电压信号 +5 V 至 −5 V,精度同样为 0.0392 V/bit。如图 6.8(a)所示,我们将 DA 子模块输出的直流控制信号与电调谐透射表面上变容管阵列的正极连接,并在变容管阵列的负极加上恒定电压 $V_{offset} = +5$ V,这样就使变容管的反向偏压在 0 V 和 10 V 之间变化。我们根据需求编写 Verilog 程序,并将其预加载于 FPGA 开发板中,使数字控制模块根据入射波的方向和强度输出相应的直流信号,控制超表面实现所需要的传输性能。

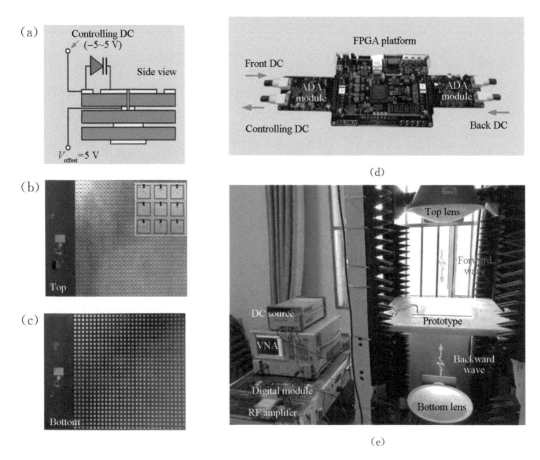

图 6.8　功能可定制非互易超表面相关示意图和实验照片(来自参考文献[22]的图 4)

(a) 控制信号与单元结构的连接;(b)和(c) 超表面样品照片;(d) 数字控制模块;(e) 测试环境照片。

　　由于数字控制模块的使用,我们可以利用同一块超表面实现一系列可定制的非互易功能,且不同功能之间可以实时切换,无需改变超表面结构。为了验证这个概念,我们加工了一个超表面样件,包含 29×29 个单元组成的阵列和电磁波强度感应模块,如图 6.8(b)和(c)所示。实验测试在一个聚焦天线系统中完成,超表面样品置于两个天线之间的中点,如图 6.8(e)所示,可认为此处的电磁波为平面波。由矢量网络分析仪(Agilent N5230C)端口 1

输出的信号经一个 36 dB 功率放大器和隔离器后馈入系统上方的天线,信号通过超表面后由下方的天线接收,经过一个 30 dB 衰减器回到矢量网络分析仪的端口 2,如此即可得到信号通过样件的 S_{21p}。移去样件,测试得到电磁波经过空气的 S_{21air},利用公式 $T_f = S_{21p} - S_{21air}$ 可以最终得到样件在正向波入射条件下的归一化传输系数。将连接两个天线的同轴线互换,则可测得从下方天线经样件到上方天线(即反向)的传输系数 S_{12p},进而获得反向归一化传输系数 T_b。我们在 FPGA 中预加载了需要实现的非互易功能,通过按压相应的按键,即可激活相应功能。若数字模块关闭,这个超表面就退化为常规的互易器件。

6.2.1　功能 1:正向电磁二极管

电磁二极管是指一种只允许单向电磁波传输的空间非互易器件[20]。请注意电磁二极管与常规隔离器的不同,后者是将反向信号转换为其他模式或其他频率,而前者只是改变反向入射信号的方向,使之原路反射回去。在本功能中,反向入射波被超表面反射,正向入射波的传输系数随着入射强度的增大而增大。

只考虑单向入射的情况,我们在 Verilog 程序中设置 FPGA 对感应模块输出的直流电压(简称为"正向模块 DC"和"反向模块 DC")的响应阈值为 0.75 V。也就是说,只有当模块输出的电压高于 0.75 V 时,FPGA 才认为有该方向的入射波存在。另外,我们还设置触发正向传输系数变化的正向模块 DC 阈值为 1 V,以 5.75 GHz 为例,这意味着当正向入射波强度大于 17 dBm 后,超表面的传输系数开始随着入射强度而增大。这里解释一下图 6.9 所显示的数字控制模块的控制直流输出与正、反向模块 DC 之间的映射关系。由于只考虑单向入射的情况,如果反向模块 DC 低于 0.75 V 而正向模块 DC 高于 1 V,我们认为只有正向入射波存在,且强度高于 17 dBm,那么随着入

Function 1	Front DC	Back DC	Controlling DC
Case 1	>1 V	<0.75 V	+5 V~−5 V
Case 2		>0.75 V	
Case 3	<1 V	<0.75 V	+5 V
Case 4		>0.75 V	
Function 2	Front DC	Back DC	Controlling DC
Case 1	<0.75 V	>1 V	+5 V~−5 V
Case 2	>0.75 V		
Case 3	<0.75 V	<1 V	+5 V
Case 4	>0.75 V		
Function 3	Front DC	Back DC	Controlling DC
Case 1	>1 V	<0.75 V	+5 V~−5 V
Case 2		>0.75 V	
Case 3	<1 V	<0.75 V	−5 V
Case 4		>0.75 V	
Function 4	Front DC	Back DC	Controlling DC
Case 1	>1.5 V	<0.75 V	+5 V
Case 2		>0.75 V	
Case 3	<1.5 V	<0.75 V	−5 V
Case 4		>0.75 V	
Function 5	Front DC	Back DC	Controlling DC
Case 1	>2.5 V	<0.75 V	+5 V
Case 2		>0.75 V	
Case 3	<2.5 V	<0.75 V	−5 V
Case 4		>0.75 V	

图 6.9　FPGA 控制直流信号与正、反向电磁感应模块直流信号之间的映射关系(来自参考文献[22]的图 5)

射波强度的增大,数字控制模块输出+5 V到-5 V的直流控制电压,对应着表面传输系数的增大。如果正向模块 DC 在 0.75 V 到 1 V 之间,且反向模块 DC 低于 0.75 V,我们认为只有正向入射波存在,且强度低于 17 dBm,那么控制直流电压就固定为+5 V,使表面工作于截止模式。如果反向模块 DC 高于 0.75 V 而正向模块 DC 低于 0.75 V,我们认为此时只有反向波入射,那么控制直流电压也固定为+5 V,即对反向波呈现截止效应。由于在实验中不考虑双向同时入射的情况,因此不用设置正向和反向模块 DC 同时高于 0.75 V 的情况。

通过按压 FPGA 的按键 1 即可激活正向电磁二极管功能。我们测试了超表面在正向或反向激励条件下的非线性传输性能,图 6.10(a)给出了 5.6 GHz 至 5.8 GHz 的归一化测试结果。对于反向入射波,可以观察到超表面在 5.75 GHz 的传输系数始终低于-17 dB。对于正向入射波,若入射强度低于 12 dBm,超表面仍然工作于截止模式,传输系数低于-17 dB;当强度高于 12 dBm 后,传输系数开始逐渐增大,当强度高于 31 dBm 时,传输系数达到-0.6 dB。图中也同样显示了其他频率下相似的结果,清楚地展示了电磁二极管的单向传输功能。我们也注意到图中不同频率对应曲线之间的差别,这是由电磁感应模块和电调谐表面在不同频率下的性能色散所致。

与此前大部分非互易超表面相比,本工作中的非互易超表面至少具备 3.5% 的相对带宽(5.6 GHz~5.8 GHz)。若采用宽带天线技术并优化天线和整流电路的阻抗匹配,这个带宽还有望得到进一步展宽。除此之外,所采用的数字式非线性技术使该超表面获得了非迟滞电磁性能,无论入射强度是增大还是减小,其响应都不受历史值的影响,从而表现出稳定一致的测试结果。在接下来的其他功能测试中,我们同样观察到了这种宽带和非迟滞性能。上述结果展示了本工作中超表面在单向激励条件下的非互易性能,需要特别指出的是,作为一个非线性的非互易器件,该超表面天然不适用于双向同时激励的场景,换句话说,超表面对正反同时入射的电磁波将表现出相同的传输系数,失去非互易特性。尽管如此,如文献[23]中所述,该超表面仍然可以应用于正反向激励不重叠的场景中。

6.2.2 功能 2:反向电磁二极管

第二个功能是反向电磁二极管功能,用于验证超表面非互易方向的可反转能力。在 Verilog 程序中,我们将图 6.9 中 Function 1 映射关系中的正向模块 DC 和反向模块 DC 的角色互换,即可得到功能 2 的映射关系,获得反向电磁二极管功能。在实际测试中,按压 FPGA 上的按键 2 即可实时激活此功能,得到图 6.10(b)所示的传输系数测试结果。与图 6.10(a)的结果曲线对比,可以明显地发现二者的曲线基本上是镜像对称的,说明两个功能中的正反向传输系数正好对调了。唯一的区别出现在 5.7 GHz 的曲线上,这个误差可以归因于两个电磁信号感应模块在该频率的性能差异。

6.2.3　功能 3：正向空间限幅器

为了实现正向限幅功能，我们在 Verilog 程序中设置正向模块 DC 阈值为 1 V，反向模块 DC 阈值为 0.75 V。正、反向模块 DC 与控制电压输出的映射关系如图 6.9 中 Function 3 所示。若反向模块 DC 高于 0.75 V，正向模块 DC 低于 0.75 V，我们认为只有反向入射波，那么将直流控制电压固定为−5 V，对应超表面的传输模式。当反向模块 DC 低于 0.75 V，正向模块 DC 低于 1 V，我们认为只有正向电磁波入射，且入射强度低于阈值，那么直流控制电压仍旧为−5 V，超表面仍然为传输模式；如果正向模块 DC 高于 1V 且反向模块 DC 低于 0.75 V，那么直流控制电压随着正向模块 DC 的增大从−5 V 逐渐增大到＋5 V，从而使超表面的传输系数随正向入射强度的增大而减小。通过按压 FPGA 的按键 3，可激活该功能，测试得到超表面在正向或反向激励条件下的归一化传输系数如图 6.10(c) 所示。可以看到，对于反向入射波，传输系数接近 0 dB；对于正向入射波，当入射功率小于 20 dBm 时，传输系数仍然保持约−0.5 dB，随着功率的继续增大，传输系数开始减小，5.75 GHz 的最小值达到−19 dB。图 6.10(c) 给出了 5.6 GHz 到 5.8 GHz 的结果，由于天线和阻抗匹配色散的原因，非线性变化曲线略有不同，但都表现出了明显的正向限幅效果。仔细观察，可以发现传输系数曲线的变化曲线非常陡峭，这是由变容二极管的非线性电容响应决定的。另外，根据功能 1 和功能 2 的经验，我们同样可以获得反向限幅的非互易功能，此处不再累述。

6.2.4　功能 4 和 5：正向限幅阈值调控

上文提到，传统的无源非线性非互易器件由于结构固定，触发非互易功能的入射波阈值是难以改变的。考虑到数字控制模块中 AD/DA 子模块的分辨率为 0.0392 V/bit，而且电磁信号感应模块输出的直流电压范围较宽，该超表面的非互易功能触发阈值理应很容易地根据需求进行灵活设置和调控。为了验证这个想法，我们开展功能 4 和功能 5 的设计和测试。

这两个功能与功能 3 类似，都是正向限幅功能，但不同之处是正向模块 DC 的设置。图 6.9 给出了这两个功能的模块 DC 与直流控制信号的映射关系，阈值分别设置为 1.5 V 和 2.5 V。在该映射关系控制下，超表面对反向任何强度的入射波都表现为传输模式；对正向入射波，当模块 DC 低于阈值时，超表面为传输模式，当模块 DC 达到阈值时，直流控制电压立即从−5 V 切换至＋5 V，将超表面切换为截止模式。

按压 FPGA 上的按键 4 或 Reset 键可实时激活功能 4 或功能 5，图 6.10(d) 显示了在 5.75 GHz 的测试结果对比。由于两个功能对反向入射波的传输性能完全相同，因此图中只给出了超表面对正向入射波的传输系数结果。从中可以观察到，功能 4 的传输系数突变发生在 20 dBm 入射强度附近，而功能 5 的传输系数突变发生在 25 dBm 入射强度附近，清晰地反映了超表面对不同入射强度的响应阈值，达到了本实验的验证目标。

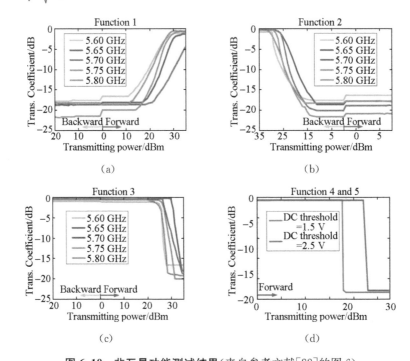

图 6.10　非互易功能测试结果（来自参考文献[22]的图 6）
(a) 正向电磁二极管；(b) 反向电磁二极管；(c) 正向空间限幅器；(d) 可调控阈值正向限幅器。

6.3　非互易可编程的超表面及其智能设计

这里我们将介绍另一种透射型超表面，可根据需要对互易性和非互易性进行编程。不仅可以重新编程超表面的互易性，而且可以重新定义非互易性的单向方向。与上一节的基于非线性原理的非互易可定制超表面不同，这里将要讨论的非互易性属于线性时不变系统，基于单向功率放大器件及其编程能力实现。为此，本节将首先介绍非互易超表面的可编程设计原理以及不同非互易状态设计；之后，将介绍一种基于功率放大器的可编程非互易单元及其结构设计和仿真；基于这种单元，我们加工了结构样件并测试了其非互易状态以及可编程特性。

此外，集成增益放大器的超表面单元还具有构建物理模拟卷积神经网络的能力。晶体管凭借其增益可调的特性，可实现增益放大倍数的有效控制，类似于卷积神经网络中的各个网络节点的权重控制。基于这一思路，我们将在本节最后介绍一种基于增益调控超材料单元的电磁可编程的卷积神经网络。类似于神经网络中矩阵权重系数的训练过程，超材料电磁可编程的卷积神经网络可基于电磁波空间进行光速神经网络计算。在该节中，首先简要介绍电磁可编程的物理神经网络的构建原理；其次介绍增益可编程单元的结构设计；最后介绍人工智能学习机的整体系统架构设计。

6.3.1 非互易可编程超表面设计

如图 6.11 所示，我们提出了一种集成功率放大器（PA）的非互易可编程超表面，通过数字化控制 PA 的工作状态实现可编辑的非互易特性[24-25]。为此设计了一种编码超级子单元，该超级子单元由两个加载 PA 的可编程单元组成（如图 6.11 所示，分别用青色和粉色表示）。我们在每一个子单元正反面均集成一个 PA，以增大动态可调控范围，并且两个子单元放大器的传输方向是相反的，可以实现不同方向的非互易传输特性。根据启用和不启用 PA 的情况，将 PA 的工作状态编码为"1"和"0"，当 PA 为不同的"1/0"状态时，可编程超表面可以实现前向非互易传输（称为编码状态"10"）和后向非互易传输（编码状态"01"）；当 PA 为编码"11"状态时，超表面变成具有对称传输特性的互易介质。

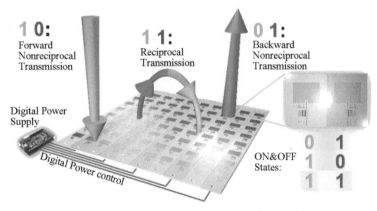

图 6.11 非互易可编程超表面的原理说明图（来自参考文献[24]的图 1）

设计的非互易可编程超表面可实现 4 种不同传输状态，具体如图 6.12 所示。作为接收器和发送器的两个喇叭天线放置在超表面两侧，蓝色和粉红色箭头分别代表左和右喇叭天线产生的射频信号。当所有 PA 都启用（编码状态为"11"）时，超表面可以实现双向互易传输，如图 6.12(a)所示。图 6.12(b)和(c)展示了 PA 状态为"10"和"01"的高效单向非互易传输，另一个方向的传输几乎呈现完全截止的状态。当所有 PA 都关闭时，如图 6.12(d)所示，超表面的双向都处于截止状态（状态"00"）。应当指出，"00"状态是互易的，该状态可以通过超表面结构特点和 PA 良好的隔离特性实现。

非互易可编程超表面的编码单元的具体结构设计如图 6.13(a)所示，该单元由 3 个介质层和 4 个金属层组成，其中以相对介电常数为 4.4，介质损耗角正切为 0.025 的 FR4 作为介质基板。单元顶层的金属结构与底层的结构呈镜像对称，并集成了两个 PA 芯片（Qorvo TQP369180，工作频率从 DC 到 6 GHz）以及配置了必要的外围供电电路，在设计中设置两个 PEC 层，使其同时承担电磁接地和 DC 电源的作用，因此不必单独设计两个 PA 的额外电

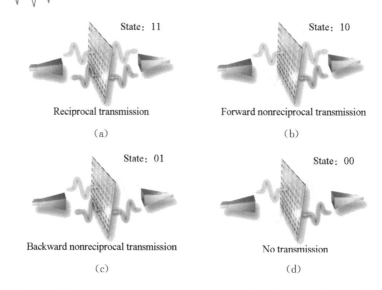

图 6.12　超表面的 4 种可编程状态示意图(来自参考文献[24]的图 2)

(a) PA 状态为"11"的互易传输;(b) PA 状态为"10"的正向非互易传输;(c) PA 状态为"01"的反向非互易传输;(d) PA 状态为"00"的双向传输截止。

压电路,降低了设计复杂性。单元的仿真优化是在商业软件 CST Microwave Studio 中执行的,经过优化,单元的三个介质层的厚度分别为 1 mm、0.1 mm 和 1 mm,单元结构的具体参数为:$a=35$ mm,$b=28$ mm,$c=18.3$ mm 和 $d=13.5$ mm,其仿真 S 参数结果如图 13(b)所示,在工作频率约为 5.5 GHz 处,由于两个集成式 PA 的非互易性和放大特性,所设计的传输式单元结构的 S_{21} 实现了传输增益,S_{12} 实现了良好的隔离度(约 20 dB)。根据这款功率放大器芯片的特性,单个 PA 在 5.5 GHz 附近的增益约为 14 dB,带有两个 PA 芯片的基本单元的传输增益约为 20 dB,如图 6.13(b)所示。单元工作原理如图 6.13(c)所示,顶层的矩形金属贴片结构捕获空间电磁能量,并将空间波能量转化为微带线中传播的电路能量,经过两个放大器和通孔之后,电路能量被传输至背面的矩形金属贴片结构,并最终辐射到空间中。金属贴片结构在这里的作用类似于微带天线,它提供了空间和电路能量之间的转换,并灵活调控传输的电磁波。

　　为实现双向可编程的非互易性,我们设计了由两个基本单元组成的超级子单元,如图 6.13(d)所示,一个基本单元作为正向传输单元,另一个作为反向传输单元,两者在结构上是镜像对称的,分别用青色和粉色表示。超级子单元总尺寸为 56 mm×35 mm,其纵向尺寸约为半波长,但横向长度明显大于 5.5 GHz 时的半波长,但可以通过减小金属贴片尺寸和使用较小封装的外围电路元器件来进一步减小横向长度的尺寸。根据 Floquet 理论,在 ±76.9°处会产生两个更高的模式,并且在这些方向上损耗了一部分传输能量,但可编程超表面的非互易性由 PA 的自身特性决定,虽然能量损耗使得传输效率有所下降,但其不同调控状态下的非互易传输仍然是成立的。PA 的电路结构设计及其外围电路组件如图6.13(e)所示,PA 芯片及其外围电路组件的设计值如下:$R_1=24\ \Omega,L_1=39\ nH,C_1=18\ nF,C_2=1\ nF,C_3=1\ \mu F,C_4=56\ pF,C_5=56\ pF$。Port 1 和 Port 2 分别表示图 6.13(d)中青色单元上靠近矩形金属贴片部分和靠近穿板过孔的微带连接处,其中,VCC 为供电端口,直接连接至中间 PEC 层,并通过两端连接至排针插口供电。每个 PA 芯片均配备同样的外围电路。

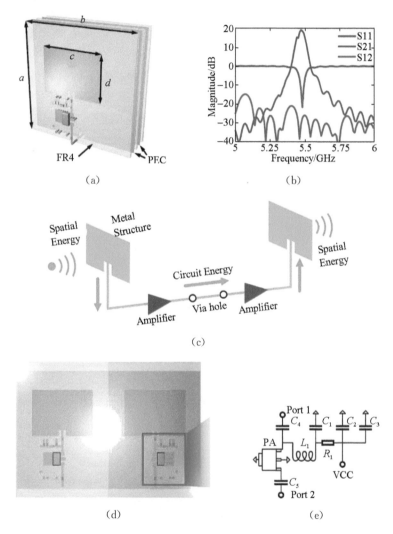

图 6.13 可编程基本单元结构、调控性能及其超级子单元示意图(来自参考文献[24]的图3)

(a) 基本单元结构示意图;(b) 仿真计算的基本单元非互易传输调控结果;(c) 可编程基本单元能量耦合与传输的说明图;(d) 超级子单元的正面示意图;(e) 放大器芯片及其外围电路元器件示意图。

我们所设计的超级子单元在电磁仿真软件中采用电磁场路协同仿真进行全波仿真计

算,其中 PA 等效为两端口组件,在 3D 建模中使用离散端口进行等效替代连接,然后将测得的 S 参数数据导入电磁场路协同仿真中,用以表征功率放大器的特性。超级子单元的不同传输状态仿真结果如图 6.14 所示,蓝色和紫色分别代表两个基本单元,其传输状态和非传输状态分别用实线和虚线表示,如图 6.14(a)(b)(c) 和(d)所示,其中绿色和橙色的"A"和"B"分别代表测试传输系统的两个端口。图 6.14(e)(f)(g) 和(h)是仿真获得的近场结果,可清楚地观察到互易的和非互易的传输状态,对应的 S 参数相关仿真结果分别列在图6.14(i)(j)(k) 和(l)中,当所有 PA 都打开时,能量可以在两个方向上实现互易传输;相反,如图 6.14(l)所示,当超级子单元中的 PA 全部关闭时,能量均不能从两侧传输。因此,S_{21} 和 S_{12} 都保持在 -20 dB 以下,并且由于理想的仿真环境和设置,这种状态下仿真获得的传输系数是对称的。只需要将其中一个基本单元编码为"0",就可以获得非互易的传输,从图 6.14(j) 和(k)可明显观察到非互易特性。需要注意的是,超级子单元的传输强度略低于两个同向的基本单元的传输强度,因为超级子单元中只有一个基本单元可以在一个方向上传输和放大信号。尽管如此,超级子单元的传输增益也能达到 10 dB 以上,具有正向放大的能力。

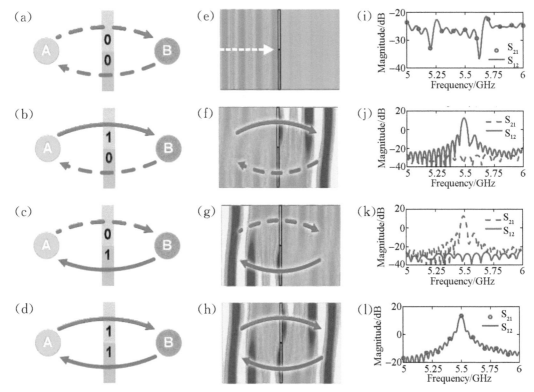

图 6.14 超级子单元的 4 种传输状态的说明图,其中虚线表示传输截止,实线表示可传输(来自参考文献[24]的图 4)

(a)—(d)编码"00""10""01"和"11"的传输状态说明图;(e)—(h)编码"00""10""01"和"11"的近场传输分布图;

(i)—(l)编码"00""10""01"和"11"的 S_{21} 和 S_{12} 参数。

在实验验证中，非互易可编程超表面样件的加工采用了标准印制电路板（PCB）加工技术，其控制电路为列控，即每一列的基本单元共享控制电压，且正向传输单元和反向传输单元之间仅通过翻转便可实现，因此可将超表面直接拆分为条状，形成了可拆卸式设计。此外，

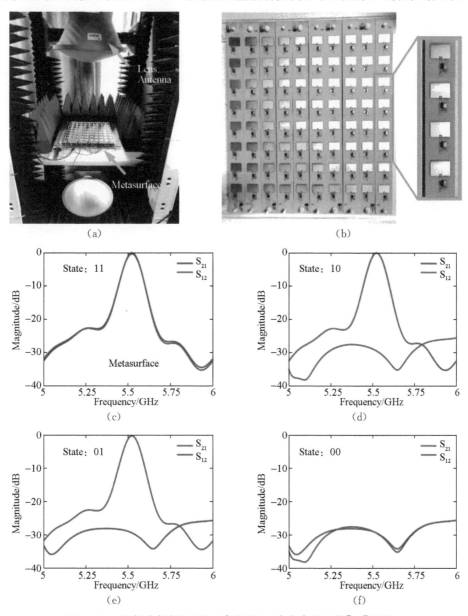

图 6.15 实验测试验证以及 S 参数结果（来自参考文献[24]的图 5）

（a）实验测试场景设备图；（b）加工的超表面样件图以及放大的单元结构图；（c）—（f）编码"11""10""01"和"00"的 S 参数传输曲线。

采用拆分式设计可降低加工成本,且便于维修和更换。得益于成熟的 MMIC 芯片加工技术,功率放大器芯片及其外围电路组件的成本都较低,所使用的超表面总成本接近以往基于 PIN 二极管可编程超表面的总成本。非互易可编程超表面的 S 参数测量实验环境如图 6.15 (a) 所示,使用两个聚焦透镜天线来测量传输系数(S_{21} 或 S_{12})。制成的超表面样件由 8×10 个基本单元组成,如图 6.15(b) 所示,超表面上共使用 160 个 PA 芯片,编码状态"0"和"1"的控制电压分别为 0 V 和 5.3 V,由数字电源提供,每个晶体管的正常工作电流约为 50 mA,因此每个基本单元的正常工作电流至少约为 0.1 A。超表面的可分离设计在制造上更经济,并且在功能扩展上更灵活。例如,将所有单元块以相同传输方向排列时,可获得高增益的单向非互易传输。当超表面按图 6.15(b) 排列时,则实现了可编程的非互易性。实际制作中,我们设计了亚克力固定支架,并用尼龙塑料螺钉将 10 个单元块固定在其上。

图 6.15(c)—(f) 给出了不同编码状态下测得的归一化 S 参数结果,与全波仿真结果基本吻合。在"11"状态下测得的互易传输具有出色的性能,当其中一个基本单元被编码为"0"状态时,可实现非互易传输。在 5.55 GHz 时,测得的传输增益和隔离度分别约为 13 dB 和 19 dB。对于编码状态"00",实现了大约 20 dB 的良好隔离度,显示了两个传输方向的良好对称性和互易性。仿真和测量结果有一定的误差,主要是由于以下三个原因造成的:① 非理想的电路组件;② 测量和制作中的人工操作;③ 超表面的有限尺寸。为确保当前超表面的正常放大现象,每个基本单元的输入功率应小于 -20 dBm,因为每个晶体管的输出 1 dB 压缩点功率为 11 dBm,若输入功率过大,容易达到放大器的放大极限,从而导致放大性能下降,甚至会对器件本身造成损害。在 5.5 GHz 频点,空间电磁波的自由空间传输损耗大于 40 dB/m,矢量网络分析仪的端口功率设置为 -10 dBm,满足测试过程中相对较低的输入功率。

为进一步验证超表面的非互易特性,在远场微波暗室对该超表面进行测试。实验环境配置如图 6.16(a) 所示,两个宽带喇叭天线分别用作发射机和接收机。超表面和发射喇叭固定在一个电动旋转台上,用来测量水平面中的远场结果。图 6.16(b)—(d) 中列出了 PA 编码状态"00""10"和"11"的归一化远场测量结果。编码状态"00"和"11"分别为传输截止状态和非互易传输状态,与理论设计显示出良好的吻合性。由于编码状态"10"和"01"具有非常相似的远场结果,因此在实验中我们仅测量编码状态"10"用于演示。从图 6.16(c) 可以看出前向和后向传输之间具有明显的增益差异,验证了超表面的非互易传输。为了表明前向和后向发射功率之间的差异,我们在相关远场结果下方列出了绝对误差。在编码状态"00"和"11"下,误差非常低,这意味着获得了良好的互易性。在编码状态"01"和"10"下,观察到明显的差值,表明了非互易传输的特征。在实验结果中,两个旁瓣出现在主瓣附近,这主要是由于激励喇叭天线衍射造成的,而前向和后向传输状态之间的轻微误差主要来自实验中的手动操作和电路组件之间的性能差异。此外,理论计算的在 $\pm76.9°$ 处的 Floquet 模态与在约 $\pm68°$ 处出现的两个较大的波瓣有偏差,主要由于两个原因:① 非理想的平面波激励,实验中采用的喇叭天线非平面波源,而是产生近似球面波,对散射方向有一定影响;② Floquet 模式和衍射波之间的相互作用,由于超表面面积相对不大,在喇叭天线激励下仍有一部分能量可从两边绕射,与 Floquet 模式间相互作用导致较大的波瓣。

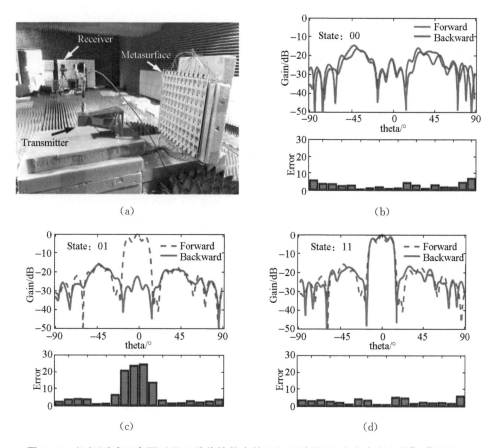

图 6.16 远场测试示意图以及三种传输状态的远场测试结果(来自参考文献[24]的图 6)

(a) 微波暗室中的远场测试环境示意图;(b)—(d) 编码状态为"00""01"和"11"时,前向与后向激励时的超表面远场测量结果。

6.3.2 基于可编程增益超表面的人工智能学习机

在这一节中,我们将进一步研究放大器芯片自身的增益调控特性,并依据此特性介绍一种基于多层增益调控超表面的人工智能物理学习机。不同于基于计算机和传统图形处理器(GPU)上的人工智能算法,如卷积神经网络、循环神经网络等,该物理学习机可直接基于空间电磁波实现深度学习和神经网络计算。本节将首先介绍基于功率放大器的超表面传输单元与神经网络介电的等效原理,以及物理神经网络的构建原理;然后介绍多层增益调控的超表面网络的基本单元设计及测试;最后介绍物理学习机的整体设计与系统架构。

1) 多层超表面人工智能学习原理

以应用于目标识别的神经网络为例,在其训练过程中,核心在于获得最佳的网络权重分布,从而对期望目标有准确率较高的识别输出。单次训练中,我们根据不同的输出结果可改变若干个节点的权重值,如此循环往复以获得符合预期的网络权重分布。每个节点的权重调控范围以 $0\sim1$ 的取值范围为例,则其调控过程本质上与超表面单元的传输幅度调控是相同的。这里每个节点的运算过程是针对不同数值的输入($Input$),乘以自身的权重值(W),获得最后的输出($Output$),可用以下公式表示:

$$Output = Input \times W \tag{6.1}$$

这一过程非常类似于超表面单元接收空间入射电磁波,经过自身结构的幅度调制,最终实现透射的过程。因此,我们完全可以通过前文中利用放大器调控入射波传输幅度的可编程单元来构建神经网络。如图 6.17(a)所示,每个节点(即超表面单元)的输入经放大器的幅度调制后,其输出可视为与自身权重值相乘的结果。而放大器晶体管的一个重要特性是其放大增益工作状态与供电偏置电压有一定非线性关系,如图 6.17(a)所示。当供电电压达到阈值电压后,其增益在线性区(输入功率不超过其输入 1 dB 压缩点)是相对比较稳定的。但当供电电压在阈值电压附近或略小于阈值电压的区间内,其增益有一个显著的上升过程,其传输的 S 参数通常会出现一个由功率衰减到功率增益的变化过程。这一过程可以用于表征神经网络节点的传输权重调控。因此,我们可以根据这种可编程单元来构建一个多层全连接的神经网络,如图 6.17(b)所示。网络的全连接特性取决于上一层的单元出射能量到下一层网络的入射面上的分布。该分布是单元能量在自由空间中传输的结果,包含了路径损耗和不同辐射方向上的能量差异。这里我们设计了一种 5 层可编程超表面构成的神经网络。其中第一层作为编码信息输入层,称之为可编程掩膜层,通过控制不同单元的传输与截止状态,实现不同的近场能量分布输入,用来代表不同的训练输入或者识别输入。后 4 层为神经网络的训练学习层,根据第一层的输入来训练和优化各个可编程单元的传输增益,即节点权重。电磁波在网络中传播时,其幅度会因不同的传输增益和空间损耗分布等形成不同的输出,这一过程是神经网络在算法意义上的单次网络计算。以第一层学习层为例,当入射源经可编程掩膜层产生不同的输入近场(即 1♯超表面的输出)时,第一层学习层(即 2♯超表面)上的某一个单元会接收到来自上层超表面上所有单元辐射至其输入端的能量叠加。这一能量的大小主要取决于两点:① 上一层单元不同的空间位置带来的传播损耗,这一损耗是由空间路径损耗和不同辐射角度的能量差异决定的;② 上层各个单元的不同权重,即传输增益。接收层设置在最后一层超表面之后,用于检测网络输出的识别结果。

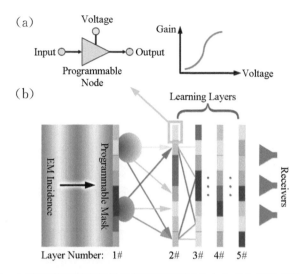

图 6.17　人工智能物理学习机的原理说明图（来自参考文献[25]的图 5.7）

（a）可编程网络节点的权重调控说明及其与集成放大器芯片单元的类比；（b）人工智能物理学习机实现的全连接神经网络计算示意图。

2）单元结构设计与测试

　　人工智能物理学习机的体系结构要求信息超表面具有以单元独立可编程的方式来实现各个单元的传输增益控制，因此每个单元都必须包含独立可调控的放大器芯片。在图 6.18（a）

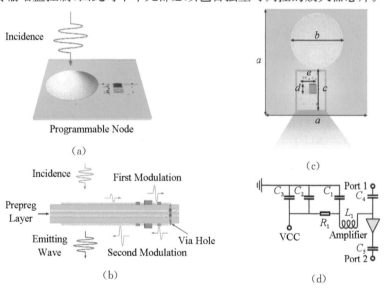

图 6.18　实现增益调控的超表面单元的详细结构设计（来自参考文献[25]的图 5.8）

（a）增益可编程单元的示意图；（b）增益可编程单元上电磁能量传输与调控的示意图；（c）增益可编程单元的正视图及其尺寸；（d）增益可编程单元的放大器控制电路设计。

中展示了最终设计的基本单元结构,该基本单元由传输型单元结构和两个高效放大器芯片组成。每个超表面单元都是一个可编程节点,通过在放大器芯片上实现特定电压来调制透射电磁波的能量大小。在图 6.18(b) 中给出了基本单元的能量调制机制,其中,顶层和底层上的两个放大器之间通过一个通孔连接顶部和底部的传输结构。传输能量首先被耦合到顶部圆形金属贴片中以进行幅度调制。然后,耦合能量在两个放大器中被放大两次,并通过底部圆形金属贴片辐射到空间中。

基本单元由三个基底层组成:两个 F4B 层(每层厚度为 1 mm)和位于 F4B 层之间的粘合层(厚度为 0.2 mm,材质为 FR4,相对介电常数和介质损耗角正切分别为 4.3 和 0.025)。其中,F4B 介质的相对介电常数和介质损耗角正切分别为 2.65 和 0.001。图 6.18(c) 给出了所呈现的可编程基本单元的正视图,对应的结构参数为:$a = 40$ mm,$b = 20.76$ mm,$c = 15.2$ mm,$d = 3.84$ mm 和 $e = 6.2$ mm。与我们在本书 5.3 节中介绍的单元结构类似,底视图上的电路结构与顶视图的相对称。集成的放大器电路模块用蓝色矩形标记,其电路组件的详细电路连接在图 6.18(d) 中给出。模块中的端口 1 和 2 分别连接到圆形贴片和通孔。这里使用了一款商用放大器芯片(Qorvo TQP369180),其放大电平可以通过施加不同的供电电压来调节。放大器相关电路组件的设计值如下:$C_1 = 18$ nF,$C_2 = 1$ nF,$C_3 = 1$ uF,$C_4 = 56$ pF,$C_5 = 56$ pF,$R_1 = 24$ Ω,$L_1 = 39$ nH。

为了清楚地展示增益可编程单元的幅度调制性能,我们首先实验测试其幅度调制范围。图 6.19(a) 给出了基于矢量网络分析仪(VNA)的传输幅度测试的实验配置。如图 6.19(b) 所示,被测超表面由 8×8 个增益可编程单元构成,测试过程中仅中央区域中的一个基本单元被直流电源激活。而其他所有基本单元均处于关闭状态,因此这些单元可以认为是接近理想的隔离器。因此,发射器输出的绝大多数能量只能通过被激活的单元传输。如图 6.19(c) 所示,当施加 2.9 V 至 5 V 的不同电压时,我们清楚地观察到,在其从 5.3 GHz 到 5.7 GHz 的工作频带中,传输幅度从大约 -35 dB 变为 -5 dB,其中被测单元从 4.5 GHz 至 6.5 GHz 的测量结果以不同的颜色和线条样式标记。为了清晰地观察供电电压和幅度调制之间的关系,我们测试获得了一个在 5.64 GHz 处,传输系数 S_{21} 随供电电压从 2 V 到 5 V 时的变化曲线,如图 6.19(d) 所示。我们注意到,传输系数的总体可调范围大约为 35 dB(从 -40 dB 到 -5 dB),其中在 3.8 V 的电压下会发生急剧的转变。为便于比较调控单元的传输增益,我们还测量了与单元同样尺寸的空气窗口,窗口周围完全以金属覆盖,因此这一测量结果可近似理解为单元增益恰好为 0 dB 时的测量系统的测试结果,其传输幅度为 -18 dB。因此,所设计的基本单元可以实现传输能量的缩减(低至约 -22 dB)和放大(最高 13 dB),为权重矩阵提供了足够的控制范围。

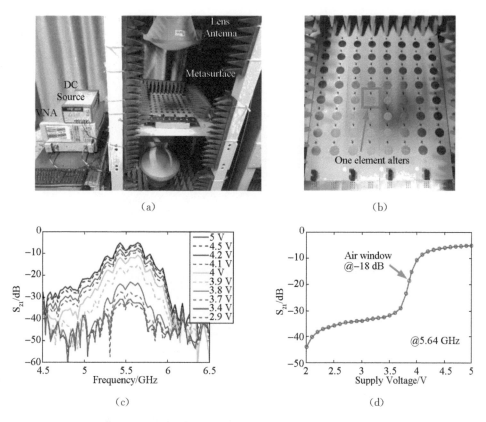

图 6.19　增益可编程单元的实验测试及其结果（来自参考文献［25］的图 5.9）

（a）测量的实验配置图，其中使用矢量网络分析仪测量 S 参数，直流电源控制单元放大器；（b）被测超表面的详细放大视图，其中只有一个基本单元被激活而其他单元均已断电；（c）当仅调制一个基本单元时，基于矢量网络分析仪和透镜天线的测量系统在 4.5 GHz 至 6.5 GHz 范围内测得的传输系数（S_{21}）；（d）当实施电压从 2 V 变为 5 V 时，在 5.64 GHz 处的传输幅度调制范围。

3) 人工智能学习机系统架构设计

人工智能物理学习机是由上述所研究的智能可编程超表面组成，在实际测试中，把其固定在一个完全封闭的支架结构中，如图 6.20(a)所示。5 层增益可编程超表面以 10 cm 为间隔固定在由铝合金制成的金属框架上。每层超表面都用尼龙螺丝固定在尺寸为 560 mm×560 mm 的金属屏蔽板上，以防止各层之间不必要的衍射。我们在整个金属框架结构周围都覆盖有微波吸收材料，以进一步减少多余的衍射和散射。接收平面距离最后一层超表面约 100 mm，如绿色平面所示。每层超表面都由一块定制 FPGA 控制各个单元的传输增益，每层的 FPGA 都被固定于对应的金属屏蔽板上，且不在微波吸收材料的覆盖范围之内，以减少 FPGA 异常散射的干扰。在接近封闭的系统中，由于放大器仅允许单向传输，因此在学习层上由基本单元发射的能量几乎不会影响其输入性能，这极大地抑制了自激振荡现象的发生。

为了更直观地观察整体结构,图 6.20(b)和(c)提供了该人工智能物理学习机的正视图和侧视图。

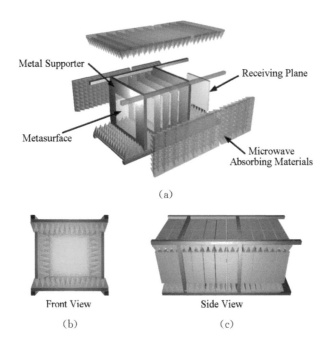

(a)

Metal Supporter

Receiving Plane

Metasurface

Microwave Absorbing Materials

Front View

(b)

Side View

(c)

图 6.20　人工智能物理学习机的硬件框架设计(来自参考文献[25]的图 5.10)

(a) 人工智能物理学习机的硬件框架爆炸图,其中 5 层可编程超表面位于系统中间,周围分布了金属屏蔽层和吸波材料;(b) 人工智能物理学习机的正视图;(c) 人工智能物理学习机的侧视图。

在人工智能物理学习机的整体实验测试中,我们主要借助微波近场测试系统来进行,如图 6.21(a)所示。5 层增益可编程超表面连接至 FPGA 阵列实现控制。每个基本单元中的两个放大器芯片通过同一个控制电压进行调制。图 6.21(b)给出了人工智能物理学习机从入射波视角看过去的正视图,每层超表面由 8×8 个独立可编程单元组成。实际测试环境与系统如图 6.21(c)和(d)所示,其中人工智能物理学习机完全被吸波材料所包围,以减少来自环境噪声和边缘衍射的影响。如图 6.21(c)和(d)所示,实际样品通过在标准微波暗室中进行微波近场测试来获得最终输出的能量分布。整个人工智能物理学习机放置在测试平台上,并通过一个宽带加脊喇叭天线进行入射电磁波激励。喇叭天线输入端加载一个输入功率放大器来提升初始的输入能量。5 块 FPGA 分别被固定于对应层的侧面,并通过网络连接至计算机控制端。超表面的每个单元的电压独立控制线则是通过排线从超表面上下两侧引出。从图 6.21(c)中我们还可以注意到,激励喇叭天线到第一层超表面之间的空间同样采用吸波材料包围,这是为了防止喇叭天线的衍射波干扰最终输出层的能量分布。我们使用 C 波段的波导探头作为近场测量的探头,设置探头测量平面(接收平面)与最后一层超表面相距 100 mm，并使用矢量网络分析仪测量最终输出面上电磁场的幅度和相位，如图 6.21(d)所示。

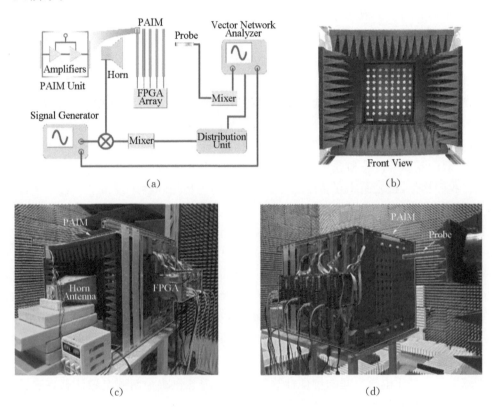

图 6.21　人工智能物理学习机的系统架构与硬件平台样品（来自参考文献[25]的图 5.11）

（a）测试系统的原理图。（b）PAIM 的正视图。（c）和（d）PAIM 实验环境的照片。其中，连接有功率放大器的喇叭天线用于产生 5.4 GHz 的连续波辐射；FPGA 阵列可以生成施加到这些偏原子的不同水平的偏置电压，从而分别调制每个偏原子的传输系数；输出平面上的能量分布是通过移动的电磁笔测量的；矢量网络分析仪用于测量幅度和相位。

6.4　小结

本章首先从总体架构的角度提出了功能可定制非互易超表面的组成，简要介绍了定制非互易传输功能的原理和意义，着重阐述了该超表面三个主要模块（电调谐透射表面、电磁信号感应模块以及数字控制模块）的设计，结合仿真和测试手段介绍了其设计过程，分析了设计结果。特别地，在实验测试环节，我们详细给出了多种非互易传输功能（正向电磁二极管、反向电磁二极管、正向空间限幅器、正向限幅阈值调控）的定义方法、设计流程以及测试结果，有效验证了该超表面的功能定制能力。从类型上看，本工作中的超表面应归类为非线性非互易器件,虽然天生地受限于单向激励条件,但得益于有源数字式非线性实现方式,有效避免了响应迟滞和窄带问题,且拥有可定制和实时激活功能,因而具备较大的应用潜力。

随后,本章介绍了一种具有可编程非互易特性的信息超表面,实现了双向自定义的非互易传输特性。得益于放大器晶体管自身的非互易特性,我们通过构建一个超表面透射式传输结构,并在结构链路中嵌入放大器,成功地实现了超表面的非互易透射传输特性。在此基础上,我们设计了一种由两个传输方向相反的基本单元构成的超级子单元,通过控制单元上的放大器工作状态来实现方向有选择性的非互易传输。当超级子单元中所有放大器都开启或关闭时,超表面又可形成互易对称的传输或完全的传输截止。因此,该超表面基于数字化的控制可实现多元的传输调控。实际测试中我们验证了4种传输状态(两种方向相反的单向非互易、双向互易的传输和截止),测试结果与设计目标相吻合,进一步验证了我们提出的超表面。我们相信,超表面非互易性的可编程功能将为传统的物理设备注入数字生命力,并有助于5G无线通信以及智能应用。

最后,我们基于放大器自身的增益调控特性,提出了一种用基于放大器的增益调控单元来比拟神经网络中节点权重的方法,并以此构建出一个由多层增益可编程超表面构成的人工智能物理学习机。这种物理学习机可基于空间电磁波直接进行神经网络的计算,且单元本身的可编程特性在物理神经网络的训练和优化中得以充分体现。这种物理神经网络可以运用到图像识别、新体制通信与成像和多种神经网络学习目标。最重要的是,该物理学习机的各个单元均是独立可编程的,可实现实时在线的学习算法模型如强化学习。针对某些要求高度实时在线学习且输入信息不易获得的场景,本章所提出的可编程物理学习机可实时在线训练学习。基于电磁空间的物理计算这一设计理念也将为新型电磁计算装置、可认知超材料等智能超材料研究方向提供重要借鉴。

6.5 参考文献

[1] Caloz C, Alù A, Tretyakov S, et al. Electromagnetic nonreciprocity[J]. Physical Review Applied, 2018, 10(4): 047001.

[2] Adam J D, Davis L E, Dionne G F, et al. Ferrite devices and materials[J]. IEEE Transactions on Microwave Theory and Techniques, 2002, 50(3): 721 – 737.

[3] Dötsch H, Bahlmann N, Zhuromskyy O, et al. Applications of magneto-optical waveguides in integrated optics: Review[J]. Journal of the Optical Society of America B, 2005, 22(1): 240.

[4] Gurevich A G, Melkov G A. Magnetization oscillations and waves[M]. London: CRC Press, 1996.

[5] Bernier N R, Tóth L D, Koottandavida A, et al. Nonreciprocal reconfigurable microwave optomechanical circuit[J]. Nature Communications, 2017, 8: 604.

［6］ Chang J F, Kao J C, Lin Y H, et al. Design and analysis of 24-GHz active isolator and quasi-circulator［J］. IEEE Transactions on Microwave Theory and Techniques, 2015, 63(8): 2638 − 2649.

［7］ Kodera T, Sounas D L, Caloz C. Artificial Faraday rotation using a ring metamaterial structure without static magnetic field［J］. Applied Physics Letters, 2011, 99(3): 031114.

［8］ Kodera T, Sounas D L, Caloz C. Switchable magnetless nonreciprocal metamaterial (MNM) and its application to a switchable faraday rotation metasurface［J］. IEEE Antennas and Wireless Propagation Letters, 2012, 11: 1454 − 1457.

［9］ Popa B I, Cummer S A. Nonreciprocal active metamaterials［J］. Physical Review B, 2012, 85 (20): 205101.

［10］ Wang Z, Wang Z, Wang J, et al. Gyrotropic response in the absence of a bias field［J］. PNAS, 2012, 109(33): 13194 − 13197.

［11］ Taravati S, Khan B A, Gupta S, et al. Nonreciprocal nongyrotropic magnetless metasurface ［J］. IEEE Transactions on Antennas and Propagation, 2017, 65(7): 3589 − 3597.

［12］ Sounas D L, Alù A. Non-reciprocal photonics based on time modulation［J］. Nature Photonics, 2017, 11(12): 774 − 783.

［13］ Shaltout A, Kildishev A, Shalaev V. Time-varying metasurfaces and Lorentz non-reciprocity ［J］. Optical Materials Express, 2015, 5(11): 2459.

［14］ Hadad Y, Sounas D L, Alù A. Space-time gradient metasurfaces［J］. Physical Review B, 2015, 92(10): 100304.

［15］ Zhang L, Chen X Q, Shao R W, et al. Breaking reciprocity with space-time-coding digital metasurfaces［J］. Advanced Materials, 2019, 31(41): e1904069.

［16］ Sounas D L, Kodera T, Caloz C. Electromagnetic modeling of a magnetless nonreciprocal gyrotropic metasurface［J］. IEEE Transactions on Antennas and Propagation, 2013, 61(1): 221 − 231.

［17］ Pfeiffer C, Grbic A. Emulating nonreciprocity with spatially dispersive metasurfaces excited at oblique incidence［J］. Physical Review Letters, 2016, 117(7): 077401.

［18］ Shadrivov I V, Fedotov V A, Powell D A, et al. Electromagnetic wave analogue of an electronic diode［J］. New Journal of Physics, 2011, 13(3): 033025.

［19］ Fernandes D E, Silveirinha M G. Bistability in mushroom-type metamaterials［J］. Journal of Applied Physics, 2017, 122(1): 014303.

［20］ Fernandes D E, Silveirinha M G. Asymmetric transmission and isolation in nonlinear devices: Why they are different［J］. IEEE Antennas and Wireless Propagation Letters, 2018, 17(11): 1953 − 1957.

［21］ Shi Y, Yu Z F, Fan S H. Limitations of nonlinear optical isolators due to dynamic reciprocity ［J］. Nature Photonics, 2015, 9(6): 388 − 392.

［22］ Luo Z J，Chen M Z，Wang Z X，et al. Digital nonlinear metasurface with customizable nonreciprocity[J]. Advanced Functional Materials，2019，29(49)：1906635.

［23］ Sounas D L，Alù A. Fundamental bounds on the operation of Fano nonlinear isolators[J]. Physical Review B，2018，97(11)：115431.

［24］ Ma Q，Chen L，Jing H B，et al. Controllable and programmable nonreciprocity based on detachable digital coding metasurface[J]. Advanced Optical Materials，2019，7(24)：1901285.

［25］ 马骞. 多功能数字编码超表面及其智能感知应用[D]. 南京：东南大学，2021.

第七章 超材料前沿进展：量子超材料

随着超材料研究的不断深入，人们利用它可以构造出传统材料和传统技术无法实现的超常规物理属性，进而对经典电磁场的多个自由度进行高效灵活调控（如相位、极化、振幅、频率等），实现了许多新奇的物理特性和工程应用，如异常折射、异常反射、极化调控、非线性增强、超分辨成像、全息成像、完美吸波器、隐身斗篷等。当前，超材料已经成为经典电磁学研究的主要组成部分。近年来，超材料除了在经典电磁学领域具有广泛的应用前景，在非经典电磁调控方面（此处非经典电磁特性指的是不同于经典电磁的奇特量子效应）也引起了人们越来越多的兴趣。这主要是因为当前很多非经典电磁器件功能比较单一，只能对一种非经典电磁现象进行演示，量子态调控自由度十分受限。超材料在经典电磁学领域已经展现出非常优异的电磁自由度调控能力，该天然的灵活调控特性在非经典电磁学研究领域具有很高的科学研究价值和广泛的工程应用潜力。

非经典电磁是量子信息科学的一个重要研究方向，而量子信息科学是量子物理与信息科学交叉融合而发展出的一个变革性新兴学科，在诸多领域拥有巨大的实际工程应用潜力。近些年来，量子信息科学发展迅猛，在通信、测量、传感、计算等方面的优势有望对当前科学技术产生颠覆性的突破，是各个国家未来科技研究的战略重心。例如，量子通信网可以提供由物理定律保证的信息安全性；量子计算可以提供传统计算机无法比拟的高效算力，进而带来材料、化学和生物医学等领域的重大突破；量子传感和测量技术已经在革新传统传感和测量器件的性能极限，所有这些变革性量子技术都可以在超材料平台上得到进一步提升和完善。如今，量子超材料已经成为经典超材料概念的突破性扩展，也为非经典电磁的产生、调控和检测提供了一个重要的研究平台。本章将首先介绍两类量子超材料（即全量子超材料和类量子超材料）的基本概念以及当前研究现状和进展，随后将重点介绍当前量子超材料的几个典型应用，包括量子光源、量子态操控、量子探测、量子成像、量子信息编码等。

7.1　全量子超材料

　　全量子超材料是连接传统超材料和量子领域的一个全新概念,是一种新型人工媒质。它的组成单元(例如量子位元,也就是 Qubit)通常具有量子相干等量子态特性,这些单元的量子状态可以被外部控制,并且系统在电磁信号传播的特征时间和尺度上保持量子相干特性。全量子超材料这一术语最初是作为传统超材料的逻辑延伸而引入的,它独立存在于不同的语境中。按照严格定义,全量子超材料应具备以下几个特性[1-3]:① 精心设计的结构单元需具有量子相干等量子效应;② 每个单元所具有的量子态可以被直接操控;③ 可以维持总的相干时间超过信号传输时间。宏观量子相关可控特性是全量子超材料有别于其他超材料的一个重要特点,该特点使它具有许多不同寻常的特性和应用。

7.1.1　超导量子超材料

　　超导性是物质的宏观量子态,由多体相关电子态和库珀电子配对产生。在许多情况下,超导体可以用一个具有明确幅度和相位的相干宏观量子波函数来描述。超导体给超材料带来了以下独特的特性[4-5]:① 超导感应电动响应带来的低损失特性;② 超导强感应响应带来的结构紧凑性;③ 超导极限带来的强非线性和可调谐性;④ 磁通量子化和约瑟夫森(Josephson)效应;⑤ 单光子与超材料量子态相互作用的量子效应;⑥ 由迈斯纳(Meissner)效应产生的低频强抗磁特性。虽然以上这些独特的物理特性早期仅仅是理论预测,但经过近十年的快速发展,目前已经有不少激动人心的实验结果。超导材料有许多令人兴奋的未来研究方向,它们的低损耗、紧凑结构和非线性特性使其成为全量子超材料的理想候选平台之一。

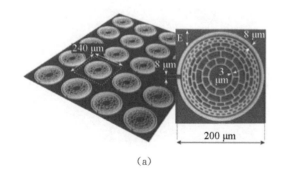

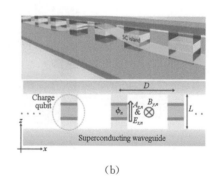

(a)　　　　　　　　　　　　　　　　　　　(b)

图 7.1　超导量子超材料

(a) 二维超导量子超材料(来自参考文献[6]的图 3);(b) 一维超导量子超材料构成的传输线,可以用来传输电荷量子位(来自参考文献[7]的图 1)。

目前,超导量子超材料在单个微波光子检测到量子双折射和超辐射相变等领域均具有广阔的应用前景,如图 7.1 所示[6-7]。有别于自然原子或分子,超导量子位可以和外部电磁场实现非常强的有效偶极子耦合,这为设计由超原子构成的人工量子结构提供了难得的机会。当前,制造人工量子超材料的主要技术挑战是实现尽可能相同的量子位,这主要是因为不同的超原子具有不同能级间隔特性。当前,这个挑战可以利用超原子与电磁场的强耦合来克服,进而衍生出了非经典电磁波生成和控制的新方法,如光场压缩、相干的上-下转换过程等。

最近,人们对在无腔系统(如波导)中实现电磁与物质的强相互作用研究产生了浓厚的兴趣。超导电路为研究微波环境下的光-物质相互作用提供了一个完全不同的平台,而量子电路的发展使得长相干时间的可调谐量子位的制备成为可能。此外,由于微波波导中光的深亚波长横向限制和超导量子位的大电偶极子,强耦合作用可以很容易在共面传输平台上实现。共面传输平台的另外一个优势是可以通过简单地调节其周期性或者结构单元的几何形状,就能实现具有强色散(甚至频率带隙)的微波波导。然而,为了满足布拉格(Bragg)条件,周期性波导的晶格常数通常需要达到波长级,这意味着要在适合微波量子位的频率范围内完全限制倏逝场,需要大约几厘米的器件尺寸,这种局限性极大地限制了这种方法的可扩展性,包括量子位数目和量子位级联的扩充性。另一种操控色散的方法是利用超材料的概念,超材料在经典电磁领域已经实现了亚波长甚至深亚波长结构,因而在量子光学中具有重要的发展潜力,尤其是为量子电路中紧凑超导电路元件的设计和制作提供了全新的平台。与此同时,量子超导电路的低损耗超导电路元件也为微波超材料在量子领域的应用提供了新的前景。

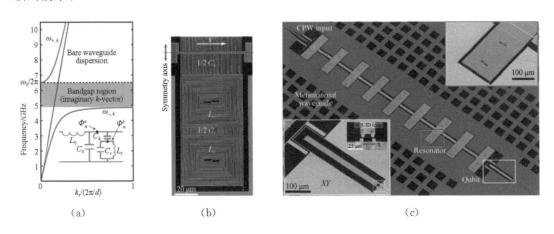

(a)   (b)   (c)

图 7.2　基于超导量子超材料的波导传输(来自参考文献[8]的图 1 和图 2)

(a) 周期微波谐振器的色散曲线以及单元结构的电路模型;(b) 容性耦合的微波谐振单元结构;(c) 9 个谐振单元构成量子超材料波导。

事实上,高品质因子超导元件(如谐振器)可以很容易地在芯片上制备。近期,人们利用耦合的微波超导谐振器阵列以超材料的概念设计和制备了一个深亚波长的紧凑带隙波导[8](图 7.2)。图 7.2(a)中红色曲线表示周期微波谐振器共面波导的色散曲线,绿线表示没有周期微波谐振器时共面波导的色散曲线,其中插图展示的是结构单元的等效电路模型。结构单元是由容性耦合微波谐振器构成,每个微波谐振器的线宽是 500 nm,如图 7.2(b)所示,紫色区域是微波谐振区,绿色部分表示的是波导中心线和接地层,橙色区域是耦合电容区。为了保证波导结构的对称性,波导中心线的两边镜像放置了两个完全一样的谐振耦合结构。图 7.2(c)展示了一个加工好的基于超导量子超材料的波导传输线,该传输线由 9 个超导微波谐振单元构成(灰色区域)。传输线的一端通过电容耦合与一个反射式共面波导读出端(红色区域)连接,另一端也是通过电容耦合与一个传输线分流等离子体振荡量子位(transmon qubit)连接。该波导除了紧凑外,还可以在带隙附近构造出高非线性的色散能带,因而可以异常强地束缚局域光子态。该项工作通过研究可调谐超导量子位的相互作用,描述了由此产生的波导色散和带隙特性。同时,他们还测量了在带隙及其附近的兰姆(Lamb)位移和量子位生命周期,演示了量子位跃迁的异常兰姆位移,以及量子位前两个激发态自发辐射的选择性抑制和增强。

超导量子超材料的实现大都采用超导量子位阵列与微波谐振器弱耦合,因而其透射系数的变化通常相当小,且限制在一个狭窄的频率范围内。近期,Shulga 等人提出了一种新型超导量子超材料,可以在较宽的频率范围内实现结构的可调谐电磁特性,而不受量子位-谐振器相互作用的限制[9]。如图 7.3(a)所示,该超导量子超材料由 15 个人工超原子(即双通量量子位)组成,每个人工超原子包含 5 个约瑟夫森结,中心约瑟夫森结由两个超导环共享,这种人工超原子可以提供量子位和传播电磁波之间的强耦合。双量子位结构的特点是电场诱导的约瑟夫森结相变,该现象会导致宽频率范围内微波传输的陡峭抑制。在较窄的频率范围内,该工作观察到微波传输有很大的增强,并证明这种共振透明性可以由外部磁场控制。

通过亚波长大小的人工结构控制电磁波的传播是超材料的重要研究方向,超导超材料因其极低的欧姆损耗和利用约瑟夫森电感调节其共振频率的可调性而受到越来越多的关注。此外,约瑟夫森电感的非线性特性使得制造真正的人工量子原子成为可能。通常,自然界的材料原子会作为量子二能级系统与电磁场相互作用。在量子超材料中,我们也可以构建人工量子二能级系统。例如,可以用冷却到基态的超导非线性谐振器来制造人工量子二能级系统[10]。如图 7.3(b)所示,20 个超导铝通量量子位被嵌入一个铌微波谐振器中。量子位-量子位的相邻耦合被设计成可以忽略不计的小,并且每个量子位与谐振腔的耦合被设计得足够小,以至于只有集体共振效应才能被观察。在共振中,当量子位的能级间距与谐振器的能级间距相等时,它们量子态之间的简并度就会提升,这可以通过测量在谐振器频率处传输的微波的振幅和相位来监测。人们观察到了量子位超材料诱导的谐振频率色散位移和八量子位的集体共振耦合。该模型揭示了自旋集合体能自然发生的介观极限，从而证明了AC-Zeeman 平移。该物理模型为量子超材料的构建提供了一种基本实现方式，即许多人工超原子集体耦合到光子场的量子化模式。该系统的应用之一是对微波频率范围内的单个光子进行检测和计数，还可以应用于量子双折射和超辐射相变等。

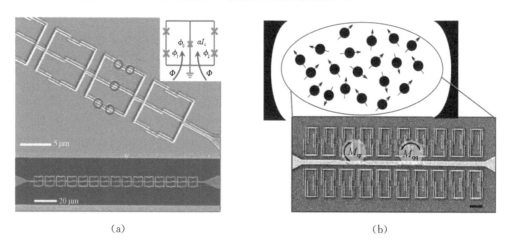

（a） （b）

图 7.3　基于超导量子超材料的光-物质耦合

（a）基于双通量量子位的超导量子超材料，实现磁诱导透明（来自参考文献[9]的图 1）；（b）由有 20 个量子位环构成的共面波导谐振器，每个量子位分别耦合到谐振器，量子位之间的直接耦合效应受到抑制，从而构成一个交互但非相互耦合的光子自旋谐振系统（来自参考文献[10]的图 1）。

7.1.2　非线性量子超材料

关联光子对的量子态是光子纠缠的基础，它支撑着许多量子应用，包括网络安全和量子信息处理等。当前，非线性效应自发参量下转换（SPDC）是产生关联光子对的最常用技术之一。最近，人们提出用非线性纳米谐振器产生量子光，这种纳米尺度的多光子量子源可以通过在超表面上耦合纳米天线实现空间复用，为高不可区分和空间可重构的量子态的应用提供了一条有效的研究途径。

最近，人们实验演示了一种可以实现自发参量下转换的非线性量子超材料[11]，如图7.4(a)所示。该超材料的单元结构由一个 Mie 型共振的 AlGaAs 圆盘纳米天线组成，AlGaAs 的非中心对称晶体结构提供了非常强的二阶非线性极化系数。由于其直接电子带隙特性，AlGaAs 在 730 nm 到远红外的宽光谱范围内表现出高透明度，因此通信波长的单光子和双光子吸收可以忽略不计。天线在近红外光谱范围内由线偏振泵浦光照射，通过 SPDC 非线性过程产生通信波长范围内的信号光子和空闲光子。

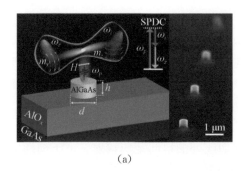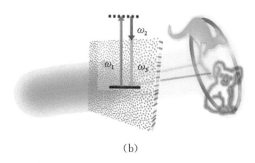

(a)　　　　　　　　　　　　　　　　　(b)

图 7.4　自发参量下转换的非线性量子超材料

(a) 纳米天线单元通过自发参量下转换非线性效应产生量子纠缠光子对(来自参考文献[11]的图 1)；(b) 在空间分布变化的非线性量子超表面上通过下转换过程产生光子对的视觉，实现图像的量子关联(来自参考文献[12]的图 5.13)。

　　合理设计纳米圆柱体的尺寸，使其在泵浦、信号、空闲波长处均表现出 Mie 型共振，进而增强 SPDC 非线性混合过程，并能对产生的光子进行频率选择。为了实验上取得最佳的关联光子对产生效率，人们将 Mie 型共振的 AlGaAs 圆盘纳米天线周期性排列成非线性量子超材料。这种自发参量下转换的量子超材料平台可以不受纵向相位匹配的限制，通过在空间变化的超表面上精心设计不同的纳米天线尺寸，可以产生任意形状的非经典空间纠缠态[12]，如图 7.4(b)所示。此外，经典超材料的其他新奇功能可以用来转换、成像和重构量子态，将非常有助于适合用户使用的小型化量子器件，进而应用于量子成像、传感、精密光谱学、自由空间通信和密码学等。

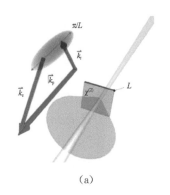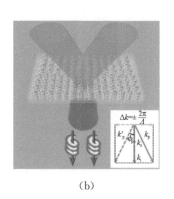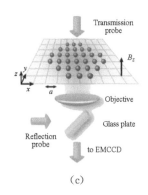

(a)　　　　　　　　　　(b)　　　　　　　　　　(c)

图 7.5　非线性量子超材料

(a) 不需要动量守恒的量子纠缠光子的产生(来自参考文献[13]的图 1)；(b) 基于参量下转换的非线性量子超材料(来自参考文献[14]的图 3)；(c) 以周期为 a 的原子阵列构成共振型圆偏振光反射镜，镜面法向施加了外加磁场(来自参考文献[15]的图 1)。

　　为了获得高效的非线性转换效率，以往四波混频非线性超材料大都需要满足相位匹配条件。近期，人们展示了一种无需相位匹配的 SPDC 非线性量子超材料[13]，如图 7.5(a)所示。测量结果表明,该新型 SPDC 非线性量子超材料的工作带宽比相位匹配的 SPDC 宽一个数量级。此外,通过灵活地设计超材料单元结构,可以调节光子的非线性作用过程,因而所生成的光子态的空间特性可以按照需要进行控制[14]。如图 7.5(b)所示,在二阶非线性中引入涡旋结构有利于轨道角动量纠缠态的产生。这个理论框架基于非线性惠更斯-菲涅耳原理,可以用来减少系统的内在损失,在量子信息处理领域也具有一定的应用价值。

与此同时,人们近期提出了一种以周期原子阵列构成的共振型圆偏振光反射镜[15]。如图 7.5(c)所示,该量子超表面可以实现二维原子周期阵列的协同定向辐射。由于周期原子阵列的集体谐振效应,其响应频宽可以被显著压缩,该频谱压缩效果远优于单个原子的量子限制衰变。通过空间分辨光谱测量,他们证明了这种阵列就像一个由几百个原子组成的单层原子镜子。此外,超表面还可以用来重定向光线,以创造冷原子簇,对于产生冷原子簇具有高度的吸引力,特别适合于量子传感。

7.1.3　时空量子超材料

近期,越来越多的超表面结构被应用到量子光子学领域,为在微纳结构中调控量子态提供了一个更紧凑的平台。为了能够在更深量子层面发挥超表面的全部优势和潜力,需要赋予超表面在时间和空间(时空)维度连续调控相干光-物质相互作用的能力。为了实现这类突破,人们近期提出了时空量子超表面的概念,以便能在一个紧凑的光子平台上任意控制非经典光的光谱、空间和自旋属性。在该新型时空量子超表面平台上,可以按需操控单光子所有自由度之间的量子纠缠状态。时空量子超表面可以用来实现诸多新型光学功能,如将量子信息编码到高维彩色量子位,在自发辐射中塑造多频和多空间模式,以及为高容量量子通信生成可重构超纠缠。

在经典电磁学领域,时空超表面已经被证明可以实现更高自由度的电磁调控,它可以利用模拟和数字调制方案对超表面的光学响应进行可重构和动态的调控。为了更好地实现量子光学平面功能器件,相变时空调制是一个重要的研究方向。为此,人们近期提出了一种时空量子超表面(Space-Time Quantum Metasurfaces, STQM)概念,用于实现量子光的时空控制。在 STQM 范式中,为了能够操纵量子光与动态超表面相互作用,每个人工单元在空间和时间上被调制。STQM 有不同的类型,包括可调制的量子系统(如由激光脉冲驱动的单层原子阵列),经典-量子混合系统(如嵌入可调制介质纳米结构中的量子发射器),以及由经典或量子材料构成的光驱或电光驱动的人工单元。

在介质时空量子超表面方面,人们基于该时空调制平台研究了单个光子穿过介质超表面时的纠缠动力学,该介质超表面的介电常数可以在光照下被时空调制[16]。该介质超表面的单元结构是由高折射率的电介质组成,光学吸收率很低,因而光子损失可以忽略不计。如图 7.6(a)所示,每个单元结构的几何形状是完全一样的,但具有各向异性的特性,并且单元与单元之间存在一定的几何旋转。各向异性和旋转的结合能实现圆交叉极化转换功能和产生类似自旋轨道耦合效应的自旋相关的 Pancharatnam-Berry 几何相位分布。时空调制可以被认为是一种介电常数的谐波扰动，人们最近用两束微失谐近红外泵浦光束照射非晶硅光学超表面来演示这种新颖的时空调制方案。

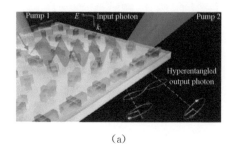 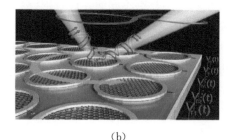

(a)　　　　　　　　　　　　　　　　(b)

图 7.6　时空量子超材料（来自参考文献[16]的图 1）

（a）基于折射率光学可调的介质时空量子超表面，可以用来实现单光子的量子纠缠；（b）基于石墨烯圆盘的电光调制时空量子超表面，可以在量子真空中产生纠缠的涡旋光子对。

在该演示方案中，非晶硅中的非线性克尔效应被用来实现材料的行波介电常数调制。此外，如图 7.6(b) 所示，时空量子超材料还可以被用来搅动量子真空和产生角动量非互易效应，进而实现纠缠涡旋光子对的制备。为了实现该目标，首先需要合成旋转相位。被调制的超表面可以产生携带角动量的光子对，这些光子对的总体角动量需要符合角动量守恒。光子是频率-角动量纠缠的，它们的相关性可以利用光一致性检测和基于光的角动量分类技术来获取。以上时空量子超材料的研究成果可以为平面光学、量子信息和纳米光子学的交叉研究开辟一条全新的道路，可以广泛应用于量子通信的可重构纠缠、主动引导的单光子量子发射器，或用于量子传感和量子成像。

7.2　类量子超材料

电磁超材料除了可以被直接用来操控电磁波与物质相互作用产生的量子效应之外，还可以基于经典电磁波和量子电磁波的某些共性特点在经典体系下类比和模拟量子效应，这种具有类量子效应的电磁超材料通常被称为类量子超材料。除了研究对象不同，类量子超材料与量子超材料的研究手段也不一样。在研究量子超材料时，需要通过求解薛定谔方程来解释和分析电磁波与物质相互作用产生的量子效应；而在研究类量子超材料时，只需要求解经典麦克斯韦方程就能很好地描述电磁波与物质相互作用产生的类量子效应。当前，基于经典电磁超材料研究的类量子效应主要包括类电磁诱导透明（EIT）效应、类拉比（Rabbi）振荡效应、类法诺（Fano）共振效应、类拓扑量子效应等。

7.2.1 拓扑量子超材料

拓扑学是现代数学的一个重要分支,它主要研究的是在连续变形下的不变量。如图 7.7 所示,6 个物体均具有不同的几何外形(分别是球体、勺子、圆环、咖啡杯、双圆环、茶壶)。但如果按照拓扑学分类方法,这 6 个不同几何外形的物体只有三种不同的拓扑。例如,由于球体可以通过连续变形变成勺子,因此从拓扑学角度看球体和勺子完全是同一个东西。同理,圆环与咖啡杯也是可以通过连续变形相互转化,因而它们在拓扑学上也是同一个东西。但是,由于球体无论通过何种连续变形,都不能变成带有一个孔洞的圆环,因此球体和圆环在拓扑学上是两个不同的东西。不同的拓扑在数学上可以用拓扑不变量来表征,拓扑不变量是系统在任意连续变形下保持不变的量,它是一个整数。在代数拓扑中拓扑不变量也被称作亏格(Genus),对于可定向闭曲面,亏格就是封闭曲面上可穿透型孔洞的数量。例如,球体和勺子的亏格为 0,而圆环与咖啡杯的亏格为 1。具有相同拓扑不变量(亏格)的物体是拓扑等价的,只有在物体上新建或移除一个亏格(洞)时,拓扑不变量才会改变,这个过程称为拓扑相变。

图 7.7 6 个不同形状的物体可以被归类为三个拓扑类(来自参考文献[17]的图 1),**每对物体具有相同的拓扑不变量,即亏格**

拓扑绝缘体是一种内部表现为绝缘体但其表面导电的特殊材料,该材料中的电子只能沿着材料的表面运动。拓扑绝缘体具有非平庸的对称保护拓扑序,其表面态是对称保护的狄拉克费米子。如图 7.8 所示,与非拓扑绝缘体一样,拓扑绝缘体也具有一定频宽的带隙。但不同的是,拓扑绝缘体的拓扑表面态能带可以穿过整个带隙连接导带和价带内的体态。虽然非拓扑绝缘体也可以支持导电表面态,但拓扑绝缘体的表面态受到时间反转对称性的拓扑保护。

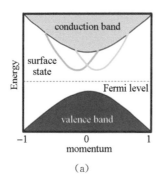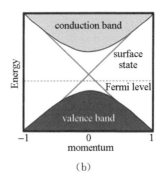

(a)

(b)

图 7.8 拓扑和非拓扑绝缘体的能带特性

(a) 非拓扑绝缘体的能带特性;(b) 拓扑绝缘体的能带特性。

拓扑绝缘体体内的电子带结构类似于非拓扑绝缘体，费米能级落在导带和价带之间。不同的是，拓扑绝缘体的表面存在一些特殊的表面态，这些表面态形成拓扑保护的金属边界态。拓扑光子绝缘体是凝聚态物理中电子拓扑绝缘体在经典电磁领域中的对应物，它可以产生非常独特的电磁波传播现象，包括单向传播和对无序及缺陷的鲁棒传输[18-20]。

如图 7.9 所示，拓扑光子绝缘体根据对称性可以分为三类：第一类是打破时间反演对称的拓扑光子绝缘体，比如类量子霍尔效应的拓扑光子绝缘体（Quantum Hall Effect Topological Photonic Insulator，QHE-TPI），其拓扑不变量用陈数来描述，陈数为零为拓扑平庸态，陈数非零则为拓扑非平庸态；第二类是保持时间反演对称性但打破电磁场内部对称或结构空间对称的拓扑光子绝缘体，比如类量子自旋霍尔效应拓扑光子绝缘体（Quantum Spin-Hall Effect Topological Photonic Insulator，QSHE-TPI）和类量子谷霍尔效应拓扑光子绝缘体（Quantum Valley-Hall Effect Topological Photonic Insulator，QVHE-TPI），其拓扑不变量分别用自旋陈数和谷陈数来描述；第三类是基于时间或空间调制的 Floquet 拓扑光子绝缘体。由于不同的拓扑相之间存在潜在的相似性，这几类拓扑光子绝缘体会有部分重叠。

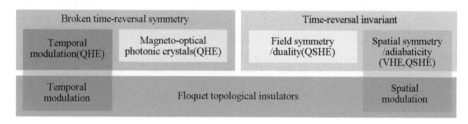

图 7.9　拓扑光子绝缘体的分类（来自参考文献[19]的图 1）

1）类量子霍尔效应

最早将凝聚态物理的拓扑理论引入光学体系下的是普林斯顿大学的 Haldane（2016 年诺贝尔物理学奖获得者）和 Raghu，2008 年他们提出了拓扑光子绝缘体的概念[21]。在相关论文中，他们理论证明在具有非互易性质（如旋电材料）的光子晶体中可以实现类似量子霍尔效应的电磁波单向传播特性。该项理论研究成果在拓扑光子学发展历程中具有里程碑式的意义，然而天然生成的材料通常旋电性能很弱，因而他们提出的利用旋电材料打破时间反演对称性的方案在实际应用中很难实现和推广。2008 年，麻省理工学院的王正、崇义东和Marin 等人提出了另外一套实现时间反演对称性破缺的方案[22]。如图 7.10(a)所示，不同于以往的旋电材料，他们在新方案中利用旋磁材料与外加磁场的非互易相互作用来打破时间反演对称性。具体而言，他们首先用四方晶格构建磁性光子晶体，随后通过外加磁场构建具有拓扑能带的类量子霍尔效应拓扑光子绝缘体，最后利用微波激励源实验验证了拓扑保护边界态的单向传播特性和鲁棒传播特性。2010 年，中国科学院物理研究所的李志远课题组在钇铁石榴石（Yttrium-Iron-Garnet，YIG）正方晶格光子晶体与氧化铝（Aluminium Oxide，Al_2O_3）蜂窝光子晶体组成的直波导中实验测量到了拓扑光子态的传输[23]，如图7.10(b)所示。测试结果表明，拓扑光子态只会沿着磁光光子晶体边界朝某一个方向传输，并且具有高鲁棒电磁传播性，即便边界上存在金属障碍物或缺陷也不会引起其背向散射。除利用旋磁三维体材料，2020年人们也探索了如何利用二维石墨烯的强磁光效应特性实现拓扑增强的非线性效应[24]。

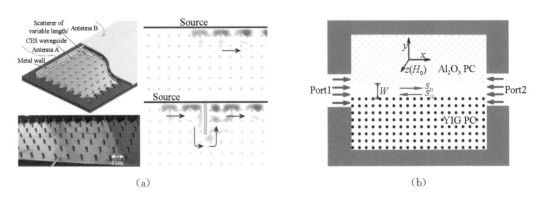

(a)   (b)

图 7.10　基于磁性材料的类量子霍尔效应拓扑光子绝缘体

(a) 正方晶格磁光光子晶体与金属平板构成的类量子霍尔效应拓扑光子绝缘体(来自参考文献[22]的图 1)；(b) 钇铁石榴石正方晶格光子晶体与氧化铝蜂窝光子晶体组成的类量子霍尔效应拓扑光子绝缘体(来自参考文献[23]的图 1)。

除利用外加磁场作用于磁性材料来构建类量子霍尔效应拓扑光子绝缘体之外，人们发现通过构建周期变化的时间和空间分布也能实现等效的磁场效应，进而提出基于非磁性材料的类量子霍尔效应拓扑光子绝缘体。当我们在一个物理体系中引入时间调制或等效时间调制时，该系统会展现出很多新奇的物理效应，比如 Floquet 拓扑绝缘体。2012年，斯坦福大学的范汕洄课题组首次提出了光学 Floquet 拓扑绝缘体的概念[25]，理论上指出通过动态调控光学晶格之间的相位变化，可以产生等效磁场，进而打破时间反演对称性，实现非磁性材料的类量子霍尔效应拓扑光子绝缘体，也叫 Floquet 拓扑光子绝缘体。如图 7.11(a)所示，该拓扑光子绝缘体由方形晶格构成，每个晶格包含两个谐振频率不同的光学谐振腔。理论假设每个谐振腔只与相邻谐振腔产生耦合，且相邻谐振腔之间的耦合强度和耦合相位可以通过外场进行周期性动态调制。如果合理设计调制过程，使得每个小方格积累出不为零的有效规范势，就可以产生相当于外加磁场的等效磁场。因此，光子在该系统中传播时就会出现类似电子在磁场中回旋运动的效应，进而构造出类量子霍尔效应的非磁性拓扑光子绝缘体。然而这种耦合的动态调控需要很复杂的外部控制系统，实验上比较难以实现。为了解决这个问题，2013年以色列理工学院的 Rechtsman 等人提出在光的传播方向上对光波导进行空间调制来替代时间的周期性调制[26]，从而在实验上实现了光频段的 Floquet 拓扑绝缘体。如图 7.11(b)所示，光波导沿着光传播方向被制备成螺旋状。从光的传播方向俯视，光在螺旋形波导中传播时类似电子在晶格中围绕原子进行周期旋转运动。当螺旋半径为零时,该螺旋波导阵列退化为标准石墨烯晶格结构,其能带会形成一个狄拉克锥;当螺旋半径不为零时,狄拉克锥简并点被打开从而生成拓扑带隙。相关实验证明,拓扑带隙内的边界态具有单向传播和鲁棒传播等典型拓扑光学特性。此外,2017 年英国赫瑞-瓦特大学的 Mukherjee 等人利用类似的空间耦合调制,实现了反常 Floquet 拓扑光子绝缘体[27]。如图 7.11(c)所示,他们在一个光学传播周期内引入了 4 种不同的耦合方式,这 4 种耦合在一个空间传播周期内被均分为 4 个时间传播阶段,每个时间传播阶段只存在一种耦合方式,且每个晶格格点仅和它最相邻的格点发生耦合。通过精心的空间周期设计,他们从实验上实现了具有手性的拓扑边界态。

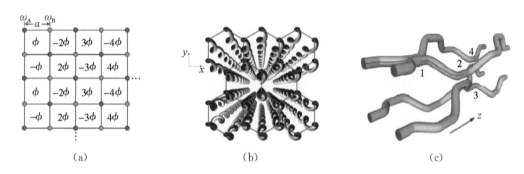

图 7.11 基于非磁性材料的类量子霍尔效应拓扑光子绝缘体

(a) 动态调制的光子谐振腔晶格(来自参考文献[25]的图 1);(b) 螺旋调制的激光直写波导阵列(来自参考文献[26]的图 1);(c) 单周期内 4 种耦合调制的激光直写波导阵列(来自参考文献[27]的图 1)。

2）类量子自旋霍尔效应

类量子霍尔效应拓扑光子绝缘体的发现激发了人们对其他类量子效应拓扑光子绝缘体的研究热情,在凝聚态物理领域,拓扑绝缘体的实现除了可以通过打破时间反演对称性实现,还可以利用电子的自旋属性构建不打破时间反演对称性的量子自旋霍尔效应拓扑绝缘体。然而,不同于费米子的电子具有±1/2 自旋自由度,光子作为一种自旋为 1 的玻色子,不具有天然的自旋自由度。为了在光学系统中实现类量子自旋霍尔效应拓扑光子绝缘体,就需要对电磁超材料进行精心设计,利用电磁超材料对电磁波的调控优势构造具有赝自旋的光子。当前,构建赝自旋比较常见的设计方法主要有三种。

第一种产生赝自旋自由度的途径是利用光子的极化或偏振自由度,如图 7.12 所示。2013 年得克萨斯大学奥斯汀分校的 Khanikaev 等人首次利用电磁超材料的双各向异性特性实现了赝自旋基(即 TE-TM 和 TE+TM)的二重能带简并[30],通过在布里渊区 K 点处引入自旋-轨道的电磁耦合,就能打开 K 点处的四重简并点实现类量子自旋霍尔效应拓扑光子绝缘体。2016 年南京大学陈延峰课题组利用压电(PE)和压磁(PM)材料堆叠柱构成的方格光子晶体实现了类量子自旋霍尔效应拓扑光子绝缘体[28]，在该方案中，光子的赝自旋自由度用光的左旋偏振态和右旋偏振态表征，如图 7.12(a)所示。此外，2016 年纽约城市大学的 Cheng 和 Khanikaev 等人利用平行金属波导中 TE 和 TM 的简并光学模式模拟了电子自旋的两个自由度分量[29]，成功实验观测到了类量子自旋霍尔效应，并在此基础上进一步发展出了机械可重构的类量子自旋霍尔效应拓扑光子绝缘体，如图 7.12(b)所示。

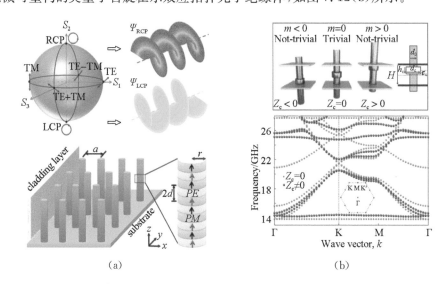

(a)   (b)

图 7.12　基于光子极化自由度的类量子自旋霍尔效应拓扑光子绝缘体

(a) 利用压电和压磁光子晶体实现的类量子自旋霍尔效应拓扑光子绝缘体(来自参考文献[28]的图 1)；(b) 基于可调金属棒光子晶体构建的类量子自旋霍尔效应拓扑光子绝缘体(来自参考文献[29]的图 1)。

　　第二种产生赝自旋自由度的途径是利用能带反转机制，如图 7.13 所示。2015 年日本筑波大学的 Hu 等人利用介质柱蜂窝周期元胞构建了具有光子赝自旋自由度的光子晶体[31]，该光子晶体会在布里渊区中心(即 Γ 点)形成四重简并的狄拉克点。通过扩展和收缩介质柱到元胞中心的距离，四重简并狄拉克点发生退简并而被打开，形成具有带隙的两个二重简并态，且上下能带会发生反转形成拓扑相变过程。将收缩后的光子晶体和扩展后的光子晶体拼接在一起，就能在带隙内构建依赖轨道角动量的拓扑边界态，从而实现光子系统下的类量子自旋霍尔效应。2018 年，苏州大学的 Yang 等人在微波平行金属板波导内实验证实了此类基于能带反转机制的类量子自旋霍尔效应拓扑光子绝缘体[32]。相比于基于光子极化和偏振属性的类量子自旋霍尔效应拓扑光子绝缘体，基于能带反转机制的类量子自旋霍尔效应拓扑光子绝缘体结构简单，且对材料属性要求相对较低，因而在实际工程应用中具有更广泛的应用前景。

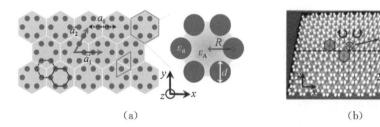

（a）　　　　　　　　　　　（b）

图 7.13　基于能带反转机制的类量子自旋霍尔效应拓扑光子绝缘体

（a）二维蜂窝型介质光子晶体构建的类量子自旋霍尔效应拓扑光子绝缘体（来自参考文献［31］的图 1）；（b）类量子自旋霍尔效应拓扑光子绝缘体的微波实验结构图（来自参考文献［32］的图 1）。

第三种产生赝自旋自由度的途径是利用光在耦合环形谐振腔中的顺时针和逆时针传输自由度来实现，如图 7.14 所示。2011 年，马里兰大学的 Hafezi 等人利用耦合谐振腔环形波导（Coupled Resonator Optical Waveguide，CROW）构建了一种具有等效合成磁场的二维导波系统［33］。该系统中的每个环形谐振腔同时支持顺时针和逆时针传输的两种简并模式，并用顺时针传输模式模拟光子的赝自旋向下，用逆时针传输模式模拟光子的赝自旋向上。通过精心设计相邻谐振腔的耦合系数，就能在垂直方向上构建赝自旋相关的等效磁场，进而实现类量子自旋霍尔效应效应拓扑光子绝缘体。此后，人们利用类似的工作原理，在不同材料和结构体系下（如等离激元环形腔）均实现了类量子自旋霍尔效应拓扑光子绝缘体，并广泛应用于包括拓扑激光器在内的高鲁棒性微纳器件设计当中。

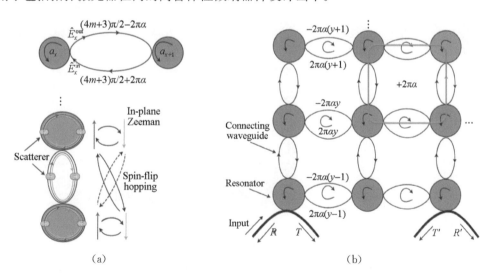

（a）　　　　　　　　　　　　　　　　（b）

图 7.14　基于耦合谐振腔环形波导的类量子自旋霍尔效应拓扑光子绝缘体（来自参考文献［33］的图 1）

（a）元胞内光子耦合过程；（b）周期阵列。

3）类量子谷霍尔效应

实现类量子霍尔效应拓扑光子绝缘体需要打破时间反演对称性，才能够产生拓扑边界态。实现类量子自旋霍尔效应拓扑光子绝缘体需要精心构建光子赝自旋自由度，才能产生基于赝自旋态的拓扑光学传输性质。为了进一步降低实现拓扑相变的外加条件，使拓扑光子绝缘体更容易应用到实际工程当中，人们在不断探索新的光子自由度。近期，人们研究发现光子晶体的拓扑属性不仅由其整体能带拓扑不变量决定，还会受局域拓扑不变量的影响，因此人们将能谷自由度引入拓扑光子绝缘体。能谷指的是布里渊动量空间中某些能带的极值点，由于每条能带相邻能谷处的贝利曲率符号相反，两者的整体积分和（即陈数）为零。然而，在每个能谷的局部积分得到的结果却不为零，它通常被用来定义为谷陈数。根据体-边对应关系，不为零的整数谷陈数必然存在拓扑保护的边态。在凝聚态物理中，能谷通常被定义为电子除电荷和自旋外的第三内禀自由度，有时它也被称为电子的赝自旋。借鉴谷电子学（valleytronics）中对电子能谷自由度的研究思路，可以利用能谷自由度作为光子信息的载体，在光子系统中发展类量子谷霍尔效应拓扑光子绝缘体。

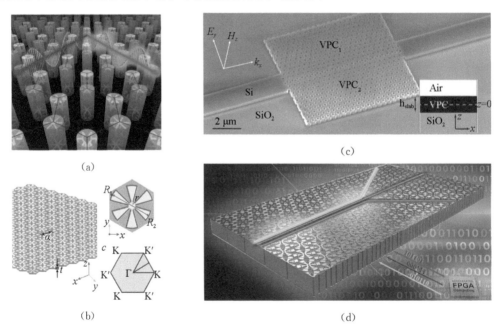

(a)

(b)

(c)

(d)

图 7.15　类量子谷霍尔效应拓扑光子绝缘体

(a) 电磁对偶能谷拓扑光子绝缘体的拓扑保护电磁传输（来自参考文献[34]的图 1）；(b) 基于表面等离激元的类量子谷霍尔效应拓扑光子绝缘体（来自参考文献[35]的图 1）；(c) 基于微纳加工的类量子谷霍尔效应拓扑光子绝缘体（来自参考文献[36]的图 1）；(d) 可编程类量子谷霍尔效应拓扑光子绝缘体（来自参考文献[37]的图 1）。

2017 年，中山大学的董建文课题组联合加利福尼亚大学伯克利分校的张翔课题组理论提出了一种具有电磁对偶对称性但不具有空间反演对称性的能谷光子晶体[34]。其中，电磁对偶对称性由特殊的材料属性保障（即介电常数与磁导率的比值恒定，且双各向异性张量相反）。此时，光子赝自旋可以很好地通过电磁分量 E_z 和 H_z 之间的相位差来定义，即电磁分量 E_z 和 H_z 同相时表示光子赝自旋向上，电磁分量 E_z 和 H_z 反相时表示光子赝自旋向下。为了打破空间反演对称性，他们在蜂窝结构中人工引入交错排列的双各向异性电磁响应，其中紫色柱的双各向异性系数的绝对值等于蓝色柱的双各向异性系数的绝对值，但两者的正负号相反。如图 7.15(a) 所示，所有柱子的半径一样大，但紫色柱子里面金属谐振环的开口朝下，而紫色柱子里面金属谐振环的开口朝上，打破空间反演对称性。理论计算表明，两种原本简并的赝自旋模式在能谷处会发生劈裂，且相邻能谷处的光子赝自旋态刚好相反（即同一频率下，K 能谷处的光子赝自旋向下，而在 K′ 能谷处的光子赝自旋向上）。因此，同一频率下激励出的两种不同光子赝自旋波会分别沿着 K 和 K′ 不同方向传输，从而实现赝自旋与能谷锁定的类量子谷霍尔效应拓扑光子绝缘体。同年，重庆大学温维佳课题组利用常用的印制电路技术构建了基于人工表面等离激元的类量子谷霍尔效应拓扑光子绝缘体[35]，如图 7.15(b) 所示。为了能构建出非平庸（非零）谷陈数，他们将两块完全相同的人工表面等离激元晶体非镜面对称地拼接在一起形成一种具有特殊电磁传播特性的畴壁。具体而言，其中一块表面等离激元晶体相对于另外一块表面等离激元晶体在实空间旋转了 60° 角，对应在动量空间上畴壁两侧同时横跨了 K 和 K′ 能谷，因此积分得到的谷陈数不为零。不同于之前的能谷体态特性，此处得到的是能谷边态特性，即电磁波只会沿着畴壁进行受拓扑保护的传播。该类量子谷霍尔效应拓扑光子绝缘体的优点在于，人工表面等离激元具有很强的电磁场束缚特性，且在微波段损耗很小，因而可以构建出超薄且开放的拓扑导波系统。

早期，人们对类量子谷霍尔效应拓扑光子绝缘体的研究主要集中在微波频段，一方面是由于人们可以在微波频段设计结构非常复杂的电磁超材料实现特殊等效介电常数和磁导率（如上文提到的双各向异性媒质），另一方面是由于微波频段的类量子谷霍尔效应拓扑光子绝缘体的加工和测量过程相对简单。但随着类量子谷霍尔效应拓扑光子绝缘体的研究不断深入，人们不断探索类量子谷霍尔效应拓扑光子绝缘体与微纳光子学之间的融合，希望能将工作频段进一步推广至光通信区乃至可见光。2019 年，杜克大学的 Shalaev 等人利用微纳加工工艺在 270 nm 厚度的硅片上制备了工作在 1 550 nm 波长上的类量子谷霍尔效应拓扑光子绝缘体[38]。该光子晶体的蜂窝单元内包含两个朝向相反的等边三角空心结构，当两个等边三角形一样大时，对应的能带会在能谷处形成空间反演对称性保护的狄拉克锥。当两个等边三角形不一样大时，空间反演对称性被打破，受其保护的狄拉克锥会打开，形成带隙。利用与上文类似的方法构建畴壁，就能在带隙内得到拓扑保护的边界态，进而实现光通信区的类量子谷霍尔效应拓扑光子绝缘体。同年，中山大学董建文课题组独立地实现了类似的类量子谷霍尔效应拓扑光子绝缘体[36]，如图 7.15(c) 所示。与之前工作不同的是，他们的蜂窝单元内包含的是两个半径不等的空气圆柱，而不是之前的两个等边三角空心结构。此外，他们还基于类量子谷霍尔效应拓扑光子绝缘体设计出了一款拓扑光子路由器,将相关研究进一步实用化。为了实现类量子谷霍尔效应拓扑光子绝缘体的小型化,之前的研究方法是将工作波长缩小。事实上,如果能将空间尺度较大的三维体材料替换成只有原子级厚度的二维材料,也能实现类量子谷霍尔效应拓扑光子绝缘体的小型化。近期,人们基于二维材料石墨烯探索了深亚波长的类量子谷霍尔效应拓扑光子绝缘体[39]。

除了静态谷能拓扑光子绝缘体,人们近期也探索了拓扑导波路径动态可调的谷能拓扑光子绝缘体[37]。如图7.15(d)所示,该研究结合可编程电磁超表面的灵活可调性和拓扑光子晶体的鲁棒导波特性,理论提出和实验验证了一种超快现场可编程拓扑电磁超表面。为了实现电控可编程性,蜂窝状排列的单元结构包含对称分布的6个电控二极管。通过控制二极管的开关状态,可以调控单元结构的空间对称性,进而实现拓扑能带的动态操纵。相比于现有可重构拓扑光子绝缘体,该项工作提出的现场可编程拓扑电磁超表面具有两个显著的创新优势:首先,相比于现有温控或机械调控的可重构拓扑光子绝缘体,现场可编程拓扑电磁超表面的每个单元结构都实现了独立电控编码功能,因而调控精度和调控速度都是传统可重构拓扑光子绝缘体无法比拟的;其次,本项工作提出的现场可编程拓扑电磁超表面可以用印刷电路板技术加工制备,因而可以和广泛使用的光电集成电路无缝集成,实现传统可重构拓扑光子绝缘体无法获得的高集成度。以上创新优势对于未来开发多功能和智能拓扑光电器件有着至关重要的作用,具有潜力巨大的实际工程应用价值。

7.2.2 类 EIT 量子超材料

电磁诱导透明来源于三能级原子系统中两个量子通道之间的干涉效应,是宏观可观测类量子效应,通常需要极低温、强激光等苛刻的实验条件。如图7.16所示,微弱的探测光(probe laser)与物质相互作用时,电子会吸收探测光的光子能量,从基态$|2\rangle$(ground state)跃迁至激发态$|0\rangle$(excited state)。在此过程中,微弱的探测光会被完全吸收,因此探测光无法透射物质(即不透明)。此时,如果引入一束幅度很强且频率适合的泵浦光(pumping laser),由于泵浦光与物质的相互作用会打开亚稳态$|1\rangle$和激发态$|0\rangle$的耦合,电子会出现一条新的跃迁通道,即$|2\rangle \leftrightarrows |0\rangle \leftrightarrows |1\rangle \leftrightarrows |0\rangle$。在这种情况下,通过新通道跃迁到激发态$|0\rangle$的电子波函数会和从基态$|2\rangle$直接跃迁到激发态$|0\rangle$的电子波函数发生量子相消干涉效应。因此电子直接从基态$|2\rangle$跃迁至激发态$|0\rangle$的概率会显著降低,导致探测光穿过物质的概率显著增加,进而形成一个探测光传输透明的窗口,即电磁诱导透明(Electromagnetically Induced Transparency, EIT)现象。在对应的吸收谱中,原有的吸收峰值会由于 EIT 效应的作用出现吸收低谷。具体现象简要概括为:某种媒质本身对频率 A 下的电磁波具有非常强的吸收效果,但当另一束频率 B 的电磁波照射该媒质时,该媒质不再对频率 A 电磁波进行吸收。

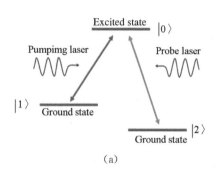 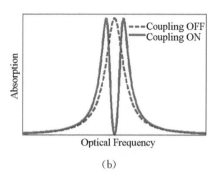

图 7.16 电磁诱导透明效应

(a) 电磁诱导透明效应的三能级模型;(b) 两束光产生 EIT 耦合(红线)和不产生耦合(蓝线)时的吸收谱曲线。

传统 EIT 系统需要极低温、强激光等实验条件,这些苛刻的实验条件极大地限制了其实际工程应用。电磁超材料可以通过调节周期性结构单元的几何参数和材料参数实现电磁波的人工调控,有望被用来突破传统 EIT 系统研究所需极端实验条件的限制,因此电磁超材料逐渐成为研究 EIT 效应的重要硬件平台,进而发展出类 EIT 量子超材料。为了模拟原子系统中两个电子跃迁通道的相消干涉效应,通常需要先利用电磁超材料分别构建一个高品质因子的暗模(dark mode)谐振器和一个低品质因子的明模(bright mode)谐振器。其中,由于明模下电磁波与物质能实现强相互作用,对应原子系统中的激发态$|0\rangle$,而暗模下对应亚稳态$|1\rangle$。明-暗模之间的相消干涉耦合会抑制明模对电磁波的吸收,进而产生类电磁诱导透明效应。

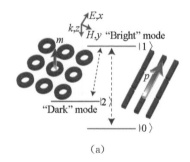 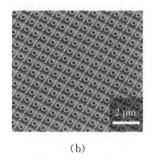 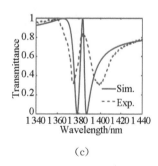

图 7.17 全介质类 EIT 量子超材料

(a)"明""暗"谐振器的相干模型(来自参考文献[40]的图 1);(b)器件的倾斜扫描电子显微镜图像(来自参考文献[40]的图 1);(c)仿真和测量透射谱的对比(来自参考文献[40]的图 4)。

电磁超表面可以用来构建具有高品质因子(Q)的谐振器,因此近年在纳米光子学领域成为研究类电磁诱导透明(EIT)效应的重要硬件平台,这种高 Q 共振有望在低损耗慢光器件和高灵敏度光学传感器等应用中发挥作用。然而,由于欧姆损耗,传统等离激元 EIT 超表面可实现的 Q 因子值不超过 10,限制了器件性能的进一步提升。2014 年,美国范德堡大学的

Yang 等人用全介质硅基超表面实验演示了一种类电磁诱导透明（EIT）效应[37]，如图 7.17 所示。由于极低的吸收损耗和邻近结构单元的相干作用，他们实现了 Q 因子值为 483 的谐振器。此外，他们还实验证明了通过精心设计的介质超表面可以选择性地将光场限制在硅谐振器或环境中，因而允许人们在纳米尺度上操控光与物质的相互作用。

除了金属和介质单质超材料，化学合成材料也可以用来制备类 EIT 量子超材料，2014 年，西北工业大学的 Zhang 等人实验展示了一种介质电磁超材料的类磁耦合电磁诱导透明（EIT）效应。在以往的等离激元谐振型类 EIT 效应研究中，人们需要通过引入金属拓扑微观结构来人工操控超表面上耗散损耗变化情况。与之不同，他们利用钛酸锶钡（Barium Strontium Titanate，BST）和钛酸钙（Calcium Titanate，CaTiO₃）的介质损耗不同来设计明模和暗模的 EIT 谐振器[41]。如图 7.18(a) 所示，超材料单元由 BST 和 CaTiO₃ 介质块正交堆叠而成，为了使 BST 和 CaTiO₃ 谐振器具有相同的磁谐振频率，两者的几何尺寸经过了精心优化。入射电磁波沿着 z 方向传播，电场沿着 x 方向极化，磁场垂直于 BST 介质块的最大表面可以使 BST 介质块产生磁共振，进而形成明模 EIT 谐振器。出于 CaTiO₃ 介质块的最大表面平行于磁场，它的最低阶 Mie 型共振无法被入射磁场直接激发，因此形成暗模 EIT 谐振器。BST 介质块和 CaTiO₃ 介质块靠近的时候就会发生明-暗模的相消干涉，最终在 8.9 GHz 附近形成一个电磁诱导透明窗口，如图 7.18(b) 所示。

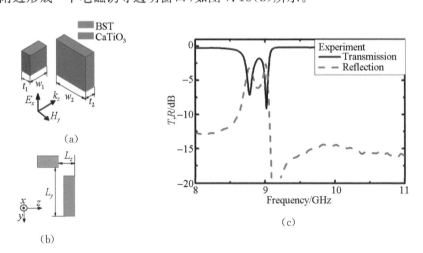

图 7.18　磁耦合诱发的类 EIT 量子超材料

(a) 单元结构的三维示意图（来自参考文献[41]的图 1）；(b) 俯视图（来自参考文献[41]的图 1）；(c) 实验测量得到的传输曲线（来自参考文献[41]的图 3）。

7.3　量子超材料的应用

7.3.1　量子单光子源

随着量子信息处理电路和器件发展的突飞猛进,许多关键的新兴技术(例如量子信息通信、量子计算、量子测量等)都将需要高效和可靠的单光子和一致性光子源,利用现有的激光器来制造单光子无法满足新兴量子技术的最新需求。理想的单光子源需要具备紧凑、小型化、高性能、可控、易于使用等诸多特性,该应用需求与当前正在蓬勃发展的电磁超表面十分契合。例如,电磁超表面大都可以工作在亚波长甚至深亚波长,具备紧凑、小型化等优势。同时,大量理论和实验已经证明,电磁超表面具备对电磁波调控的强大功能,具备很好的人工可调控性。因此,将量子光源与电磁超表面相结合,是当前相关领域的一个重要研究方向。目前,已经有不少相关优秀工作得到报道。

实现单光子源的传统方法是利用单个双能级系统的自发发射,每次发射一个光子,即所谓的量子发射器。这种发射器的优点是它的单光子源波长明确,这对于单光子源来说非常重要。此外,人们可以基于单光子源研究其他一些新奇效应,包括协同效应和多体效应,这些研究有助于发射体-光子和发射体-发射体之间的量子纠缠分析。然而,现有量子发射器的辐射寿命往往长达数十纳秒量级,因而无法满足光通信和信息处理系统的高速处理要求。为了提高发射器的自发辐射速率,可以将量子发射器放置在具有局域态密度增强的电磁环境中。

如图 7.19(a)所示,超表面可以方便地形成此类电磁环境,因而可以为量子光的操纵和控制提供一个理想的平台[42]。此外,人们也发现将稀疏分布的量子点嵌入等离激元超表面可以显著增加量子点的光致发光活性[43],如图 7.19(b)所示,该研究成果对实现高效的单光子发射器件具有重要意义。类似的增强效应也可以在介质电磁超表面中实现,人们使用一组电介质圆柱体构建了具有高品质因子的束缚态介质电磁超表面。实验结果表明,将半导体胶体纳米板覆盖在该高品质因子的介质电磁超表面上,能够实现高效的激光发射效率。更重要的是,通过改变圆柱体的直径可以调控发射激光波长,类似的方法可以推广到非经典激光的制备。二维材料,如石墨烯、六方氮化硼(hBN)和过渡金属二硫化物也可以作为单光子源[44]。与半导体量子点相比,这些二维材料更容易与光子超表面集成,这种集成优势可以被用来实现 Purcell 增强效应。如图 7.19(c)所示,二维 hBN 中的量子发射器可以和等离激元纳米腔阵列形成有效耦合,这种在弱耦合状态下实现的 Purcell 增强效应可以显著提高量子发射器的发射速率,也可以缩短荧光寿命。更重要的是,在这种情况下,单光子的统计特性可以在很大程度上被保留下来。继在低温下演示了大规模原子层厚度的量子发射器阵列之后,人们发现在室温下缺陷 hBN 的单光子发射不仅可以通过与集成的超表面相互耦合来形成放大效应,也可以诱发单光子发射器本身的单光子发射缺陷[45]。如图 7.19(d)所示,硅柱阵列组成的超表面与二维 hBN 耦合构成高效的室温单光子源阵列。除了提高单光子源发射效率,单光子源量子超材料也可以实现对发射光束的赋形。如图 7.19(e)所示[46],采用不同直径的中心对称 GaAs 纳米柱作为极化不敏感的结构单元构建垂直腔面发射激光器,该发射器的特点是可以获得非经典单光子源的定向发射。这项工作表明,这种超表面集成能够任意高效地调控发射光束的结构光学属性,因而可以用于构建贝塞尔和涡旋光束。将这种方法扩展到非经典光,人们随后发现介质超表面可以用于产生高定向的圆偏振单光子[47]。如图 7.19(f)所示,一个可以发射单个光子的氮晶格空位纳米金刚石被放置在一个光学超表面的中心,该超表面由同轴周期性宽度变化的纳米介质脊组成,并覆盖在金属衬底的薄介电薄膜上。红色光束中带有螺旋形的箭头表示一束圆偏振的单光子流,而绿色锥形体代表一束紧密聚焦的径向偏振泵浦光。

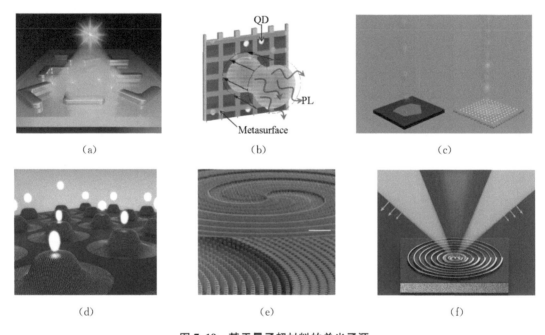

(a) (b) (c)

(d) (e) (f)

图 7.19 基于量子超材料的单光子源

(a) 单个量子发射器与具有 Purcell 增强特性的超表面散射体相互作用(来自参考文献[42]的图 6)。(b) 耦合到量子点的等离子体超线性光致发光(PL);黑色箭头表示泵浦方向,红色箭头表示量子点发射(来自参考文献[43]的摘要图)。(c) 二维 hBN 中单个量子发射器与等离子体纳米腔阵列的确定性耦合(来自参考文献[44]的摘要图)。(d) 由硅柱组成的超表面与二维 hBN 耦合构成的单光子发射器(来自参考文献[45]的期刊封面图)。(e) 集成垂直腔面发射激光器的可编程定向发射量子超表面(来自参考文献[46]的图 1)。(f) 基于量子材料的圆极化单光子发射器(来自参考文献[47]的图 1)。

7.3.2　量子纠缠源

　　量子纠缠是一种非经典物理的奇异现象，是区别经典物理学和量子物理学的重要特征之一。量子纠缠主要发生在一组粒子的生成、相互作用等过程中，组内每个粒子的量子态不能独立于其他粒子的量子态进行单独描述，即便粒子之间相隔得非常远。例如，对于一对纠缠粒子，它们的位置、动量、自旋和极化等物理特性是完全相关的。由于它们的总自旋为零，一个粒子的自旋如果是顺时针旋转，另一个纠缠粒子的自旋必然是逆时针旋转。目前，所有的理论实验都证明，纠缠粒子之间的相互信息是可以被利用的，但是任何超过光速的信息传输都是不可能的。量子纠缠已经在光子、中微子、电子等平台得到实验证明，目前已经广泛应用于量子通信、量子计算、量子测量等前沿领域。目前，纠缠光子产生的常用方法是利用光与物质之间的非线性过程。然而，自然界中光学材料的非线性效应通常非常微弱，且非线性转换效率也非常低。为了增强光与物质之间的非线性作用过程，提高非线性转换效率，将量子纠缠源与电磁超材料相结合是一种有效的重要解决方案。

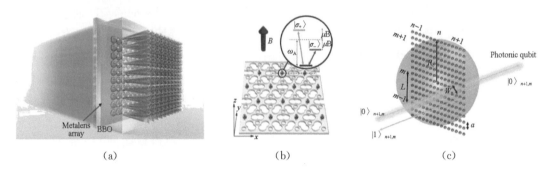

$$(a) \qquad\qquad (b) \qquad\qquad (c)$$

图 7.20　基于量子超材料的量子纠缠源

（a）基于硼酸钡（BBO）的超透镜多光子量子源（来自参考文献[48]的图 1）；（b）嵌有三角晶格量子发射器的光学薄膜介电超表面（来自参考文献[49]的图 1）；（c）基于二维原子晶格的量子超表面（来自参考文献[50]的图 2）。

　　非线性材料中光子对的生成能够产生非经典纠缠光子态。通过将超表面透镜与非线性晶体硼酸钡（BBO）集成[48]，如图 7.20（a）所示，可以实现多路径基于自发参量下转换（SPDC）的光子对源。这对于高维纠缠和多光子态生成具有重要意义。具体而言，该超表面透镜由 10×10 阵列单元构成。这种基于超表面的量子纠缠光源紧凑、稳定，并且可以在各种高维纠缠量子态之间轻松切换，为量子光子器件的集成提供了一个很有前景的新平台。此外，人们还提出了一个实验可行的纳米光子平台，用于探索拓扑量子光学中的多体物理[49]。如图 7.20（b）所示，该电磁超表面平台由非线性量子发射器周期性排列组成，超表面内部会发送光子跃迁。量子发射器会与超表面的导模相互作用，在外加均匀磁场下产生一个很宽的拓扑带隙以及鲁棒的边缘态和具有非零陈数的平带。当前，超表面的研究主要集中在对光的操控上，下一步需要研究的是如何基于原子超表面和非经典光之间的相互作用实现多体纠缠光子态的操控。此类量子超表面可以通过调控原子反射器及其散射光的纠缠态来实现,构建一个可以同时操纵经典电磁和量子电磁的全新平台。如图7.20(c)所示,量子超表面可以通过纠缠原子薄阵列对光的宏观响应来实现[50]。该系统可以实现原子-光子间的纠缠和多体间并行的量子处理等物理过程,以及生成适合量子信息处理的高维纠缠光子态。

7.3.3 量子态调控

大量实验结果表明,电磁超材料具有非常出众的电磁波操纵能力,因而可以进一步用量子超材料来调控光的量子态。相关研究最早是在金属微纳等离激元超表面研究的[51-52],人们也利用金属微纳结构实现了诸多量子光学操控所需的基本器件。然而,金属微纳等离激元超表面对光子有很强的吸收特性,不利于维持长时间的量子态操控。为了降低损耗,人们随后逐渐发展了全介质超表面,用以高效调控量子态超表面对光的相位、偏振等进行灵活的操控,这对于各种量子态的重构具有重要的作用。如图7.21(a)所示,人们将多个超表面超单元嵌套到一个超表面,可以同时实现多个多光子的干涉过程[53]。通过这种超表面,可并行地将多光子偏振态展开到完备的偏振层析态上,并将它们分解到不同的空间通道。然后,对不同通道的光子进行关联测量和计算即可对该多光子态进行精准重构。输入的 N 光子态通过超表面的调制后被分解到 M 个不同的端口,每一个端口对应于不同的层析态,即把输入的量子态投影到 M 个多光子希尔伯特空间中,通过对 M 个输出端口信号的符合测量就可以完全重建输入 N 光子态的量子密度矩阵。相对于传统的方法,这种并行量子态重构方法有利于减少测量时间,降低重构过程引入的扰动。

光子可以在不同的自由度之间纠缠和变换,如偏振、路径、轨道角动量等。光子不同自由度之间的纠缠可以提升光子的纠缠维度,丰富对量子态的控制手段,对于量子光学信息系统的拓展非常重要。通过超表面可以实现经典的光子自旋和轨道之间的耦合,最近,人们也进一步通过超表面实现了光子的自旋和轨道之间的转换和纠缠。在图7.21(b)的示意图中,当线偏振的光子通过由几何相位设计的超表面后实现了自旋角动量和轨道角动量之间的纠缠[54]。当纠缠光子对中的一个光子通过超表面样品时实现自旋角动量和轨道角动量之间的相互作用,另一个光子则直接被收集并通过单光子探测器检测。测量发现通过超表面的光子获得了轨道角动量并与自旋角动量产生了纠缠,进一步的贝尔态测量结果表明,一个光子的自旋角动量与另一个光子的轨道角动量之间实现了纠缠,反之亦然。尽管已经有不同方式实现了单个光子的量子态操控,但是实现光子之间的有效相互作用却非常困难。为此,人们设计了一种各向异性的超表面,为量子光学引入一个新的自由度,从而等效实现了对光子之间量子相互作用的任意操控。如图7.21(c)所示,通过旋转超表面或者改变光子的偏振,双光子间的量子相互作用可以分别表现为等效的玻色子间的相互作用、费米子间的相互作用,或者介于两者之间的任意状态,从而超越了光子固有的玻色子本性[55]。这个工作为量子逻辑门等器件和系统的设计提供了新的思路。

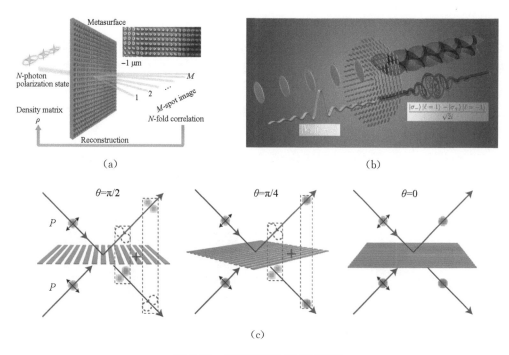

图 7.21　超表面对量子态的调控

（a）基于超表面的多光子态重构（来自参考文献[53]的图 1）；（b）超表面引发的光子自旋角动量与 OAM 之间的量子纠缠（来自参考文献[54]的图 1）；（c）超表面对光子间量子相互作用的调控（来自参考文献[55]的图 1）。

　　通过调控量子发光体周围的电磁场环境,量子发光体的辐射速率以及非辐射速率可以受到抑制或增强。基于此原理,研究者们设计了模式体积小、Q 值高的结构,分别在空间和时间上增强量子发光体与光学结构的相互作用。在弱耦合领域,量子发光体的荧光寿命受到调控。在强耦合领域,量子发光体的能级与光学结构的能级发生杂化,在吸收谱、散射谱或者荧光谱上可以观察到拉比劈裂。这些工作都是在光学结构的近场范围里对量子发光体的辐射行为进行调控,量子发光体位置的精确控制要求以及量子发光体靠近金属微纳结构的高损耗等因素限制了其发展。为了解决这些问题,在光学结构的远场范围里实现对量子发光体辐射行为的调控显得尤为重要。超表面由于其出色的相位调控能力可以实现这一目的。

　　最近,人们系统地研究了基于超表面对量子发光体的量子真空调控。如图 7.22(a)所示,超表面打破了量子发光体的量子真空对称性,使得量子发光体的多个能级发生量子干涉,这在自由空间中是被禁止的。通过合理地设计超表面,使其对源点处的电偶极子辐射的响应具有偏振依赖性,即沿着 x 方向的电偶极子辐射的电磁场能够沿原路返回聚焦到源点处,最大效率为 81%,沿着 y 方向的电偶极子辐射的电磁场没有这种效应。从量子力学角度来说,具有该种功能的超表面打破了量子发光体的量子真空对称性,使得多能级量子发光体的不同能级能够发生量子干涉。进一步地,当考虑两个量子发光体时,如图 7.22(b)所示,通过超表面使得源点电偶极子辐射的电磁场能够定向地聚焦于目标电偶极子的位置,效率最高为 82%,使得两个量子发光体产生纠缠。当超表面存在时,两个量子发光体的并发性比没有超表面时增强两个数量级,其中并发性衡量两个量子发光体的纠缠度,随着两个量子发光体之间的距离增大,当没有超表面时,并发性快速下降;当存在超表面时,在很长的距离依然保持很大的并发性。

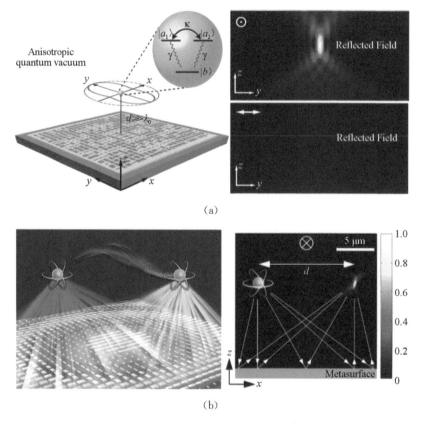

图 7.22　基于超表面的量子真空调控

(a)基于超表面打破量子发光体的量子真空对称性,使得多能级量子发光体的不同能级之间发生量子干涉(来自参考文献[56]的图 1 和图 2);(b)基于超表面实现两个量子发光体量子纠缠的示意图(来自参考文献[57]的图 1 和图 2)。

7.3.4　量子探测

量子探测是基于量子力学基本原理,利用物质的量子特性(如量子纠缠、量子干涉等)实现突破经典测量性能的新兴传感测量方法。量子探测研究的问题大都是弱信号的测量与探测,而超材料在弱信号增强方面已经展现了非凡的能力。因此,将超材料与量子探测技术结合是量子探测研究的一个必然趋势。量子测量一般分为三个基本环节:首先,将被测系统置于量子初始态;其次,通过探测器向系统引入一个可被观测的弱耦合;最后,测量系统的最终量子态。在以上三个环节中,引入弱耦合并使被测系统几乎不受干扰是至关重要的一个环节。基于电磁超材料非凡的电磁调控能力,可以通过调整电磁超材料单元的形状和尺寸来获得所需的耦合强度,因而在量子探测领域具有非常广阔的应用前景。

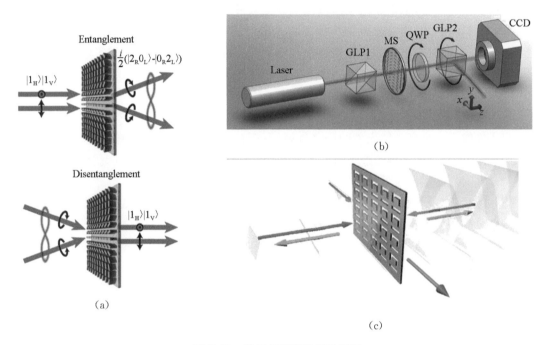

图 7.23 基于超表面的量子探测

(a) 利用几何相位超表面实现双光子纠缠与解纠缠(来自参考文献[58]的图 1);(b) 利用相位梯度介质超表面实现量子弱探测(来自参考文献[59]的图 1);(c) 基于等离激元超表面实现单光子相干吸收(来自参考文献[60]的图 1)。

当前,人们已经利用超表面对双光子自旋态进行了量子纠缠和量子解纠缠操作[58]。如图 7.23(a)所示,在纠缠过程中,一对具有正交线极化偏振的单光子对通过一个具有几何相位的介质超表面时,这两个光子会被重新调制为具有左旋或右旋圆极化偏振光,并构成路径纠缠的双光子态。此处,超表面起到一个类似超高灵敏度量子干涉仪的作用,这种全新的干涉设计理念对于量子传感和量子测量具有非常重要的应用价值。此外,人们还利用相位梯度介质超材料构建了一个几乎不受干扰的检测系统,因此可以显著简化量子弱信号探测的操作流程[59]。图 7.23(b)演示了相关实验过程。首先利用一个激光偏振器(GLP1)预选择光子的初始状态。随后,这些被预筛选出的光子通过一个具有相位梯度的介质超表面(MS)。此时,超表面可以构建一个空间微小变化的相位,起到弱磁场效应,光子的最终状态由第二个激光偏振器(GLP2)进行最终选择。此处,具有相位梯度的超表面会对相互作用的光子引入一个微小的动量偏移,合理地设计超表面单元的形状和尺寸,就能人为操纵探测器与系统之间的弱耦合效应。电磁超材料的一个重要应用场景是增强电磁器件对电磁波的吸收效应,基于该吸收增强机制,可以设计出完全相干吸收的单光子探测器[60]。如图 7.23(c)所示,两个单光子(图中红色箭头)从超表面的正反两面入射,等离子体激元在超表面上传播(传播方向如图中蓝色箭头所示),单光子与等离子体激元发生相互作用后从绿色箭头所指方向出射。结果表明,基于该超表面可以实现深亚波长的单光子高效相干吸收。除了单光子吸收,人们还将该增强吸收机制扩展到多光子对的吸收[61],与单光子的线性吸收过程相比,多光子对吸收具有更多的非线性特性。相关研究非常有助于人们对相干吸收过程的更深入理解,在量子光采集、探测、传感等方面具有重要应用价值。

7.3.5 量子成像

量子成像是一个多学科交叉的研究领域,有望在极端频谱范围和超低光强显微镜下实现高效成像。当前,该领域已经从早期的学术研究拓展到实际工程应用,广泛应用于成像和显微镜技术的性能提升。量子成像已经展示出两个独特的特征:① 能够以非局域方式再现"鬼"像;② 可以显著增强成像的空间分辨率,超越衍射极限。具体而言,打破现有成像系统的局限性是许多研究人员试图实现的目标,利用光的量子特性是突破这些局限性的一种有效方法。在此过程中,量子纠缠起着核心作用。纠缠光子对的动量、能量和位置相关性可以用来在无法进行有效检测的光谱范围内进行光谱成像,甚至可以使用未与样品发生相互作用的光进行成像。此外,利用光的某些量子态及其光子数统计特性,可以超越经典的限制进行传感和成像。超表面在经典光学成像方面已经取得了令人瞩目的应用,近年来在非经典光的成像方面也被证明是一个非常有前景的硬件平台。

近年来,人们展示了一种只依赖于量子纠缠的光学成像协议:只有在使用纠缠光子时,叠加印在超表面上的两个偏振模式才能分别成像,未纠缠的光无法区分这两种叠加的图案[62]。具体而言,如图 7.24(a)所示,一个偏振敏感的超表面叠加印有两种不同图案(星形和三角形),这两种图案分别只能透过两种不同偏振的光。当使用纠缠光子对进行光学成像时,实验测量结果表明,只有对纠缠光子对中的一个光子进行测量时,纠缠光子对中的另一个光子在穿过超表面时,才能分别生成清晰的图像(星形或三角形)。在不存在量子纠缠的情况下,无论对入射光进行何种操纵,都只能观察到合成图像(星形和三角形的总和)。此外,随着纠缠度(Bell 参数 S)的逐渐增加,图案的独立可见性也在不断增加。

此外,人们利用量子纠缠的偏振相关性,提出了一种用于可切换边缘检测的非局域定位开关,而无需对介电超表面的成像系统进行任何改变[63]。实验证明,通过在纠缠光子源的前导臂(heralding arm)中选择适当的偏振态,可以分别获得法向图像或者边缘图像,它可被看作一个用于边缘检测的纠缠辅助远程开关。具体而言,如图 7.24(b)所示,在经典边缘检测技术中,当入射光子具有水平偏振态时,被照亮的"薛定谔的猫"穿过精心设计的超表面,分离成具有左旋和右旋圆偏振的图像。重叠的左旋和右旋圆偏振分量将通过具有水平偏振的分析仪，形成一个完整的"实体猫"。如果入射光子是垂直偏振的，重叠的左旋和右旋圆偏振分量将重新组合为线性偏振分量并完全被分析仪阻挡，只留下图像的边缘，形成"轮廓猫"。在量子边缘检测技术中，入射光子对具有偏振纠缠，透射光纠缠在一起不知道它们的偏振态，生成的图像处于"实体猫"和"轮廓猫"的量子叠加态。但如果入射光子的偏振态被外部触发器触发（图中问号表示偏振态的选择是未知的），就可以在"实体猫"的常规模式和"轮廓猫"的边缘检测模式之间切换。与使用经典光源的情况相比，量子边缘检测方案具有更高的信噪比。此外，该技术可以为包括图像加密和隐写术在内的安全图像通信提供了一种全新的研究思路，因为只有通过正确操控远程开关和外部触发器，才能从混合图像模式中提取出特定的图像模式（边缘模式或常规模式），而这是传统光源无法实现的。该结果丰富了超表面和量子光学的研究成果，为高信噪比的量子边缘检测和图像处理技术的发展指明了方向。

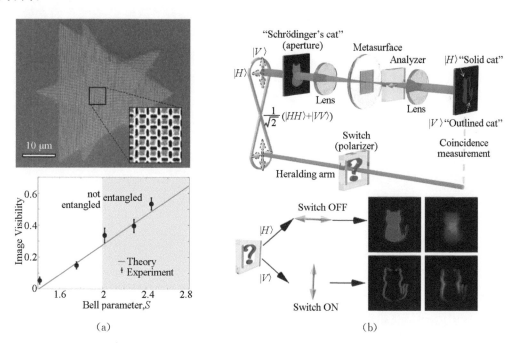

图 7.24　基于超表面的量子成像

（a）使用纠缠光子对的成像能够清晰分辨三角形和五角星图案，而使用混态光子对的成像则只能得到两种图像的混合，成像可见度与光子纠缠度之间的关系（来自参考文献［62］的图 2 和图 5）；（b）基于超表面的量子边缘成像，当触发臂分别选择"开"和"关"时，相应地可以得到图像的边缘像或者完全像（来自参考文献［53］的图 1）。

7.3.6 量子信息编码

量子信息是近年来信息科学之中蓬勃发展的研究领域,它是量子技术和信息技术有机交叉融合的新兴产物。量子信息的核心之一是量子比特位,不同于传统的比特位只有 0 和 1 两个确定态,量子比特位可以表征 0 和 1 两个状态之间的任意叠加态。不仅如此,量子比特位之间的纠缠特性使量子通信系统具有很高的安全保密性。编码超表面所表征的数字比特位与传统电路中的比特信息也有很大不同,它能够充分利用电磁波的多个自由度,实现诸多电磁波调控功能。任何一个双态的量子系统都能够实现量子比特,最典型的双态量子系统包括电子或光子的两个自旋态。经典的超表面可以模拟光学自旋霍尔效应,因而也可以用来模拟双态自旋系统,并表征自旋态之间的叠加。经典纠缠的研究工作大多基于极化信息和其他自由度之间的不可分离性,其中最常见的纠缠方式是极化信息与空间位置信息之间的经典纠缠。经典纠缠在数学表现形式、信息技术应用以及物理规律上,均与量子纠缠有一定的相似。用不可分的经典自由度来模拟纠缠现象,也成为了研究量子信息的有效方法之一。

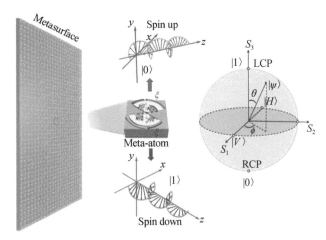

图 7.25 基于超表面的实现量子比特表征和信息编码的示意图(来自参考文献[64]的图 1)

为了利用编码信息超表面的灵活编码特性调控量子信息,人们发展出了基于超表面的量子信息编码技术[64]。如图 7.25 所示,超表面单元对电磁波的响应可以类比特殊情形下的薛定谔方程,通过控制幅值和相位,可以实现庞加莱球面上的任意极化状态。除了表征自旋态的叠加外,此超表面单元还可以使相位编码更加灵活。在数字编码超表面领域,1-bit 编码状态通常是基于两个拥有 180°相位差的单元结构。一般来说,该相位差是在一定的极化条件下得到的。由于自旋向上和向下的相位因子只取决于自身独立的路径参数,所以用一个单独的结构就可以实现两种自旋状态下的相位反转,只需将一个自旋的路径参数设置在其弧形轨迹的起始位置，而将另一个自旋的路径参数设置在对应路径的终点位置即可。在模拟量子比特时，如果将自旋向上的轨迹固定在起始位置，而自旋向下的轨迹从起始位置到终点位置演变，那么两个自旋态的相位差将从 0°变化到 180°，导致相位编码状态落入 0 和 1 的区间之内。采用几何相位单元来模拟量子编码，可以有效探寻经典和量子之间的共有属性。

7.4　小结

本章总结了电磁超材料在量子体系下的一些最新进展和应用前景，阐明了电磁超材料与量子技术的有机交叉融合推动了量子超材料的快速兴起。在电磁超材料领域引入量子技术，可以显著拓宽传统电磁超材料的研究边界。在量子体系下引入电磁超材料，可以大幅提升现有量子技术对量子态的操控能力。当前，量子超材料正处于快速发展阶段，相关理论和应用仍需不断完善。具体而言，在基础理论方面，构建电磁波与量子超材料相互作用的数学模型和数值求解方法是量子超材料基础理论的一个重要研究内容，在经典电磁理论框架下构建不同量子效应的类比物（即类量子效应）是量子超材料基础理论的一个重要研究方向。此外，现有电磁超材料与量子器件之间的相互作用大都是通过弱耦合过程实现，下一步需要深入探讨强耦合情况下量子超材料的理论框架。在调控技术方面，利用量子超材料对不同量子效应进行高效精确地人工操控是量子超材料调控技术的一个重要研究目标，将有源电磁超材料引入量子体系框架下提升量子超材料的调控维度和自由度是量子超材料调控技术的一个重要研究方向。在应用方面，虽然量子超材料已广泛应用于实际工程中，但在量子信息操控方面，依然停留在前期理论研究阶段，后续应用有待进一步探索。最后，现有类量子超材料的研究主要还是局限在类拓扑绝缘体量子效应、类法诺共振效应和类电磁诱导透明效应，基于其他量子效应的类量子超材料的研究有待进一步扩充。

7.5　参考文献

[1] Zheludev N I. The Road ahead for metamaterials[J]. Science，2010，328(5978)：582-583.

[2] Zagoskin A M，Felbacq D，Rousseau E. Quantum metamaterials in the microwave and optical ranges[J]. EPJ Quantum Technology，2016，3：2.

[3] Solntsev A S，Agarwal G S，Kivshar Y S. Metasurfaces for quantum photonics[J]. Nature Photonics，2021，15(5)：327-336.

[4] Anlage S M. The physics and applications of superconducting metamaterials[J]. Journal of Optics，2011，13(2)：024001.

［5］ Jung P, Ustinov A V, Anlage S M. Progress in superconducting metamaterials[J]. Superconductor Science and Technology, 2014, 27(7): 073001.

［6］ Savinov V, Tsiatmas A, Buckingham A R, et al. Flux exclusion superconducting quantum metamaterial: Towards quantum-level switching[J]. Scientific Reports, 2012, 2: 450.

［7］ Asai H, Savel'ev S, Kawabata S, et al. Effects of lasing in a one-dimensional quantum metamaterial[J]. Physical Review B, 2015, 91(13): 134513.

［8］ Mirhosseini M, Kim E, Ferreira V S, et al. Superconducting metamaterials for waveguide quantum electrodynamics[J]. Nature Communications, 2018, 9: 3706.

［9］ Shulga K V, Il'ichev E, Fistul M V, et al. Magnetically induced transparency of a quantum metamaterial composed of twin flux qubits[J]. Nature Communications, 2018, 9: 150.

［10］ Macha P, Oelsner G, Reiner J M, et al. Implementation of a quantum metamaterial using superconducting qubits[J]. Nature Communications, 2014, 5: 5146.

［11］ Marino G, Solntsev A S, Xu L, et al. Spontaneous photon-pair generation from a dielectric nanoantenna[J]. Optica, 2019, 6(11): 1416.

［12］ De Angelis C, Leo G, Neshev D N. Nonlinear Meta-Optics[M]. London: CRC Press, 2020.

［13］ Okoth C, Cavanna A, Santiago-Cruz T, et al. Microscale generation of entangled photons without momentum conservation[J]. Physical Review Letters, 2019, 123(26): 263602.

［14］ Ming Y, Zhang W, Tang J, et al. Photonic entanglement based on nonlinear metamaterials[J]. Laser & Photonics Reviews, 2020, 14(5): 1900146.

［15］ Rui J, Wei D, Rubio-Abadal A, et al. A subradiant optical mirror formed by a single structured atomic layer[J]. Nature, 2020, 583(7816): 369 – 374.

［16］ Kort-Kamp W J M, Azad A K, Dalvit D A R. Space-time quantum metasurfaces[J]. Physical Review Letters, 2021, 127(4): 043603.

［17］ Lu L, Joannopoulos J D, Soljačić M. Topological photonics[J]. Nature Photonics, 2014, 8(11): 821 – 829.

［18］ Ozawa T, Price H M, Amo A, et al. Topological photonics[J]. Review of Modern Physics, 2019, 91(1): 015006.

［19］ Khanikaev A B, Shvets G. Two-dimensional topological photonics[J]. Nature Photonics, 2017, 11(12): 763 – 773.

［20］ Smirnova D, Leykam D, Chong Y D, et al. Nonlinear topological photonics[J]. Applied Physics Reviews，2020，7(2)：021306.

[21] Haldane F D M, Raghu S. Possible realization of directional optical waveguides in photonic crystals with broken time-reversal symmetry[J]. Physical Review Letters，2008，100 (1)：013904.

[22] Wang Z, Chong Y D, Joannopoulos J D, et al. Observation of unidirectional backscattering-immune topological electromagnetic states[J]. Nature，2009，461(7265)：772 - 775.

[23] Fu J X, Liu R J, Li Z Y. Robust one-way modes in gyromagnetic photonic crystal waveguides with different interfaces[J]. Applied Physics Letters，2010，97(4)：041112.

[24] You J W, Lan Z H, Panoiu N C. Four-wave mixing of topological edge plasmons in graphene metasurfaces[J]. Science Advances，2020，6(13)：eaaz3910.

[25] Fang K J, Yu Z F, Fan S H. Realizing effective magnetic field for photons by controlling the phase of dynamic modulation[J]. Nature Photonics，2012，6(11)：782 - 787.

[26] Rechtsman M C, Zeuner J M, Plotnik Y, et al. Photonic floquet topological insulators[J]. Nature，2013，496(7444)：196 - 200.

[27] Mukherjee S, Spracklen A, Valiente M, et al. Experimental observation of anomalous topological edge modes in a slowly driven photonic lattice[J]. Nature Communications，2017，8：13918.

[28] He C, Sun X C, Liu X P, et al. Photonic topological insulator with broken time-reversal symmetry[J]. PNAS，2016，113(18)：4924 - 4928.

[29] Cheng X J, Jouvaud C, Ni X, et al. Robust reconfigurable electromagnetic pathways within a photonic topological insulator[J]. Nature Materials，2016，15(5)：542 - 548.

[30] Khanikaev A B, Mousavi S H, Tse W K, et al. Photonic topological insulators[J]. Nature Materials，2013，12(3)：233 - 239.

[31] Wu L H, Hu X. Scheme for achieving a topological photonic crystal by using dielectric material [J]. Physical Review Letters，2015，114(22)：223901.

[32] Yang Y T, Xu Y F, Xu T, et al. Visualization of a unidirectional electromagnetic waveguide using topological photonic crystals made of dielectric materials[J]. Physical Review Letters，2018，120(21)：217401.

[33] Hafezi M, Demler E A, Lukin M D, et al. Robust optical delay lines with topological protection [J]. Nature Physics，2011，7(11)：907 - 912.

[34] Dong J W, Chen X D, Zhu H Y, et al. Valley photonic crystals for control of spin and topology

[J]. Nature Materials，2017，16(3)：298 – 302.

[35] Wu X X, Meng Y, Tian J X, et al. Direct observation of valley-polarized topological edge states in designer surface plasmon crystals[J]. Nature Communications，2017，8：1304.

[36] He X T, Liang E T, Yuan J J, et al. A silicon-on-insulator slab for topological valley transport [J]. Nature Communications，2019，10：872.

[37] You J W, Ma Q, Lan Z H, et al. Reprogrammable plasmonic topological insulators with ultrafast control[J]. Nature Communications，2021，12(1)：5468.

[38] Shalaev M I, Walasik W, Tsukernik A, et al. Robust topologically protected transport in photonic crystals at telecommunication wavelengths[J]. Nature Nanotechnology，2019，14(1)：31 – 34.

[39] You J W, Lan Z H, Bao Q L, et al. Valley-hall topological plasmons in a graphene nanohole plasmonic crystal waveguide[J]. IEEE Journal of Selected Topics in Quantum Electronics，2020，26(6)：1 – 8.

[40] Yang Y M, Kravchenko I I, Briggs D P, et al. All-dielectric metasurface analogue of electromagnetically induced transparency[J]. Nature Communications，2014，5：5753.

[41] Zhang F L, Zhao Q, Lan C W, et al. Magnetically coupled electromagnetically induced transparency analogy of dielectric metamaterial [J]. Applied Physics Letters，2014，104 (13)：131907.

[42] Vaskin A, Kolkowski R, Koenderink A F, et al. Light-emitting metasurfaces[J]. Nanophotonics，2019，8(7)：1151 – 1198.

[43] Iwanaga M, Mano T, Ikeda N. Superlinear photoluminescence dynamics in plasmon-quantum-dot coupling systems[J]. ACS Photonics，2018，5(3)：897 – 906.

[44] Tran T T, Wang D Q, Xu Z Q, et al. Deterministic coupling of quantum emitters in 2D materials to plasmonic nanocavity arrays[J]. Nano Letters，2017，17(4)：2634 – 2639.

[45] Proscia N V, Shotan Z, Jayakumar H, et al. Near-deterministic activation of room-temperature quantum emitters in hexagonal boron nitride[J]. Optica，2018，5(9)：1128.

[46] Xie Y Y, Ni P N, Wang Q H, et al. Metasurface-integrated vertical cavity surface-emitting lasers for programmable directional lasing emissions[J]. Nature Nanotechnology，2020，15(2)：125 – 130.

[47] Kan Y H, Andersen S K H, Ding F, et al. Metasurface-enabled generation of circularly polar-

ized single photons[J]. Advanced Materials (Deerfield Beach, Fla), 2020, 32(16): e1907832.

[48] Li L, Liu Z X, Ren X F, et al. Metalens-array-based high-dimensional and multiphoton quantum source[J]. Science, 2020, 368(6498): 1487 – 1490.

[49] Perczel J, Borregaard J, Chang D E, et al. Topological quantum optics using atomlike emitter arrays coupled to photonic crystals[J]. Physical Review Letters, 2020, 124(8): 083603.

[50] Bekenstein R, Pikovski I, Pichler H, et al. Quantum metasurfaces with atom arrays[J]. Nature Physics, 2020, 16(6): 676 – 681.

[51] Altewischer E, van Exter M P, Woerdman J P. Plasmon-assisted transmission of entangled photons[J]. Nature, 2002, 418(6895): 304 – 306.

[52] Moreno E, García-Vidal F J, Erni D, et al. Theory of plasmon-assisted transmission of entangled photons[J]. Physical Review Letters, 2004, 92(23): 236801.

[53] Wang K, Titchener J G, Kruk S S, et al. Quantum metasurface for multiphoton interference and state reconstruction[J]. Science, 2018, 361(6407): 1104 – 1108.

[54] Stav T, Faerman A, Maguid E, et al. Quantum entanglement of the spin and orbital angular momentum of photons using metamaterials[J]. Science, 2018, 361(6407): 1101 – 1104.

[55] Li Q W, Bao W, Nie Z Y, et al. A non-unitary metasurface enables continuous control of quantum photon-photon interactions from bosonic to Fermionic[J]. Nature Photonics, 2021, 15(4): 267 – 271.

[56] Jha P K, Ni X J, Wu C, et al. Metasurface-enabled remote quantum interference[J]. Physical Review Letters, 2015, 115(2): 025501.

[57] Jha P K, Shitrit N, Kim J, et al. Metasurface-mediated quantum entanglement[J]. ACS Photonics, 2018, 5(3): 971 – 976.

[58] Georgi P, Massaro M, Luo K H, et al. Metasurface interferometry toward quantum sensors [J]. Light: Science & Applications, 2019, 8: 70.

[59] Chen S Z, Zhou X X, Mi C Q, et al. Dielectric metasurfaces for quantum weak measurements [J]. Applied Physics Letters, 2017, 110(16): 161115.

[60] Roger T, Vezzoli S, Bolduc E, et al. Coherent perfect absorption in deeply subwavelength films in the single-photon regime[J]. Nature Communications, 2015, 6: 7031.

[61] Lyons A, Oren D, Roger T, et al. Coherent metamaterial absorption of two-photon states with 40% efficiency[J]. Physical Review A, 2019, 99(1):011801.

［62］ Altuzarra C，Lyons A，Yuan G H，et al. Imaging of polarization-sensitive metasurfaces with quantum entanglement[J]. Physical Review A，2019，99(2)：020101.

［63］ Zhou J X，Liu S K，Qian H L，et al. Metasurface enabled quantum edge detection[J]. Science Advances，2020，6(51)：eabc4385.

［64］ Bai G D，Cui T J. Representing quantum information with digital coding metasurfaces[J]. Advanced Science，2020，7(20)：2001648.

第八章　各向异性与全极化可编程超材料

　　在前面的章节中，我们讨论了数字编码超材料及可编程超材料对电磁波的空间和时间调控，但是几乎没有考虑电磁波极化对调控的影响。本章将介绍两种对电磁波极化敏感度不同的特殊可编程超材料：对不同极化波有着不同响应的各向异性独立可编程超材料和对不同极化波有着相同响应的全极化可编程超材料。各向异性可编程超材料可以对相互正交的极化波进行独立可调，在此基础上还将介绍一种包含多路控制接口的各向异性可编程超表面；全极化可编程超材料可以对宽带、各种极化波进行有效调控，并且对相位的调控范围接近全相位覆盖。

8.1　各向异性独立可编程超表面

有源超表面在外部控制信号驱动下能够对电磁波进行动态调控,在当前可编程超表面设计中,通常只考虑了单一极化入射的电磁波,即需要在预先设计的特定极化电磁波入射时,可编程超表面才能表现出实时调控特性[1-4]。由于只能响应单一极化入射电磁波,单极化可编程超表面仅能提供一个有效的信息传输通道来串行处理电磁任务,从而削弱了可编程超表面的强大电磁调控能力,导致难以实现复杂的电磁功能,也制约了并行处理多任务的能力。

近年来,研究人员已经开发并实现了可对正交极化电磁波产生独立响应的超表面,如各向异性超表面和手性超表面[5-7],它们能在不同极化下提供不同的电磁功能。相比于单极化超表面,双极化超表面能够实现更为复杂和有趣的功能,可用来构造更加先进的功能器件。然而,现有的各向异性超表面大都是无源的或仅能微调,其功能无法做到实时可编程,限制了它们在超快切换系统中的应用。

本节将介绍可独立编程调控正交极化波的超表面单元设计,并在此基础上介绍一种可对正交极化波实时独立可编程的各向异性超表面[8]。首先分析基于4个变容管对称加载技术实现可独立调控不同线极化电磁波反射相位的超表面单元的原理,然后用若干个单元组阵构造一种包含多路独立控制接口的双极化独立调控超表面,并简单介绍如何利用单块FPGA配合设计的扩展接口电路和直流电压转换电路完成对该超表面的实时编程控制,最后介绍基于各向异性可编程超表面的不同功能器件及其应用。

8.1.1　各向异性可编程超表面单元

首先介绍一种可独立调控正交极化波的有源超表面单元,如图8.1所示。该各向异性独立可编程超表面单元由一个亚波长谐振单元和直流偏置网络组成。谐振单元由两层金属结构及中间的F4B介质基板复合而成。为了实现对正交极化电磁波的独立调控,我们设计了一种特殊的顶层金属结构,它由一个方形金属贴片和4个对称分布的矩形金属贴片组成。介质基板底层为金属地,用于提高电磁波反射率。顶层结构中,4个矩形金属贴片与中心的方形金属贴片形成了4个缝隙。在 x 极化波入射时,沿 x 方向上的两个缝隙可等效为有效电

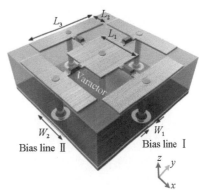

图 8.1　**各向异性独立可编程超表面单元**
(来自参考文献[8]的图 2)

容;同样,在 y 极化波入射时,沿 y 方向上的两个缝隙也能够等效为有效电容。为了实现谐振单元的等效电容可调,在4个缝隙中集成了4个相同的变容管。因此,通过独立改变 x 和 y 方向上的电容值,可分别在 x 和 y 两种极化电磁波入射时调节谐振单元的等效电容。因

此,当 x 极化波和 y 极化波入射到谐振单元上时,谐振单元能够表现出不同的谐振状态,从而对正交极化波产生两种不同的相位响应。

为了给谐振单元中加载的 4 个变容管提供两路独立的偏压,需要设计一个直流偏置网络。x 方向上的两个矩形贴片通过两个金属通孔连接到偏置线 I,y 方向上的两个矩形贴片通过另外两个金属通孔连接到偏置线 II。中间方形贴片通过金属通孔与金属地连接。偏置线 I 和 II 分别刻蚀在 F4B 介质基板的顶部和底部,它们通过 0.12 mm 厚的 FR4 介质基板压合在谐振单元背面,如图 8.1 所示,从而形成一个各向异性可调的超表面单元。在这种偏置网络控制下,偏置线 I 和 II 可被独立加电,并且每条偏置线为同一方向上的两个变容管同时提供偏压。由于具有 4 个变容管,谐振单元的有效电抗主要取决于变容管的特性。因此,具体设计时需要选择具有合适参数的变容管来实现所需的谐振响应。这里采用的是型号为 SMV2020-079LF 的变容管,它具有低电阻、低电容以及高电容比等优点。在 0 V~20 V 的反向偏压控制下,该变容管的可变电容 C_T 能够在 3.20~0.35 pF 之间连续变化,电容比约为 9.14。由于同一方向上两个变容管具有相同的容值,在下文中,用 C_{Tx} 代表 x 方向上两个变容管的容值,用 C_{Ty} 代表 y 方向上两个变容管的容值。

下面通过各向异性独立可编程超表面单元的数值仿真结果分析其反射特性。超表面单元的边长选为 10.0 mm,约为频率为 5.85 GHz 时波长的 1/5。谐振单元的介质基板厚度为 3.0 mm,金属厚度为 0.018 mm。5 个金属通孔的直径均为 0.5 mm,每个 1.5 mm 宽的缝隙中有两个长度和宽度分别为 0.5 mm 和 0.3 mm 的矩形焊盘。在仿真中,用电阻 $R_S=2.5\ \Omega$、电感 $L_S=0.7$ nH 和可变电容 C_T 组成的 RLC 串联电路来模拟相应变容管。为了达到所需的反射性能,几何结构参数优化为:$L_1=3.8$ mm,$L_2=1.5$ mm,$L_3=6.4$ mm,$W_1=0.6$ mm,$W_2=3.0$ mm。

在 x 和 y 极化波正入射时,具有不同电容值的超表面单元的仿真反射相位和反射幅度随频率变化的曲线分别如图 8.2(a)和(b)所示。从图中的反射相位曲线可知,当电容值分别为 3.20 pF 和 0.35 pF 时,对于 x 极化波,超表面单元能在 5.67~6.18 GHz 频带内实现 150°至 188°之间变化的相位差;而对于 y 极化波,超表面单元能在 5.62~6.15 GHz 频带内实现 150°到 190°之间变化的相位差。两者之间的微小差别是由超表面单元不对称的直流偏置网络导致。当 x 极化波和 y 极化波分别入射到超表面单元上时,产生的谐振电流将通过相应的金属通孔分别流经偏置线 I 和偏置线 II,如图 8.3 所示。由于偏置线 I 和偏置线 II 分别位于介质基板的顶部和底部,因此在两种极化波入射时,两种谐振电流的路径不同。也就是说,即使 $C_{Tx}=C_{Ty}$,但由于偏置网络的不对称性,超表面单元对 x 极化入射波和 y 极化入射波也会产生不同的谐振响应。

为了尽可能减小这种差异,选择厚度仅为 0.25 mm 的超薄 F4B 介质基板作为直流偏压介质基板,并将 I 和 II 两条偏置线的宽度优化为不同值。采用这种设计,在 5.67~6.15 GHz 工作频段内,超表面单元在 x 和 y 两种极化波入射时的反射相位差曲线基本相同,在 5.85 GHz 频率时相位差均为 184°,如图 8.2(a)中的灰色区域所示。此外,在该工作频段内超表面单元的反射幅度均大于−2 dB,在5.85 GHz频率时达到−1 dB以上,如图8.2(b)所示,表明这种各向异性可编程超表面单元在工作频段内具有较高的反射率。

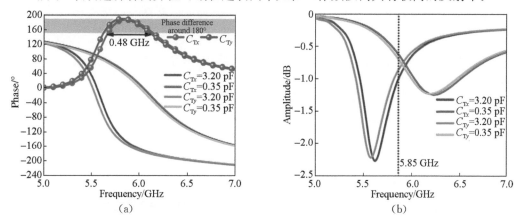

(a) (b)

图8.2　当电容值不同时,各向异性可编程超表面单元在不同线极化电磁波正入射时的响应曲线(来自参考文献[8]的图2)

(a) 反射相位;(b) 反射幅度。

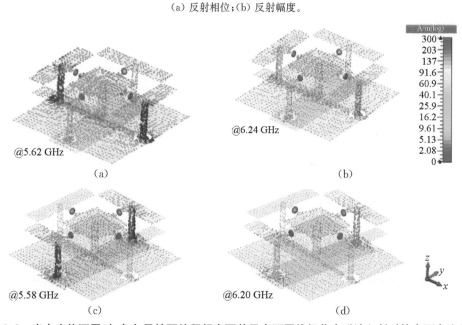

图8.3　当电容值不同时,各向异性可编程超表面单元在不同线极化电磁波入射时的表面电流分布

(a)和(b)当变容管容值C_{Tx}分别为3.20 pF和0.35 pF时,各向异性可编程超表面单元在x极化波正入射时的仿真表面感应电流分布,此时在两个谐振频率5.62 GHz和6.24 GHz时产生的谐振电流均通过金属通孔流过偏置线Ⅰ(来自参考文献[8]附录的图S1);(c)和(d)当变容管容值C_{Ty}分别为3.20 pF和0.35 pF时,各向异性可编程超表面单元在y极化波正入射时的仿真表面感应电流分布,此时在两个谐振频率5.58 GHz和6.20 GHz时产生的谐振电流均通过金属通孔流过偏置线Ⅱ(来自参考文献[8]附录的图S1)。

另外,当 x 或 y 极化电磁波正入射到该超表面单元上时,改变交叉极化方向上的两个变容管容值对单元的谐振状态没有影响,如图 8.4 所示。从而说明,这种超表面单元具有很高的极化稳定性和交叉极化隔离度。综上可知,通过动态切换加载的变容管容值,各向异性可编程超表面单元能够实现 1 - bit 可编程超表面中的两种相反数字状态。因此,将 $C_\mathrm{T} = 3.20$ pF 的超表面单元作为编码"0"单元,将 $C_\mathrm{T} = 0.35$ pF 的超表面单元作为编码"1"单元。

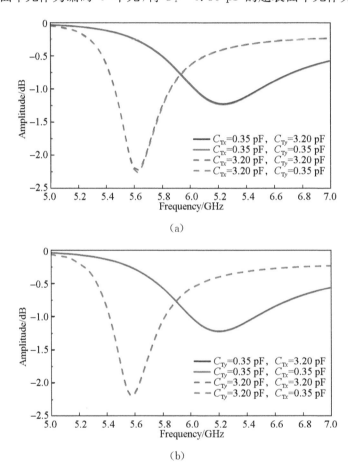

图 8.4　不同电容配置时,各向异性可编程超表面单元在不同极化波正入射时的仿真反射幅度随频率变化曲线
（来自参考文献[8]附录的图 S2）

（a）x 极化波入射；（b）y 极化波入射。

8.1.2　各向异性可编程超表面制备

下面介绍如何由各向异性独立可编程超表面单元构成各向异性可编程超表面器件,从而用于实时独立调控正交极化波。各向异性可编程超表面包含多个周期性排列的超表面单元,同时还具有两组独立控制接口Ⅰ和Ⅱ。每组控制接口中具有多个独立的输入引脚,用于控制超表面中加载的变容管。这里介绍一个包含 24×24 个超表面单元和 48 路独立控制接口的样品,其正面的超表面单元和背面的偏置线照片分别如图 8.5(a)和(b)所示,整个各向异性可编程超表面样品的平面尺寸为 260 mm×260 mm。控制接口Ⅰ有 24 个输入引脚,每个引脚均连接至一条直流偏置线Ⅰ上,用于同时驱动沿 x 方向并联的 24 个超表面单元。因此,控制接口Ⅰ中的 24 个输入引脚可实时调控 x 极化波沿 y 方向的相位分布。同样,控制接口Ⅱ中的 24 个输入引脚分别连接到 24 条直流偏置线Ⅱ上,每条偏置线Ⅱ同时为 y 方向上并联的 24 个超表面单元提供偏压,用于调控 y 极化波沿 x 方向的相位分布。由此可见,该各向异性独立可编程超表面样品可以在两个方向上相互独立调控电磁波。

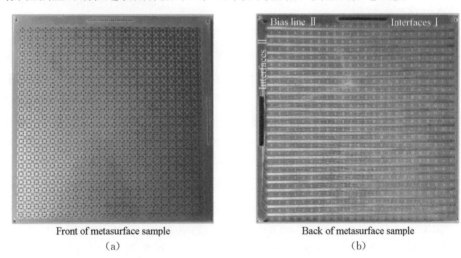

Front of metasurface sample　　　　　　　Back of metasurface sample
(a)　　　　　　　　　　　　　　　　(b)

图 8.5　各向异性可编程超表面加工样品(来自参考文献[8]的图 2)

(a) 正面的超表面照片;(b) 背面的偏置网络照片。

8.1.3　控制电路设计与实现

上述独立调控正交极化波的各向异性可编程超表面具有两组独立的控制接口Ⅰ和Ⅱ,需要控制电路来驱动。两组控制接口Ⅰ和Ⅱ相互隔离,分别用于接收来自 FPGA 的两路独立编码序列。通过控制两个编码序列,可实时独立调控 x 极化电磁波和 y 极化电磁波的反射相位,从而提供两个独立的信息传输通道。各向异性可编程特性有助于提升基于超表面实现的功能器件的性能,而且由于控制电路的记忆功能和可扩展接口功能,设计的各向异性可编程超表面具有高稳定性和强可扩展性,使得可编程超表面朝着更复杂、更实用的方向迈进了一步。

下面介绍控制电路,由 FPGA 控制器、带存储功能的扩展接口电路、直流电压转换电路和相应的控制程序组成。FPGA 控制器在控制程序驱动下可以输出不同的控制信号。扩展接口电路由译码器和多个锁存器组成,不仅可以扩展为数不多的 FPGA 引脚来实现大规模控制,而且即使当 FPGA 的连接断开时,它也能保持原有的输出状态。因此,当 FPGA 的控制被中断时,超表面的当前功能不会改变,即具有可记忆性。直流电压转换电路用于将扩展接口电路输出的引脚低电压转换为变容管所需要的 20 V 偏压。控制电路样品如图 8.6 所示,可以控制具有 48 路控制接口的超表面,包含扩展接口电路和直流电压转换电路两个部分。

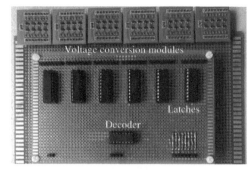

图 8.6 扩展接口电路和直流电压转换电路的加工实物照片(来自参考文献[8]的图 2)

这里扩展接口电路是由一个型号为 74HC238 的译码器芯片和 6 个型号为 74HC373 的 D 型锁存器芯片组成,6 个锁存器的工作方式相同。在控制电路中,FPGA 控制器提供 12 路控制信号,包括 1 路使能信号、3 路地址信号和 8 路数据信号,用于控制扩展接口电路。1 路使能信号和 3 路地址信号输入至译码器,8 路数据信号并行输入到每个 D 型锁存器芯片的输入端。另外,译码器的 6 个输出端分别连接到 6 个锁存器的使能引脚上。当使能信号为低电平时,译码器的 6 个输出信号均是低电平,因此 6 个锁存器芯片的输出状态将维持不变。也就是说,即便 FPGA 与控制接口之间的连接中断,导致使能信号变为低电平,所有的锁存器也都将保持原来的输出状态,超表面仍然可以稳定地工作。相反,当使能信号处于高电平时,译码器将根据 3 路地址信号的数值选通 6 个锁存器中的一个,然后将 8 路数据信号传送至锁存器的 8 个输出端。通过快速改变 FPGA 的输出信号,可以实现 48 路信号的循环控制。

电压转换电路包括 6 个电压转换模块,每个模块有 8 路相同的电压转换通道。每路电压转换通道由一个双极性晶体管电压转换电路实现。锁存器的输出引脚通过串联一个 470 Ω 的限流电阻连接到型号为 S8050 - J3Y 的双极性晶体管的基极;晶体管的集电极通过一个 10 kΩ 的上拉电阻连接至 20 V 电压源,同时作为输出端输出转换后的电压;晶体管的发射极接地。当输入电压为 3.3 V 时,双极性晶体管工作在饱和状态,此时集电极与发射极导通,输出端电压约为 0 V。相反,当输入电压为 0 V 时,双极性晶体管工作在截止状态,此时输出电压为 20 V。

8.1.4 各向异性可编程功能

由于每个可编程超表面单元只有"0"和"1"两种数字状态,通过实时切换控制电路模块的编码序列,可以快速地对超表面样品进行编程控制,实现对正交极化波的独立调控。因此,利用各向异性独立可编程超表面能够实现更加复杂和丰富的电磁功能,且多个功能可以实时切换。下面介绍在该各向异性可编程超表面平台上可以实现的两种功能,用于定频大角度双波束扫描天线和双极化口径共享天线。

1) 定频大角度双波束扫描天线

各向异性可编程超表面每组接口中的 24 个输入引脚可以被独立驱动,以实现其他不同的电磁功能。在本小节,我们用各向异性可编程超表面原型实现了一个定频大角度双波束扫描天线。当 x 或 y 极化波正入射时,用特定的编码序列控制超表面时,它将产生一定出射角的对称双波束,而且在固定工作频率上通过改变编码序列,这两个波束可以同时进行扫描。

对于 x 极化波入射,各向异性可编程超表面可以被沿 y 方向变化的不同编码序列控制。为验证举例如下:在 5.85 GHz 频率下仿真研究了该超表面在 4 个不同编码序列 S1 (000000000000111111111111)、S2(000000111111···)、S3(00001111···)和 S4(000111···)下的远场三维辐射波束,结果如图 8.7(a)所示。从图中可以看出,当编码序列从 S1 变为 S4 时,yz 平面上的两个对称辐射波束同时扫描,出射角分别指向±9.6°、±23.8°、±36.9°和±56.6°,扫描角范围可达 113.2°。4 个编码序列 S1、S2、S3 和 S4 均沿 y 方向变化,相应的周期长度 Γ_y 分别等于 240 mm、120 mm、80 mm 和 60 mm,Γ_x 为无穷大。在 5.85 GHz 时自由空间波长为 51.3 mm,计算出辐射角分别为 $\theta=$ 12.3°、25.3°、39.8°和58.8°,仿真波束的出射角与理论值吻合较好,误差小于 3°,方位角 $\phi=$ 90°和270°,表明两个波束在 yz 平面上对称分布。

同样,在 y 极化波入射时,各向异性独立可编程超表面将在 xz 平面上产生两个对称的辐射波束。采用相同的编码序列 S1、S2、S3 和 S4(沿 x 方向变化),图 8.7(b)中展示了 5.85 GHz 频率下仿真的三维远场辐射波束,其中波束分别指向±9.6°、±23.8°、±36.9°和±56.6°。除了上面讨论的扫描角度外,该各向异性可编程超表面在其他编码序列下能够产生更多不同的出射方向。例如,在编码序列 S5(000000011111110000000)和 S6(000001111100000000)下,产生的两个对称辐射波束将分别以±16.5°和±29.6°角度出射,如图 8.8 所示。

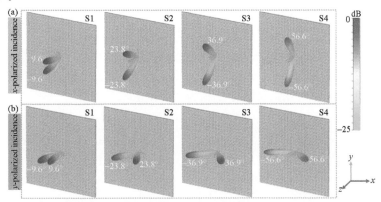

图 8.7 基于各向异性可编程超表面实现的定频大角度双波束扫描天线在 5.8 GHz 时的仿真三维远场辐射方向图(来自参考文献[8]的图 4)

(a) 用 S1、S2、S3 和 S4 四个不同序列编码超表面时,在 x 极化入射时的双波束扫描结果;(b) 用 S1、S2、S3 和 S4 四个不同序列编码超表面时,在 y 极化波入射时的双波束扫描结果。

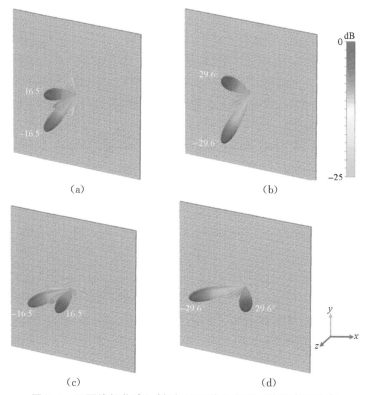

图 8.8　不同线极化波入射时,不同编码序列下的仿真双波束

(a)和(b) 在 x 极化波入射时,双波束扫描天线在 S5 和 S6 编码序列下的仿真双波束(来自参考文献[8]附录的图 S5);
(c)和(d) 在 y 极化波入射时,双波束扫描天线在 S5 和 S6 编码序列下的仿真双波束,天线工作频率为 5.85 GHz(来自参考文献[8]附录的图 S5)。

在 x 和 y 极化波正入射时,用上述 6 种序列编码时,双波束扫描天线在 5.85 GHz 频率下测试的二维远场辐射方向图分别如图 8.9(a)和(b)所示。从图中曲线可知,当编码序列从 S1 切换到 S6 时,双波束扫描天线在两种极化波入射时均表现出良好的双波束扫描特性,测量的对称双波束分别指向 $\pm 8.5°$、$\pm 22.7°$、$\pm 34.7°$、$\pm 52.3°$、$\pm 15.2°$和$\pm 28.6°$。6 种编码下,测量的峰值增益为 18.8 dBi,增益变化约为 3.0 dB。

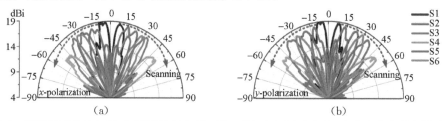

图 8.9　不同线极化波入射时,不同编码序列下的二维远场测试方向图(来自参考文献[8]的图 4)

(a)和(b) 分别为 x 和 y 极化波正入射时,双波束扫描天线在 6 种不同编码序列下的测试二维远场辐射方向图,测试频率为 5.85 GHz。

2) 双极化口径共享天线

由于各向异性可编程超表面能够在 y 和 x 极化波入射时分别在 xz 和 yz 平面上实现双波束独立扫描,因此它可以用作双极化口径共享天线,同时在上半空间实现波束扫描。在该情况下,可编程超表面能够在单一频率上提供两个独立的正交信息通道。也就是说,各向异性可编程超表面可以承载双倍的信息容量,这在频谱资源日益紧张的时代显得尤为重要。在圆极化波入射时,各向异性可编程超表面将产生极化分离波束。图8.10(a)中给出了 5.85 GHz 频率下几个不同示例的仿真远场辐射方向图。在第一个示例中,超表面的接口 I 和接口 II 均输入编码序列 S3(编码为[S3, S3]),在 RCP 波入射时,可以清楚地看到两个对称的 x 极化波束分布在 yz 平面上,两个对称的 y 极化波束分布在 xz 平面上,均指向 $\pm36.9°$。当输入编码为[S3, S4]时,x 极化双波束的出射角保持在 $\pm36.9°$,而 y 极化双波束的出射角变为 $\pm56.6°$,如第二幅图所示,展示了超表面对 x 和 y 极化波的独立调控能力。同样,在 LCP 波入射时,各向异性可编程超表面也可以实现良好的极化波束独立扫描性能,图 8.10(a)中第三幅图和第四幅图分别展示了编码为[S2, S1]和[S4, S1]时的仿真结果。

下面介绍实验测试结果,为了避免环境干扰,所有远场测试均在微波暗室内进行。在测量中,各向异性可编程超表面样品和发射天线平行放置在支撑板上,它们之间的距离约为 1.6 m。支撑板固定在一个自动天线转台上,该转台由计算机控制,可在水平面内作高精度连续旋转。两个相同的双圆极化圆锥喇叭天线分别用来发射和接收圆极化波。另外,采用增益为 15 dBi、工作带宽为 5.38~8.17 GHz 的标准增益喇叭提供线极化的准平面波激励。当承载发射天线和超表面样品的支撑板从 $-90°$ 旋转到 $90°$ 时,接收天线将接收水平面上反射的线极化波,这里采用的是 1~18 GHz 双脊喇叭天线。需要注意的是,由于转台只能在水平面内旋转,所以只能测量记录水平面上的能量分布。因此,为了测量垂直面上出现的线极化波束,需要将超表面样品在垂直面内逆时针旋转 $90°$。实验中所有的编码序列均由控制电路产生,并通过两组控制接口 I 和 II 输入至超表面样品。

在实验中,对上述第二个和第三个示例的仿真结果进行验证,对应的测试结果分别如图 8.10(b)和(c)所示。在 RCP 波入射时,当各向异性可编程超表面的控制接口 I 和 II 输入编码[S3, S4]时,可观察到 4 个明显的笔形波束,其中两个 x 极化波束指向 $\pm34.3°$,两个 y 极化波束指向 $\pm52.1°$,如图 8.10(b)所示。在 LCP 波入射时,当各向异性可编程超表面的控制接口 I 和 II 输入编码[S2, S1]时,辐射的两组极化分离波束分别指向 $\pm8.5°$ 和 $\pm22.8°$,如图 8.10(c)所示。在主波束覆盖区域内,测量的交叉极化分量比同极化分量峰值低 15 dB,表明用各向异性可编程超表面实现的双极化口径共享天线具有较高的交叉极化隔离度。

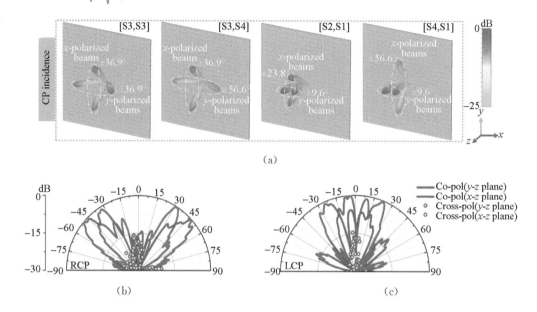

图 8.10　不同编码序列下,各向异性可编程超表面的仿真和测试远场方向图(来自参考文献[8]的图 4)
(a) 4 种不同编码配置下,基于各向异性可编程超表面实现的双极化口径共享天线在 5.85 GHz 频率下仿真的远场辐射方向图,其中前两幅图为 RCP 波激励时的结果,后两幅图为 LCP 波激励时的结果;(b) 用编码序列[S3,S4]控制时,双极化口径共享天线的测量辐射方向图,对应于图(a)中第二幅图的情况;(c) 用编码序列[S2,S1]控制时,双极化口径共享天线的测量辐射方向图,对应于图(a)中第三幅图的情况。

8.2　全极化可编程超表面

上节介绍了一种各向异性独立可编程超表面单元及相应器件,可以对不同极化电磁波实现不同的编程功能,本节介绍一种对任意极化电磁波可实现几乎相同电磁响应的宽带可编程超表面,并简单介绍一种基于此单元的智能多普勒速度隐藏器件。

8.2.1　单元设计

首先介绍一种可实现接近 360° 全相位变化覆盖的超表面单元[9]。虽然在微波频段通过加载半导体元件可以实现动态可调超表面,但实现同时具有宽带、全极化和全相位覆盖特性的有源超表面依然具有很大挑战。然而,宽带和全极化特性对于有源超表面的实际应用来说至关重要,因此,我们首先介绍一种 90° 旋转对称的有源超表面单元,如图 8.11(a)所示。该超表面单元包含三层,分别为:顶层的人工设计金属结构、底层的金属地和中间的低损耗 F4B 介质基板。4 个相同变容管分别对称地加载到顶部金属图案的 4 个缝隙中,因为 4 个变容管需要外加直流偏压,在中心方形贴片和金属地之间设置了一个金属化通孔。由于超表面单元具有旋转对称性,其对任意正交极化电磁波具有相同的电磁响应。因此,在任意极化波入射时,通过改变加载的变容管容值可有效地调控超表面单元。全极化超表面单元的带宽特性主要取决于变容管的电容比和单元的谐振 Q 值。为了实现宽带可调和高反射率,这里选用型号为 MAVR‑000120‑14110P 的变容管,它具有高电容比和低寄生电阻的优点。

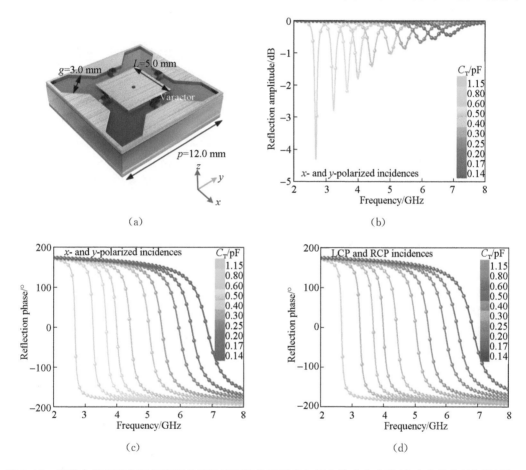

(a)　　　　　　　　　　　　　　　(b)

(c)　　　　　　　　　　　　　　　(d)

图 8.11　宽带全极化可编程超表面单元及不同极化下幅度与相位的响应曲线(来自参考文献[9]的图 2)

(a) 宽带全极化可编程超表面单元结构,其中加载了 4 个相同的变容管;(b) x 和 y 极化电磁波正入射时,超表面单元的仿真反射幅度随频率变化的曲线;(c) x 和 y 极化电磁波入射时,超表面单元的仿真反射相位随频率变化的曲线;(d) LCP 和 RCP 波正入射时,超表面单元的仿真反射相位随频率变化的曲线。

超表面单元的 Q 值影响其相位变化范围,它与单元的介质基板厚度有关。为了获得较大的反射相位变化范围,介质基板厚度选为 2.0 mm,其他结构参数优化为:$p=12.0$ mm,$L=5.0$ mm,$g=3.0$ mm。超表面单元 4 个缝隙的宽度均为 0.7 mm,金属化通孔的直径为 0.5 mm,金属贴片的厚度为 0.018 mm。在数值模拟中,使用电阻 $R_S=0.3\ \Omega$、电感 $L_S=$

0.4 nH和一个可变电容C_T串联的RLC电路来模拟变容管。图8.11(b)和(c)分别为在x和y极化波正入射时,超表面单元的仿真反射幅度和反射相位随频率变化的曲线。可以看出,当变容管容值C_T从1.15 pF变化到0.14 pF时,超表面单元的谐振频率从2.70 GHz上移到6.89 GHz。在2.78~6.32 GHz频带内超表面单元可获得大于300°的反射相位差,最大可达350°,相对带宽达到77.8%,如图8.11(c)所示。在该频带范围内,反射幅度均大于−3.2 dB,不同谐振频率处的反射幅度变化小于2.7 dB。从仿真曲线还可以看出,对于x和y极化波入射,超表面单元的反射特性完全相同。此外,超表面单元还能够在圆极化波入射时工作,且对LCP波和RCP波有着相同的电磁响应,如图8.11(d)中曲线所示。从而,这种有源超表面单元具有优异性能,例如,接近360°的调相范围、宽带工作和全极化响应。

接着分析这种宽带全极化有源超表面单元在电磁波斜入射时的性能。由于超表面单元具有全极化工作特性,只给出了x极化波斜入射时的结果。当C_T为1.15 pF和0.14 pF时,在不同角度的横电(TE)波斜入射时,超表面单元的仿真反射幅度和反射相位曲线分别绘制在图8.12(a)和(b)中。可以看出,对于TE斜入射,入射角对超表面单元的反射相位影响不大,在整个带宽内相位差与正入射时的相位差基本相同。然而,随着斜入射角的增大,超表面单元的谐振增强。对于横磁(TM)波斜入射,入射角对超表面单元的反射幅度和反射相位有很大影响,如图8.12(c)和(d)所示。可以观察到除了原有的谐振外,单元在TM波斜入射时还会产生额外的锐共振,它会破坏单元的相位差和带宽。产生锐共振的原因是,当超表面单元被TM波激发时,产生的感应电流会通过金属化通孔流向金属地,而该情况在正入射时不会发生。为了有效避免锐共振的产生,可以在偏置网络设计中引入额外的损耗。

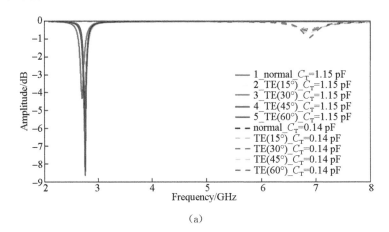

(a)

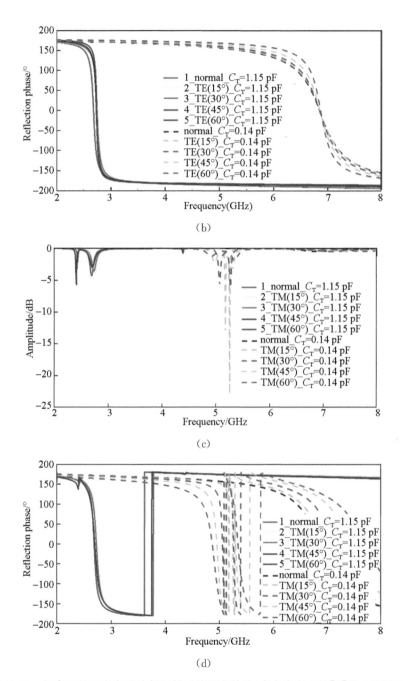

图 8.12　超表面单元在电磁波斜入射时的仿真性能（来自参考文献[8]附录的图 S5）

C_T 为 1.15 pF 和 0.14 pF 时,在不同角度的 TE 波斜入射时,超表面单元的仿真结果:(a)反射幅度曲线;(b)反射相位曲线。C_T 为 1.15 pF 和 0.14 pF 时,在不同角度的 TM 波斜入射时,超表面单元的仿真结果:(c)反射幅度曲线;(d)反射相位曲线。

8.2.2 不同极化波响应测试结果

运用此单元,文献[9]设计、加工并制作了一块包含 20×20 个上述单元的宽带全极化可编程超表面样品,如图 8.13(a)所示。制备的样品总面积为(260×260)mm²,厚度为 2.036 mm。在该可编程超表面样品中,所有超表面单元由强度相同的反向偏压控制,样品上焊接的 BNC 接头为外部偏置电压提供输入接口。根据上文分析可知,可编程超表面性能在很大程度上取决于其相位调控精度。因此,首先在 0 V 到 10.0 V 的不同偏压下测量了超表面样品的反射相位。图 8.13(b)中给出了几个不同工作频率下,测试的反射相位随反向偏压变化的曲线。需要说明的是,由于超表面样品对正交极化波的电磁响应相同,图中仅展示了 x 极化波和 LCP 波正入射时的测量结果,并且测试的反射相位被归一化在 −180° 和 180°之间。从图中的测试曲线可以看出,超表面的反射相位随偏置电压是非线性变化的,这主要是由超表面单元中加载的变容管的非线性特性导致的。不同频率时的测试结果均表明,超表面样品在外部偏压控制下可产生约 340°的相位差。实验结果与仿真结果高度吻合,进一步验证了该超表面可在宽频带内实现大的相位调谐。

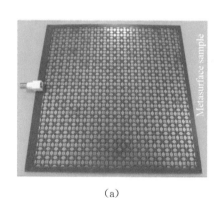

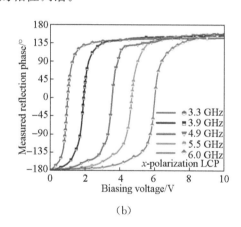

(a)   (b)

图 8.13 宽带全极化可编程超表面样品照片及相位响应测试曲线(来自参考文献[9]的图 2)
(a)宽带全极化可编程超表面样品照片;(b) x 极化波和 LCP 波正入射时,超表面样品在几个不同工作频率下的测试反射相位随外部偏压变化的曲线。

8.2.3 智能多普勒速度隐藏系统

文献[9]运用上文介绍的宽带全极化超表面的时域响应特性,设计、制作了一款智能多普勒速度隐藏系统,可以隐藏目标的运动状态。设想在一个运动场景中,一辆小车以速度 v_t 驶向探测源,但探测源检测到小车的回波频率 f_d 与源频率 f_0 相同,即频移为零。也就是说,尽管小车在高速运动,但探测源检测到它是静止的,实现了速度隐藏。该小车的运动状态之所以探测不到,是由于其装配了设计的智能速度隐藏器件,其包含了一块时间调制可编程超表面和一个自适应时变控制系统。超薄的时域超表面覆盖在小车前方的探测区域,由具有特定波形和频率的调制信号控制。在电磁波照射下,它能够产生一个人工频移 Δf_t 来抵消运动目标固有的多普勒频移 Δf_D。此外,通过改变控制信号的调制频率,可以控制人工频移 Δf_t 的大小。为了自适应提供所需的调制信号,文中设计了一个具有传感-计算-反馈-自我决策工作机制的智能控制系统。其工作过程为:速度传感器检测小车的运动速度,然后将速度信息发送至单片机(MCU);单片机接收到速度信息后与计算机通信,指示任意波形发生器(AWG)产生相应频率的调制信号来驱动超表面。在这种自适应控制方式下,实现的智能速度隐藏器件能够自动地提供所需的频率偏移 Δf_t,以补偿与可变速度 v_t 相关的不同多普勒频移 Δf_D,进而隐藏目标的运动状态。作为验证,分别在 3.3 GHz 的 x 和 y 极化波、4.9 GHz 的 $\pm45°$ 线极化波以及 6.0 GHz 的左旋圆极化波和右旋圆极化波入射下对其进行了测试。结果表明,研制的智能速度隐藏器件对不同频率、不同极化入射电磁波均具有优异性能。

8.3 小结

本章首先介绍了一种各向异性独立可编程超表面单元及相应的超表面器件功能,将 4 个变容管集成在一个超表面单元中,实现了一种各向异性可调的 1-bit 超表面单元,能够在两路偏压控制下独立调控 x 和 y 极化反射波的相位。然后采用此超表面单元构造了一种双极化独立可编程超表面,介绍了扩展接口电路和直流电压转换电路。在两组编码序列控制下,实现的各向异性可编程超表面能够实时独立调控 x 和 y 极化电磁波,利用同一块各向异性可编程超表面实现了两种重要的电磁功能器件,分别是定频大角度双波束扫描天线和双极化口径共享天线。另外,本章也介绍了一种宽带全极化的可编程超表面,将 4 个变容管加载到一种极化不敏感的超宽带有源超表面单元中,它在 2.78~6.32 GHz 频带内反射相位差均大于 300°,最大可达 350°。基于全极化可编程超表面的时间调制特性,简单介绍了一套具有自适应功能的智能多普勒速度隐藏系统,它能根据运动目标的速度自动抵消多普勒频移。测试结果表明在不同频率、不同极化电磁波入射时,这种智能多普勒速度隐藏系统均具有优异性能。

8.4 参考文献

[1] Cui T J, Qi M Q, Wan X, et al. Coding metamaterials, digital metamaterials and programmable metamaterials[J]. Light: Science & Applications, 2014, 3(10): e218.

[2] Zhang X G, Jiang W X, Jiang H L, et al. An optically driven digital metasurface for program-

ming electromagnetic functions[J]. Nature Electronics, 2020, 3(3): 165-171.

[3] Zhang X G, Tang W X, Jiang W X, et al. Light-controllable digital coding metasurfaces[J]. Advanced Science, 2018, 5(11): 1801028.

[4] Zhang X G, Jiang W X, Cui T J. Frequency-dependent transmission-type digital coding metasurface controlled by light intensity[J]. Applied Physics Letters, 2018, 113(9): 091601.

[5] Liu S, Cui T J, Xu Q, et al. Anisotropic coding metamaterials and their powerful manipulation of differently polarized terahertz waves[J]. Light: Science & Applications, 2016, 5(5): e16076.

[6] Yan L B, Zhu W M, Karim M F, et al. Arbitrary and independent polarization control in situ via a single metasurface[J]. Advanced Optical Materials, 2018, 6(21): 1800728.

[7] Plum E, Zheludev N I. Chiral mirrors[J]. Applied Physics Letters, 2015, 106(22): 221901.

[8] Zhang X G, Yu Q, Jiang W X, et al. Polarization-controlled dual-programmable metasurfaces [J]. Advanced Science, 2020, 7(11): 1903382.

[9] Zhang X G, Sun Y L, Yu Q, et al. Smart Doppler cloak operating in broad band and full polarizations[J]. Advanced Materials, 2021, 33(17): e2007966.